ハラールサイエンスの展望

A New Horizon of Halal Science

監修：民谷栄一，富沢寿勇

Supervisor：Eiichi Tamiya, Hisao Tomizawa

シーエムシー出版

刊行にあたって

本書はハラールサイエンスと本格的に銘打った専門書としては内外でも初の野心的試みのものである。今日ムスリム（イスラーム教徒）は世界人口の4分の1にも迫っており，中間層の成長も著しく，イスラーム市場の可能性が注目されている。本来ムスリムが飲食することの許された（ハラール）食品を科学的に分析・鑑定するためにハラールサイエンスは発達してきた。他方，ハラール生産品は食品に限らず，ムスリム消費生活のあらゆる領域の商品全般に拡大し，ハラール産業と総称される多彩な産業領域を網羅して現在に至る。

このような背景のもとで企画された本書の趣旨は，①イスラーム圏からも高く評価される我国の先端科学技術力が，食品分析等を中心としたハラールサイエンスにどのように寄与しうるかを具体的な研究成果で提示すること，②拡大するハラール産業の多様な商品・サービスにも対応できるハラールサイエンスの確立をめざし，自然科学と人文社会科学を駆使したハラールの「総合知」の探究を試みること，以上の二点に集約される。

本書の構想は『バイオインダストリー』誌2016年4月号で「特集 ハラールサイエンス」を刊行し，予想を超えて反響が高かったのが直接の契機となっている。同特集は民谷らが2008年以降ブルネイとの連携の中で研究開発してきたハラールサイエンスに関わる先端分析技術の成果や分析事例を中心とした論文5篇と，ハラール産業全般や日本の取り組みに関わる人文社会科学的論文2篇を収録したものであった。

『ハラールサイエンスの展望』と題した本書は，上記特集をさらに拡充発展させ，ハラールサイエンスの体系的な研究を推進すべく企画された。関連する先端科学技術の研究者や実務担当者はもちろん，多様なハラール産業領域の専門家や実践者，ムスリムの文化・社会に関わる人文社会科学系の研究者，消費者や認証実務者としてムスリムの立場を反映するムスリム当事者にも執筆者として協力いただき，多彩で広角的な視座からハラールサイエンスの課題を具体的に考える論集となっている。執筆者各位，そして挑戦的企画をご支援いただいたシーエムシー出版編集部にもこの場を借りて謝意を述べたい。読者からは忌憚のないご意見やご教示をお待ちしている。本書がハラールサイエンスとハラール産業のさらなる発展，そして社会の安寧への一助となれば幸いである。

2019年2月

民谷栄一
富沢寿勇

執筆者一覧（執筆順）

民　谷　栄　一　大阪大学　大学院工学研究科　精密科学・応用物理学専攻　教授；産総研－阪大　先端フォトニクス・バイオセンシングオープンイノベーションラボラトリー　ラボ長

富　沢　寿　勇　静岡県立大学　国際関係学部　教授／グローバル地域センター副センター長；日本ハラールサイエンス学会　会長

波山カムルル　大阪大学　グローバルイニシアティブ・センター　特任教授；(一社)日本ハラール研究所（JAHARI）　代表理事

神　田　陽　治　北陸先端科学技術大学院大学　知識科学系　教授

レモン　史　視　特定非営利活動法人 日本ハラール協会　理事長

山　口　裕　子　北九州市立大学　文学部　准教授

高　見　　　要　大阪大学　大学院言語文化研究科

住　村　欣　範　大阪大学　グローバルイニシアティブ・センター　准教授

渡　井　正　俊　(一財)日本食品分析センター　多摩研究所　所長

岡　本　浩　治　田中貴金属工業㈱　新事業カンパニー　技術開発統括部バイオケミカル開発部　常任顧問　部長

本山三知代　(国研)農業・食品産業技術総合研究機構　畜産研究部門　畜産物研究領域　主任研究員
原口浩幸　㈱ファスマック　事業開発部　担当部長
牛島ひろみ　㈱バイオデバイステクノロジー　取締役・企画部長
二宮伸介　㈱二宮　代表取締役社長
大谷幸子　大阪樟蔭女子大学　健康栄養学部　健康栄養学科　教授
笠岡誠一　文教大学　健康栄養学部　管理栄養学科　教授
伊藤健　㈱フードテクニカル・ラボ　代表取締役
中田雄一郎　大阪大谷大学　薬学部　医薬品開発学講座　教授
大川真由子　神奈川大学　外国語学部　国際文化交流学科　准教授
村松眞智子　㈱グレート　代表取締役
福島康博　東京外国語大学　アジア・アフリカ言語文化研究所　フェロー；立教大学　アジア地域研究所　特任研究員
安田慎　高崎経済大学　地域政策学部　観光政策学科　准教授
松井秀司　㈱ミヤコ国際ツーリスト　代表取締役
藤原達也　麗澤大学大学院　経済研究科　経済学・経営学専攻
並河良一　マクロ産業動態研究会　代表

目　次

【総論：ハラール産業の現状と展望 編】

第1章　ハラールの定義，認証制度と日本の取り組み　富沢寿勇

第2章　ハラールサイエンスの射程：その現状と展望　富沢寿勇

第3章　ハラール産業のグローバル動向とイノベーション機会　波山カムルル，神田陽治

第4章　ハラールと展望　**レモン史視**

第5章　食をめぐるハラールの制度化と実践：人文社会科学的アプローチ　**山口裕子**

第6章　「ハラール・サイエンス」の展開—ブルネイの事例から—　**高見　要，住村欣範**

【ハラールサイエンスの役割と最新動向 編】

第7章　ハラールサイエンスと先端分析技術　**民谷栄一**

第8章　ハラールと食品分析　渡井正俊

第9章　豚肉イムノクロマトの開発　岡本浩治

第10章　ハラール食肉生産と豚脂の検出技術　本山三知代

第11章　簡易で迅速なブタDNA検出法　原口浩幸

第12章　ポータブル電気化学装置を用いた遺伝子センサー　　牛島ひろみ

【ハラール産業の将来展望 編】

第13章　ハラール食品開発　　二宮伸介

第14章　管理栄養士のハラール対応　　大谷幸子，笠岡誠一

第15章　食品のハラール化と開発の重要点　　伊藤　健

第16章　ハラール医薬品　**中田雄一郎**

第17章　ハラール化粧品

第18章　イスラームと金融　**福島康博**

第19章　ハラール観光

第20章　ハラールサプライチェーン管理の研究動向　藤原達也

【ハラール食品市場とハラール制度の展望 編】

第21章　東南アジアのハラール食品市場とハラール制度の本質

並河良一

第22章　ハラール制度の将来展望―制度拡大の動きをふまえて―

並河良一

総論：ハラール産業の現状と展望 編

第１章　ハラールの定義，認証制度と日本の取り組み

富沢寿勇*

1　はじめに

過去わずか10年ほどの間に，我国でもハラール産業（halal industry）に着手する動きが急速に高まってきた。本章では，まず基本作業としてイスラームにおけるハラールの意味を確認した上で，ハラール産業が網羅しつつある諸領域を概観し，これと連動したハラール認証制度の主要課題を整理する。そして日本における同産業への取り組みの現状と課題を検討したい。

2　ハラールの定義と認証制度

2.1　ハラールの定義およびハラール産業の領域

ハラール（*halal*）とは，神（アッラー）によって「許されたもの」，（イスラーム法において）「合法的なもの」であり，その反対に神によって「禁じられたもの」，「非合法なもの」がハラーム（*haram*）である。ムスリムが飲食を禁じられたものとしては，『クルアーン（コーラン）』に示されているように具体的には豚，犬，イスラーム式の屠畜法（ザビハ）に従わないで屠畜された家畜，死肉，猛禽類や肉食獣，血液，酒などがある。ハラール，ハラームはムスリムの食生活について言及されることが多いが，実は広義にはムスリムに許され，あるいは，禁じられた行動一般を指し，日常の生活様式全般を網羅的に規制する宗教規範である[1)]。

さて，ハラール産業とは，ムスリムが消費することを許された商品やサービスを生産・提供するさまざまな産業の総称である。ハラール産業が網羅する諸領域は相当広く，ムスリムの消費生活に関わる産業すべてに及ぶと言っても過言ではない。具体的には飲食物はもちろん，口腔や皮膚を通じて接触・吸収される医薬・化粧品，パーソナルケア用品，衣料品などにも及ぶ。そこではハラーム動物や人体に由来する物質の利用は不可である。また，流通，輸送，貯蔵などのロジスティックス分野では，ハラール商品をハラーム商品から隔離することが重要となり，そこでハラール物流という新産業領域も要請されてくる。さらには，イスラームの宗教規範に従った金融・保険などの，いわゆるイスラーム金融も広義のハラール産業の中に入ってくる。さらにイスラーム的価値に立脚したイスラーム観光（これはムスリム，非ムスリム双方の観光がありうる）やムスリム観光（これはムスリムが対象）などのサービス産業も，ハラール産業の重要な一角を

---

* Hisao Tomizawa　静岡県立大学　国際関係学部　教授／グローバル地域センター
副センター長；日本ハラールサイエンス学会　会長

占める。

ハラール産業は東南アジアを中心としたアジア太平洋地域で主に活性化し，それが非イスラーム圏の欧米やイスラーム圏の中東・北アフリカにも影響を与え取り込まれていった印象が強い。その背景はこうである。現代世界のムスリム人口はすでに16億人を超えているが，その6割以上がアジア太平洋地域に住む。他方，同地域に住むムスリムは同地域人口の4分の1程度を占めるに過ぎず，いわば非ムスリムが大半を占める多宗教，多文化環境で暮らす状況であるのが一般的である。他方，中東・北アフリカは世界のムスリム人口の2割程度が住むに過ぎないが，ムスリムは同地域人口の9割以上を占め，要するに周囲はほとんどがムスリムの人々に囲まれて暮らす状況である。換言すれば，中東・北アフリカでは，ムスリムが日常摂取する飲食物について，それがハラールか否かを問う脈絡はこれまであまりなかった一方，アジア太平洋地域，特に東南アジアでは，ムスリムが非ムスリムと接して暮らし，摂取する飲食物の生産・流通・消費の現場にはさまざまな人々が関わり得る状況が日常的にある。ムスリムが安心，安全に摂取できる飲食物を証明するハラール認証制度が，マレーシア，シンガポール，インドネシア，タイなどで先鞭をつけて発達し展開してきたのも，このような背景があったと考えれば道理である。次にこの認証制度の主な特徴と課題を論じておきたい。

2.2　認証制度の課題(1)～認証のグローバル規格をめぐって～

ハラール認証制度とは特定の商品やサービスが「ハラール」（神に許されたもの）であることを認証する制度である。飲食品のハラール認証では，対象生産物の科学鑑定を伴うことも多く，そこはハラールサイエンスが要請される場ともなる。認証自体は，一般的には生産者でも消費者でもない第三者機関であるハラール認証団体・機関が行い，認証されれば，証明書とその機関が発行するハラール・ロゴの使用が許可されるものであり，認証にあたっても，また再認証にあたっても，生産現場等を中心とした実地監査を伴うのが一般的である[2)]。

先駆的で影響力の高いマレーシアの認証規格で言うと，有名なハラール食品規格（MS1500:2000年，改訂版2004年，2009年）から始まって，化粧品，パーソナルケア用品，物流，医薬品，動物の皮や骨を使った商品，さらには企業の品質管理システムなどにまで対象領域が広がっている。マレーシアの場合は政府機関であるJAKIM（イスラーム開発局）がこれらのハラール認証を実施・管理しており，諸外国の認証機関・団体についてもJAKIMが認定した組織のハラール認証のみを認める姿勢である。

現在世界には48カ国に合計300をはるかに超えるのハラール認証機関・団体があると言われており[3)]，ハラール認証の国際統一基準策定の要請はイスラーム世界では早くから叫ばれている。しかし，近年の試みに限っても，主にインドネシアや米国を中心とした①世界ハラール食品評議会（World Halal Food Council：WHFC）や世界ハラール評議会（World Halal Council），②マレーシアを中心とした国際ハラール統合連盟（International Halal Integrity Alliance：IHI Alliance）や世界ハラールフォーラム（World Halal Forum）を通じた討議，③中東湾岸諸国を中心とした湾岸諸国標準規格化機構（Gulf Organization for Standardization），④OIC傘下でトルコなどを中心としたイスラーム諸国標準計測機関（Standards and Metrology Institute for Islamic Countries: SMIIC），⑤ヨーロッパを中心とした欧州標準規格化委員会（European Committee for Standardization :CEN）などが，実質的にそれぞれ独自のイニシアティブを主張して平行線を辿ってきたこれまでの経緯があり，すくなくとも現時点までは一つの方向に収斂していない[4)]。各国・地域ごとのハラール認証基準がグローバルな貿易の障壁とならないような工夫が求められるゆえんである。

日本では2020年の東京オリンピック開催が決まった2013年頃からハラール食品開発や来訪ムスリムのインバウンド観光に急速な関心が向けられるようになり，ハラール認証団体も二桁からさらに三桁にも迫る勢いで急増している。しかし，日本の認証団体もさまざまで，ハラールの基準や考え方も必ずしも一致していない。そもそもハラール認証といっても，比較的近年までは日本ムスリム協会，イスラミックセンター・ジャパン，日本イスラーム文化センターや各地のモスクなどの宗教法人が中心になって，必要に応じて実施する程度のものであった。しかし，2010年に特定非営利活動法人 日本ハラール協会（JHA）やマレーシアハラルコーポレーション㈱，2013年に特定非営利活動法人 日本アジアハラール協会（NAHA）やHDFJ（Halal Development Foundation Japan）などが設立され，NPOや会社法人などのさまざまな認証団体や，2012年に設立された非営利一般社団法人ハラル・ジャパン協会などの認証支援団体が活発に活動を展開するようになり，我国におけるハラール産業の裾野を急速に押し広げることになった。

実際2013年には国内ハラール認証機関の認証を取得した日本の食品業者（製造業）は二桁を超え，2014年には30件を超え，これを追いかけるように同じく国内ハラール認証機関の認証を取得した外食・ホテル産業も2014年には二桁を超えるなど，急増している。2015年1月現在で国内食品業者のハラール認証取得数は計80件となり，日本企業が海外工場で製造・加工した食品に係るハラール認証取得数の倍以上となっている[5)]。

日本の認証団体のハラール規格はマレーシアやインドネシア，あるいは中東の規格を模範としているものが多い。イスラームではハラール，ハラームは神が定めたものなので，ハラールについての宗派や地域ごとの「ローカルな解釈」はあり得ても，「ローカルなハラール」は原理的にあり得ない。他方，ハラールについてグローバルに通用する定義は未確立というのが現実のため，それを暗黙の前提としたかのような「ローカルなハラール」という発想は，それ自体が自己矛盾を露呈することになるので注意が必要である。同様に，より一般的な傾向として，国内外を問わず，「ムスリムフレンドリー」概念の使用も多く見られるようになっているが，私見では同様の落とし穴があると見ている。これは，たとえば非イスラーム圏でのムスリム観光などで厳格なハラール基準に従うのは難しいから少し基準のハードルを下げて，まずはできるところからムスリム客への対応を考えようといった現実主義的発想に由来すると思われる。しかし，そもそもそこで前提とされるハラール基準のグローバル規格自体が統一されていない現状のもとでは，それよりもゆるやかな「ムスリムフレンドリー」概念の適用を提唱したところで，肝心のハラールというモノサシ自体の不安定性が同概念の不安定性にも波及する。結局その結果生じるのは，複数の多様でローカルな「ムスリムフレンドリー」となり，グローバルに移動するムスリム旅行者は各地で異なる基準の「ムスリムフレンドリー」に遭遇して戸惑う可能性もある。その意味でも，やはりハラールのグローバル規格の確立が待たれるわけである。

2.3 認証制度の課題(2)～ハラール性のトレーサビリティをめぐって～

ハラール産業で，もうひとつ重要なのは，「農場／飼養場から食卓へ」(From Farm to Table/From Farm to Fork）という表現に集約される考え方である。それは，商品の生産から流通，消費にいたる全プロセスにハラール性が要請されるというもので，「ハラール価値の連鎖系」(*halal* value chain）という言葉に置き換えることもできる。食肉でいえば，たとえハラール動物でも，それがどのような生育環境と飼料で育てられたか，正しいイスラーム式屠畜と食肉処理を経ているか，それは輸送や貯蔵過程でハラーム商品と接触して「汚染」(contamination）されることなく，消費者の食卓に届いているか，といったように，生産・流通・消費の全過程でハラール性が維持されていることが重視される。また，加工食品生産者からすれば，その原材料，原材料のまた原材料のハラール性が証明できるように製品のトレーサビリティ（生産履歴）を確保することが要請される。これに関連してハラールサイエンスによる科学鑑定の役割が期待されるが，詳しくは次章で述べる。いずれにせよ，ハラールの原材料確保はハラール価値で貫かれたサプライチェーンを確保することでもある。したがって，ハラール製品生産に従事する企業は，それぞれのハラールサプライチェーンを通じて他の複数企業と連携して行くことも求められる。それは食の安全，商品のトレーサビリティを求める消費者意識のグローバル次元における高まりにも応えるもので，イスラーム圏か非イスラーム圏かを問わず，多様な顧客にアピールするものともなる。

この点では，同じイスラーム圏でも東南アジアと中東湾岸諸国では姿勢が微妙に異なるようである。たとえば，サウジアラビアなどでは，国内には豚やアルコールなどのハラームのものは流通していないことになっているので，ハラール価値の連鎖系などわざわざ要請されるものではないことになる。同国に輸入されるものとしてハラール性が問われるのは，主に食肉や動物性由来食品であり，そのチェックはかなり厳しい。これはアラブ首長国連邦のドバイ等も同様である。そこでは，牛などの動物肉や養殖魚などについては，その飼料自体のハラール性も問われる方向に向かっている[6]。これに対して，東南アジア，特にマレーシアなどその典型であるが，上述したような広域にわたるハラール産業が展開しつつあり，さまざまな領域での商品のトレーサビリティが全般に求められる傾向にある。ただし，商品のハラール性を原材料まで追跡することは比較的に容易かもしれないが，その輸送や貯蔵などの物流レベルにおけるハラール性の証明はそれほど簡単な話ではない。マレーシアなどでは，とりわけハラール商品のトレーサビリティ確保と密接にリンクさせてハラール物流の規格が念入りに構築されてはいる[7]。しかし，最大の課題はハラール物流が国内外の生産現場各地や消費市場をどこまで隙間無く系統立ててつなげることができるかということである。それは日本などの非イスラーム圏ではなかなか困難であるのは言うまでもないが，たとえマレーシアのようなハラール産業先進国といえども，そう簡単な道のりではないように思われる。

3　日本の取組の現状

同じ非イスラーム圏でも，日本はハラール産業への着手が欧米諸国と比べても大幅に遅れてきたが，最近にわかに参入し始めている。急速に経済成長し中間層や富裕層が拡大しているイスラーム市場に目を向け，日本政府が農水産物や和牛肉などの輸出による経済振興に力を入れ始めたこと，マレーシアやインドネシアなどから日本を訪れるインバウンドのムスリム観光客が近年急増していること，2020年の東京オリンピックに向けて，ムスリム客を含めた外国人客の受容態勢を整え始めたことなど，さまざまな要請が絡んでいるが，やはりこれに呼応してハラールビジネスを念頭においた認証団体や支援団体が続出し始めたことが大きな動因となっている。

とりわけ近年はインバウンドのムスリム観光客に対応できる空港，ホテルやレストランの食事，礼拝・小浄（ウドゥー）施設，礼拝マット，キブラ・マークなどの配備を検討する動きが盛んになっている。日本における食品のハラール対応については，イスラーム圏のさまざまなエスニック料理をそのまま取り入れるという方法ももちろんあるが，もうひとつは，和食のハラール対応を工夫して行く方法である。特に最近は世界的な和食ブームといってもよい現象が急速に展開している。実際，海外の和食レストランは2006年に約2.4万店だったのが，2013年に5.5万店，さらに2015年になると8.9万店といった具合に急増している。2015年の地域別で見ても，ロシア約1,850店，欧州10,550店，北米25,100店，中南米3,100店，アジア45,300店，中東600店，アフリカ300店，オセアニア1,850店といった具合に，アジアを中心にほぼ満遍なく増加の一途をたどっている[8)]。

この傾向は，健康食としての和食への世界的関心や，和食がユネスコ無形文化遺産に登録されたことによってさらに促進されていると言える。元来，和食は植物，水産物を主体としているのでハラール対応がしやすく，日本食品の品質の高さに対する海外の信頼度も比較的高く，さらにHACCP，GMP，GHPなどの国際規格をすでに取得している食品はハラール認証がとりやすいことなどを考慮すると，和食を中心としたハラールフードビジネスの可能性と期待は高まるばかりである。ただし，和食に肝心の風味や旨味を与える調味料，味噌，醤油，味醂，酢などはアルコール分やハラーム素材が含まれるものが少なくないので，必要に応じたハラール対応の工夫や食品開発のイノベーションが求められ，逆に，これがうまく対応できればその可能性は一段と高まる。

実際，アルコールなどを添加していないハラール対応の醤油や酢，味噌，焼き肉やすき焼きのタレ，照り焼きソースなどは我国でも近年続々と考案されている。味醂に代わって料理に甘み，てり，つやを出す味醂風調味料，麺つゆ，ポン酢なども登場している。東南アジアで人気のたこ焼きやてんぷらのためのハラール小麦粉なども登場している。食肉では，日本の屠畜場の大半が豚の屠畜場と一緒のため，イスラーム式屠畜に不適だが，和牛や鶏のハラール対応の屠畜場も近年新たに設立されている。茶や海苔，塩，米，パン，ミネラルウォーターのハラール対応も見られる。日本のラーメンも海外では人気だが，そのハラール対応を試みたものも最近急増している。ハラール餃子として，具に魚肉や鶏肉，大豆の発酵食品のテンペを入れて工夫したものも登場した。土産品としてのハラール煎餅，チョコレートなども見かけるようになった。また，ハラール和食の料理教室やレシピ開発コンテスト，飲食店向けのメニュー開発支援などを行う業者が登場しているのも興味深い。化粧品では，化粧品関連企業が250社ほど集まる埼玉県などを中心に，ハラール化粧品も各種開発され始めている。中には動物性原料を一切使用しないヴィーガン対応や，自然原料，有機原料を中心素材としたオーガニック対応の化粧品でハラールを兼ねているものもある。千葉市や東京都内にはムスリマー（ムスリム女性）のためのビューティサロンも登場し，ハラール素材でスキンケアやマッサージなどをするエステも現れている。

商品のトレーサビリティが要請されるハラール産業では，地域レベルの産業集積が重要で，かつ合理的だと筆者は考えている。その意味で，京都，浅草・上野の台東区，千葉市，札幌市，福岡市，別府市，人吉市，熊本市など，行政と地域社会や地元の大学等が連携してムスリム旅行客やハラール食への対応を図るケースも増えていることにも注目したい。このような試みは我国におけるハラール産業の今後の進展にとって特別な意義を持つと思われるからである。筆者自身，静岡県内の食品会社とともに，静岡市産学交流センターなどの助成を受けてハラールフード開発の受託共同研究を行ってきた。その一環として静岡ならではのハラール食材として地元企業6社がそれぞれ開発し提供したものを活用し，地元ホテルのシェフが創意工夫で13点のメニューを考案し，ブッフェスタイルの試食会を以前開催したこともあるが，たいへん盛況であった。それはハラール食品開発を個別に追究して来た各企業が相互に意見交換し，アイデアを出し合って実現したものである。試食会自体の成功もさることながら，より重要な成果として，地域の複数企業がハラール食品開発のためのサプライチェーンを構築する素地ができたことがあり，また，そのことを互いに確認する貴重な機会が得られたことを指摘したい。ハラール食品産業，さらには，ハラール産業全般の推進のためには，ハラール性でつながった企業間の連携が必須であり，行政や企業間のネットワーキングもとても重要だからである。我国でのハラール産業は概して各企業の個別の取り組みが試行的かつ競合的に行われる傾向の印象が強いが，新たな飛躍を目指すなら，上述のような企業間の系統的な連携を促す枠組み作りが，より効果的な方法として考えられる。

文　　献

1) Yusuf al-Qaradawi, *The Lawful and the Prohibited in Islam*, Islamic Book Trust, ([1985] 2001)
2) ハラール認証制度は，グローバル展開する監査文化（audit culture）の一環として捉えることも可能である。詳しくは，富沢寿勇，「ハラール産業と監査文化研究」，文化人類学，**83** (4)（2019 印刷中）を参照。
3) 八木久美子，慈悲深き神の食卓：イスラムを「食」からみる，東京外国語大学出版会（2015）
4) Bergeaud-Blackler, F. *et al* (eds), *Halal Matters*, 192-197, Routledge (2015)
5) 三菱 UFJ リサーチ＆コンサルティング，平成 26 年度ハラール食品に係る実態調査事業（最終報告書）(2015)
6) 日本貿易振興機構（ジェトロ）農林水産・食品部　農林水産・食品調査課，日本産農林水産物・食品輸出に向けたハラール調査報告書，日本貿易振興機構（2014）
7) *Malaysian Standard* (*MS 2400-1, 2, 3*):*Halalan-Toyyiban* Assurance Pipeline Part 1, Part 2, Part 3, Department of Standards Malaysia (2010)
8) 外務省調べ，農水省推計による。

第2章　ハラールサイエンスの射程：その現状と展望

富沢寿勇*

1　はじめに

科学（サイエンス）は本来「知識」として，とりわけ対象の性質や原理を明らかにするための観察，研究，実験に由来する体系化された知識として定義される[1)]。一方，科学をするのは人間であるから，一定の価値観からまったく自由であることは難しく，さまざまな文化・文明の認識論的な影響を逃れない。そこでイスラームの場合，むしろイスラームの信仰や価値体系に積極的に依拠した「イスラーム的科学」(Islamic science) の立場が出て来る[2)]。要するに，自然現象を研究する自然科学であれ，人間の行動や社会を研究する社会科学であれ，あるいは工学や生医学などの応用科学であれ，これらを「イスラーム的科学」として包摂し統合して行くという発想がある。「知識のイスラーム化」「イスラーム的科学技術」(Islamic technoscience) といった考え方も同様の論拠によっている[3)]。

本章においてハラール産業におけるハラールサイエンスの役割を考える際にも，この「イスラーム的科学」の視座から論じるのもひとつの選択肢としてありうる。しかし筆者はさしあたりこのアプローチはとらない。確かにいかなる人間の科学行為も価値自由とは言えないことは十分肝に銘じつつ，やはりそれでもさまざまな文化・文明の枠組みを超えた，より普遍性の高い知識を追究するのが科学に期待される役割であり，また務めであると考えるからである。宗教性に裏付けられた「イスラーム的科学」は世俗化した近代西欧の科学と対置されて議論されることが多いが，日本の科学は主に後者の影響を強く受けつつも，両者の研究成果を第三者的な視点から，より普遍性の高い知識へと昇華させていくことのできる立ち位置にあるとも言える。日本におけるハラールサイエンスの可能性もまさにここにある。本章ではその現状と展望を概観したい。

2　ハラールサイエンスの現状

現在，ハラールサイエンスといえば，主にハラール認証のために，自然科学（技術）の専門家がイスラーム法（シャリーア）の専門家と連携しながら生産品のハラール性を鑑定する脈絡にほぼ限定されて使用されている。非イスラーム圏の日本ではハラールサイエンスの存在自体が一般にほとんど知られていないが，物理学や化学，エレクトロニクス分野などが特に強いと言われて

---

*　Hisao Tomizawa　静岡県立大学　国際関係学部　教授／グローバル地域センター副センター長；日本ハラールサイエンス学会　会長

きた我国の科学技術力に対するイスラーム圏からの期待は高い。その意味でも，実際すでに10年近く前からブルネイのハラールサイエンスに積極的に貢献してきた民谷栄一，カムルル・ハサン両博士の足跡はきわめて稀少価値があり重要である。またハラール認証団体の要請に応じて食品分析を行ってきた日本食品分析センターなどは早い時期から実質的にハラールサイエンスに関わってきたとも言える。ちなみに，ハラール産業・認証制度を我国で先駆的かつ体系的に紹介した並河良一博士は，ハラールサイエンスに関わる実務課題を平易に解説しているので，詳細は同著を参照されたい[4]。以下では，ハラールサイエンスが特に自然科学技術の領域で注目されてきた背景を，イスラームの基本的価値観念との関係において整理しておく。

2.1　シュブハ概念とハラールサイエンス

まず，ハラールサイエンスとの関連でシュブハ（syubhah），つまり「疑わしい」ものという概念について触れておく必要がある。これは対象となる事物が果たしてハラールなのかハラームなのか判断しかねる場合に使われる概念である。シュブハとみなされるものは禁止されてはいないが，避けるべきとされる。要するに，疑わしきは「罰する」ということになる。現代食品産業の特に加工食品などの複雑化し高度化した製造工程では，さまざまな原材料が使用され，最終製

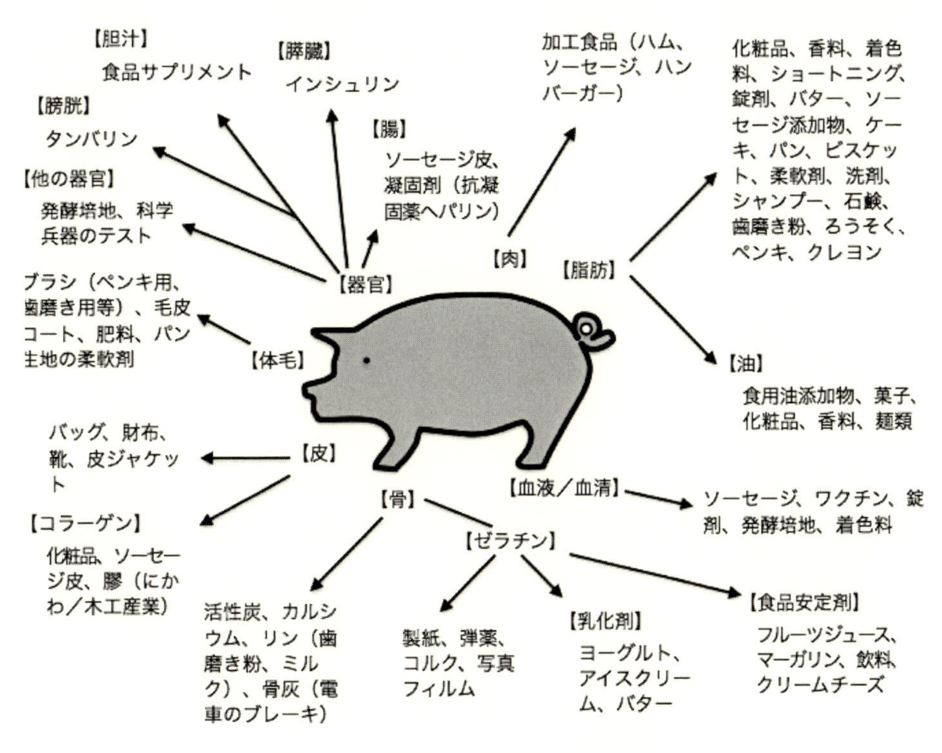

図1　現代消費生活に多用される豚由来成分
（出所：*Halal Journal*, July-Sept, 2011:28）

品の成分表示を見るだけでは，必ずしもそこにハラームの要素が混在していないということはわからない。それがわからない場合，疑わしい場合は，その商品を避けておく方が無難であるという発想である。加工食品についてはさまざまな食品添加物，香料，着色料，保存料，包装素材が用いられるので，ハラールサイエンスでは，その中味も包装材もハラール性について鑑定することになる。また，食品に限らず，豚やアルコールなどハラーム素材は現代のグローバル社会に流通する消費物資には満ちあふれて使用されている[5)]（図1）。そこで豚由来の肉，ゼラチン，コラーゲン，脂肪酸，酵素などが使用されていないか，アルコール分が検出されないか，DNA分析なども含めて，ハラールサイエンスによる科学鑑定が求められる。また，イスラームでは人体に由来するものを摂取するのもハラームとされるので，ピザやパンなどの製造にしばしば使用されるLシステインなどが人間の髪から採ったものであれば問題となり，化粧品などで人間や豚のプラセンタが使用されていれば，それもハラームとなる[6)]。ハラールサイエンスにはこのようなハラーム因子を析出する科学的役割が期待されている。

2.2 タイイブ概念とハラールサイエンス

もうひとつ，ハラールサイエンスとの関連で特に重要なのがタイイブ（トイイブ）という概念である。タイイブは，ハラール概念と対になって使用され，後者による宗教的な「安心」の確保に加えて，現代科学技術から見ても「安全」という意味で使われることがハラール産業では一般化している。タイイブももちろん本来はイスラームの基本的な宗教観念である。同産業では，クルアーンにおける「地上にあるものの中，ハラール（許された，合法的）でタイイブ（良い，健全）なものを食べよ」（クルアーン2章168節）という神の言葉が繰り返し引用され，参照されている。この考え方をハラールサイエンスのモデルとして先駆的に適用したのが，タイのチュラロンコーン大学附置のハラールサイエンスセンター（2003年設立）であろう。同センターは食品のハラール性を鑑定するために自然科学者が集まる研究所であるが，そこでは食品の宗教的な「ハラール」基準のみならず「適正製造規範」（GMP）と「危害分析重要管理点」（HACCP）などの世俗的な国際基準を組み合わせたHAL-Qシステムを開発している（図2）。そして，このGMPやHACCPなどの国際的な品質保証と衛生基準を満足させることがクルアーンに規定されている「タイイブ」なものを保証するという現代的解釈と理論付けを行っている。具体的には，豚やアルコールなどの宗教的な危険因子のみならず，物理学的，生物学的，化学的な危険因子を同時に識別し除去するのがハラール科学鑑定の重要な使命となる。クルアーンで規定される「ハラールでタイイブなもの」は，このように宗教基準と世俗（科学）基準，イスラーム基準と国際基準が組み合わさったものとして再解釈され，ハラールサイエンスのモデルが提示され，このような科学的検証によって裏付けられるハラール認証制度が構築されている。これによって，ハラール食品については，ムスリムのみならず非ムスリムにも安全で安心して食べられる「万人のためのハラール」というマーケティング戦略が可能になる。

この方向性は，ハラールサイエンスに関わる研究所や教育カリキュラムが制度化されているマ

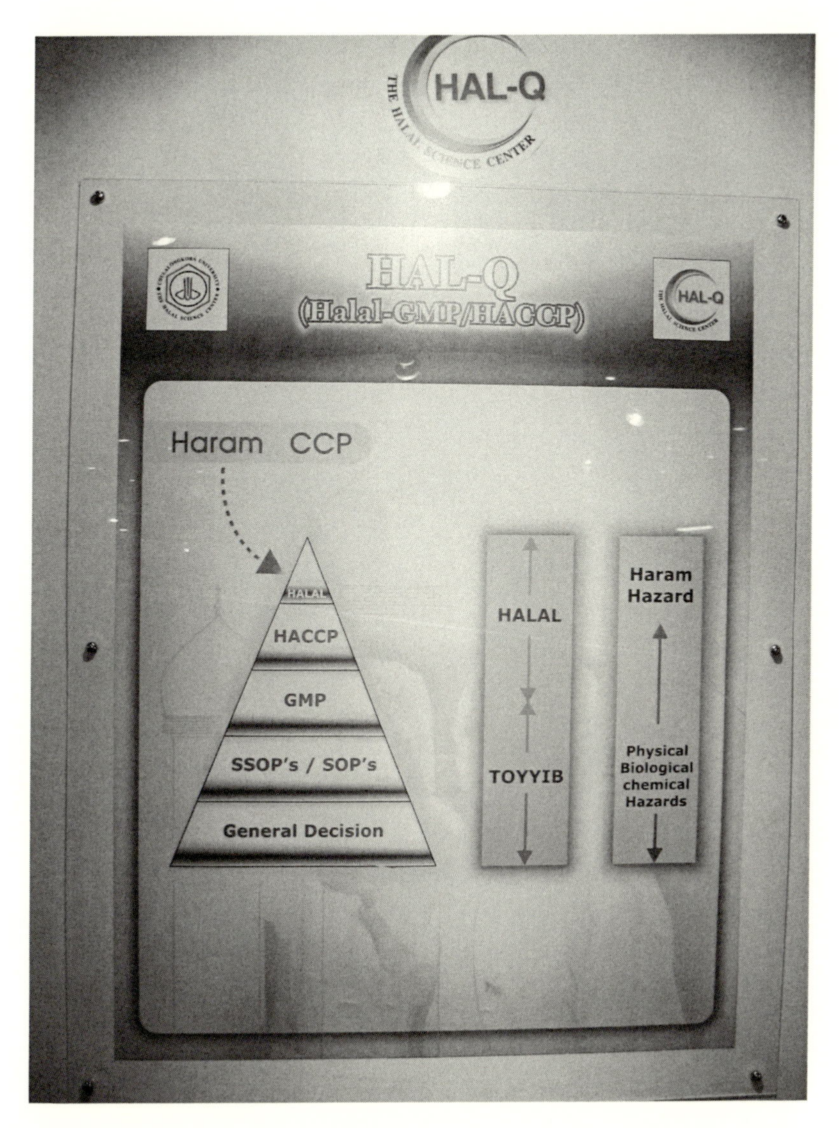

図2　タイ，チュラロンコーン大学ハラールサイエンスセンターのHAL-Qシステム
（出所：World of Muslim博覧会，バンコクにて2007年9月筆者撮影）

レーシアをはじめとするイスラーム圏東南アジアの複数の大学・研究機関でも共有されている。マレーシアのハラール食品規格MS1500：2009を見ても，ハラールの原材料となるものを使用することのみならず，「人間が消費する上で安全であり，有害でないこと」も条件づけられている[7]。これは同規格が狭義のハラール規範のみならず，GMPやGHP（適正衛生規範）などの国際基準も同時に満たすことを要請していることに対応する。

ちなみに，ハラール食品生産の手引きとして最近増補改訂されたRiaz & Chaudry編『ハラール食品生産手引』においては，「危害分析重要管理点」（HACCP）の概念が借用されて「ハラール重要管理点」(halal critical control points: HCCPs)の考え方が提唱されている[8]。これは異なる製品範疇ごとにハラール遵守(コンプライアンス)が維持されるように生産工程のフローチャートにおける段階的なチェック事項を図式化したものであり，ハラールの観点からの「食の安全」と「品質管理」を保証するガイドラインになっている。

2.3 屠畜法をめぐるハラールサイエンスの課題

ムスリムが食べることができる牛，羊，山羊，鶏肉などでもイスラーム式屠畜(ザビハ)の方法を適用することが条件だが，その方法の実践やハラール性の解釈が，同じイスラーム世界でも必ずしも統一されていない。

イスラーム式屠畜については，たとえばマレーシアのハラール食品規格によれば，鶏や牛の頸動脈，頸静脈，食道，気管を，ムスリムが祈りを唱えながら刃物で切り，放血させる方法が明記されている。

このイスラーム式屠畜の中で，現代欧米世界で広く普及しているスタニング法(対象動物を屠畜前に気絶させる方法)の併用を認めるか否かが，イスラーム世界でも見解が分かれる。スタニング法には，生きている動物に直接刃物を入れるのは残酷であるという欧米の動物愛護の考え方が強く反映されている。一方でスタニング法とザビハの併用を許容しているマレーシアやインドネシアなどもあれば，アラブ首長国連邦などのようにスタニング法の適用を認めない地域もある。そもそもザビハ自体に本来，動物愛護の考え方があるというイスラーム側からの主張もある。具体的な根拠としては，動物に不必要に恐怖心を与えたり苦しめたりしないように配慮することが求められるといったようなことである。この問題に，動物愛護観やそれに基づく屠畜実践方法の地域や文化の違いが反映しているとすれば，人文社会科学の重要な調査研究対象となる。また，一律にスタニング法といっても多様な方法があり，電気ショックを与えて気絶させる場合には，適切な電流や電圧の量はどうするかといった問題がある。そこでは自然科学技術の知見が一定の基準を提供する。このように，屠畜の問題は，狭義のハラールサイエンス(科学技術レベルの課題)から広義のハラールサイエンス(動物愛護観や多様な実践慣行の実態といった人文社会科学的領域の課題)に至るまで，さまざまな問題が背後に控えている。

3 ハラールサイエンスの射程と展望

以下ではハラールサイエンスはあらためて何を目標とし，どのような守備範囲を設定したらよいのかを論じ，その展望を示す。

3.1 自然科学と人文社会科学が連携した「総合知」としてのハラールサイエンス

ハラールサイエンスという語は現在，自然科学やテクノロジーの領域で限定的に使われているが，人文社会科学の諸分野にまで広げて，さらに広角的な射程を設定する必要がある。たとえばハラール商品に関する消費者のニーズや行動実態，生産者の考え方や生産実態などについての社会科学調査は相当に重要である。たとえハラール食品としては完璧で，宗教的には「安心」で科学的にも「安全」で認証がとれていても，そもそもその食べ物がおいしくない，受け入れられないとなったら意味がないので，さまざまな消費者のニーズ，嗜好性や行動の科学的研究は不可欠である。そこでハラール食品をめぐる科学研究としてのハラールサイエンスは自然科学と人文社会科学を統合した分析手法を開発していく必要がある。これは異分野間を横断することによって起こりうる，いわゆるオープンイノベーションへの道を切り開く仕掛けともなるであろう。このようにして「総合知」としてのハラールサイエンスが確立できれば，真の意味で「万人のためのハラール」の食品開発も促進され，また，より普遍性の高いハラール食品が発案されることも可能となる。ハラールの総合科学としての広義のハラールサイエンスを提唱する理由もこのようなところにある。

3.2　ハラールサイエンスの立ち位置

次に，ハラールサイエンスではどのような立ち位置で，どのような方法をとることが望ましいかを論じたい。第一に研究者の立場としては宗教と科学とを基本的に峻別した方がよいと思われる。たとえば，ムスリムにとって豚を食べることが禁止されているのは『クルアーン』に書かれているからそうなのである。それはなぜか，その根拠は何かを科学的に説明しようとする科学者やムスリムは常にいる（「イスラーム的科学」を指向する者もその中に含まれるかもしれない）。豚には人間に有害な寄生虫がいるから禁止されているのだというような説明がその例である。しかし，『クルアーン』にはそのようなことは書かれていない。したがって，このような信仰の根拠に関わる問題には原則としてあまり立ち入らないのが無難である。

第二に，しかしながら，宗教と科学の協同は図って行く必要がある。たとえばムスリムの豚食禁止を前提として，現代の科学技術はどのようにそれをサポートできるのか，寄与できるのかという問題である。特にハラール認証では前章でも述べたように食品の原材料のサプライチェーンや生産履歴（トレーサビリティ），流通から販売に至る経路でハラーム物質が混入したり接触したりして「汚染」されていないことの証明が求められる。ここでいう「汚染」とは宗教的な穢れのことだが，食品のトレーサビリティによる食の安心，安全の確保は現代消費社会ではムスリム，非ムスリムを問わず，幅広く求めるようになっている。トレーサビリティ重視はベジタリアン認証，オーガニック認証，フェアトレード認証などでも共通の傾向を示している。我国では有機農産物の生産・流通管理にインターネット上で取引記録を管理するブロックチェーンの新技術を利用する実験も始まっており，これによって消費者がその生産履歴を確認し，安全な農産物であることを保証するシステムの運用が試みられ始めている[9)]。このような新技術がハラール食品のトレーサビリティの保証システムとしても活用される日がそう遠くないかもしれず，情報科学の役割も今後重要性を高めていく可能性が高い。

3.3 ハラールサイエンスの倫理的，宗教的課題

ハラールサイエンスは，あらゆる他の科学と共通することだが，その実践の上で倫理的（あるいは，宗教的）課題にもしばしば直面しうる。およそ科学や科学技術というものは，それ自体が自律的に進歩，発展を目指して自己展開して行く傾向がある。注意しなければならないのは，科学や科学技術が決して独断的に一人歩きしてしまわないことである。ハラールサイエンスの場合，テクノロジーの発達によって不可視の世界におけるミクロレベルのハラール性を際限なく追求して行くことが理論的には可能であろうが，目的はあくまで消費者のニーズが求める範囲でのハラール性の鑑定にあるので，それを忘れてはならない。

マレーシアのハラール医薬品の規格によれば，ハラーム物質が含まれていないことが大前提となっているのは言うまでもない[10)]。しかし，特定の薬を服用しないと命が危険になるような状況でハラームの薬しか存在しない緊急事態の場合はどうしたらよいかという問題がある。これは実は食品も同じことで，飢餓的な状況で豚しか食べるものがなかったら食べるのは許されるという考え方がイスラームにはある。ハラームの薬も，それを使わないとその人の命が危険であり，ハラールの薬はまだ開発されてない状況であれば，その薬を服用することはやむを得ないとする考え方がある（もちろん，そのような薬の服用を頑に拒否するムスリムもいるかもしれない)。要するに，生命と宗教規範のどちらを優先するかという問題がある。

また，最近の報道によれば，ヒトの臓器を持つ豚が解禁されることになったという。たとえば豚の胚（受精卵）にヒトのiPS細胞を注入して作った動物性集合胚を豚の子宮に移植して，ヒトの臓器を持つ動物をつくり，その臓器を，病気で悩んでいるヒトの臓器移植に使うことを，政府の総合科学技術会議の生命倫理専門委員会が条件付きで認めたようである[11)]。そもそもこの種の人為的操作自体が生命倫理に抵触するのではないかと問題視する人々は必ずいるであろう。イスラーム世界での話なら，そもそも豚はハラームなので駄目だという考え方も当然あると推察できるが，しかし上述の緊急事態におけるハラール医薬品の解釈を適用すれば，やがてイスラーム法学者たちの中には，人の命を救うためならやむを得ないという解釈をする人々が出て来ることもまったくあり得ない話でもなかろう。これも近未来的なハラールサイエンスの議論対象となろう。

4 おわりに

本章では，「イスラーム的科学」とは若干異なる立場から，ハラール産業の体系的な研究を広義のハラールサイエンスとしてとらえ，自然科学技術を中心とした狭義のハラールサイエンスとともに，同産業に関わる人文社会科学的な研究も連携させながら，ハラールに関する「総合知」を追究することの重要性を説いてきた。最近発足した日本ハラールサイエンス学会も，このような視座からハラールやハラール産業に直接・間接に関わる調査研究を推進し，関連する理論，概念，技術や諸課題を探究し，現場の知識や経験情報を適宜反映させながら，自然科学（技術）と

人文社会科学を統合した分析手法を開発し，「総合知」としてのハラールサイエンスの確立をめざす。同時に関連産業や社会の発展に資することも期待される。ムスリム，非ムスリム，現場実務者，イスラーム法学者，そして自然・人文社会科学者などの多様な人々が必要に応じて共通の舞台に立ち，ハラールサイエンスの新たな地平を開拓し発展させていくことが望まれるところである。

文　献

1) Ruzanna Muhammad,"Science = Religion?", *Halal Journal*, January-February 2010, pp.22-29 (2010)
2) *Ibid.*
3) Fischer, J., *Islam, Standards, and Technoscience in Global Halal Zones*, pp.8-9, Routledge Taylors & Francis Group (2016)
4) 並河良一，ハラル認証実務プロセスと業界展望，シーエムシー出版（2012）；ハラル食品マーケットの手引き，日本食糧新聞社（2013）
5) *Halal Journal*, July-Sept 2011, pp.26-31 (2011)
6) Consumers Association of Penang, *Halal Haram: A Guide*, pp.152-154, Consumers Association of Penang (2006)
7) *Malaysian Standard (MS 1500): Halal Food-Production, Preparation, Handling and Storage-General Guidelines* (2nd Revision), Department of Standards Malaysia (2009)
8) Riaz & Chaudry (eds), *Handbook of Halal Food Production*, CRC Press (2019)。なお，旧版の *Halal Food Production* (CRC Press, 2004) では，HCPs (halal control points) 概念が提唱されたが，この新版では HCCPs 概念に変更され，HACCP に更に近づいている。
9) 毎日新聞，2018（平成 30）年 12 月 18 日
10) *Malaysian Standard (MS 2424):Halal pharmaceuticals-General Guidelines*, Department of Standards Malaysia (2012)
11) 毎日新聞，2018（平成 30）年 10 月 27 日

第3章　ハラール産業のグローバル動向とイノベーション機会

波山カムルル*1，神田陽治*2

1　はじめに

近年，ハラール産業は大きな成長を示している。ハラール商品は，イスラム法に則って生産される製品や提供されるサービスのことであり，ハラール産業はハラール商品を生産・提供する産業のことである。経済規模は2.3兆円（イスラム金融商品を除く），年率20％で拡大しているとの推計がある[1)]。成長を支えているのは世界人口の4分の1弱を占めているイスラム教徒であり，18億人いるとされる[1)]。ハラール産業は，混迷を深める現代社会の中で，大きな成長エンジンとなっている。

しかし，日本で生活するイスラム教徒の絶対数が少ないこともあり，こと日本に限れば，ハラール産業が大きな話題になっている状況にはない。実のところ，日本では宗教別の統計は無く，どの位の数のイスラム教徒が居住しているのかの正確な数字すら無い。10万人前後と言う数字を信ずれば，日本人口の0.1％程度と言うことになる。しかも，イスラム教徒の日本居住者の多くは外国人であり，日本人のイスラム教徒の数は少数と見られる。一方，近年，イスラム教徒が多いマレーシアやインドネシアからの観光を目的とした訪日者が急増し，年間100万人規模に達しており，観光者の方が居住者よりはるかに多いのが日本の実情となっている。

このような実情から考えて，日本においてハラールに関心があるのは第一に観光分野と言うことになるが，世界に目を転ずれば，そこには観光だけではない，成長著しい巨大なマーケットがあることも事実である。本章は，グローバルな視点でハラール産業の広がりを解説し，その上で日本におけるイノベーションの機会について述べる。

2　ハラールとハラール認証

ハラール（halal）は，アラビア語で「合法」とか「許される」を意味する言葉である。ここで基準となっているのはイスラム法である。ハラーム（haram）は，アラビア語で「禁じられた」を意味する言葉である。よく知られているように，豚やアルコールはハラームである。牛や鶏は

＊1　Quamrul Hasan　大阪大学　グローバルイニシアティブ・センター　特任教授；
(一社)日本ハラール研究所（JAHARI）　代表理事
＊2　Youji Kohda　北陸先端科学技術大学院大学　知識科学系　教授

ハラールであるが，イスラム法に合致するように屠殺することが必須要件である[2)]。しかし，イスラム法に合致した屠殺がされていれば直ちにハラールとなるわけでない。例えば，飼料にハラームの成分が入っていると，牛や鶏は非ハラールとなってしまう。

このようにハラールの判断は，消費者には難しい。ハラール認証マークが必要となる理由がここにある。

しかし，世界的に統一された認証機関はなく，また，各国にも複数の認証機関がある。豚やアルコールがハラームである点では共通していても，細かい点では相違している可能性がある。イスラム教徒が大多数を占める国では，売られているものは基本的にハラールのものであり，ハラール認証に頼る必要がない。しかし，イスラム教徒が少数である国では，ハラール認証が拠り所となる。むしろ，少数者として暮らすイスラム教徒ほど，アイデンティティを保つために，ハラールにこだわるようになるとも言われる。各国の基準が違うこともあり，ハラールにこだわる人々にとっては，自分が信頼するハラール認証以外のハラール認証は受け付けない人も出てくる。日本のように，ごく少数のイスラム教徒しか居住していない国では，ハラール認証の普及自体が進んでいない。それでも居住者は，割高となるがハラール認証付きの商品を扱う通販を利用することができる。しかし，日本に来る旅行者はハラール認証の恩恵にはあずかれていない。

イスラム教徒は，ハラール認証が付いている商品しか，消費しないわけではない。日本のような，ハラール認証が普及していない国に来た場合には，商品の提供者に詳しく商品の成分や生産方法を尋ねられる場合には，説明を聞いた上で，各人の判断で消費することになる。

ハラール性の確認の方法は，今後，情報通信技術のいっそうの発展により，変化して行くものと考えられる。尋ねる代わりに，商品の成分や生産方法が十分に情報開示されていれば良いからである。旅行中でも，スマートフォンを使って，商品についての詳細情報を得ることは技術的には可能である。しかし，技術的に可能だと言っても，情報を吟味するのには大変に時間がかかる。そこで，将来は，商品からの詳細情報を基に，個人個人の設定に合わせて，ハラールかどうかを判定するような自動プログラムによるレコメンデーションサービスや，人の判断によるキュレーションサービスが登場すると見る。レストランや宿泊等の検索・予約サイト上で，ハラールを条件としたフィルタリングができるようにするだけでも，日本に来る旅行者に便宜を提供することができる。

3　グローバルハラールマーケット

イスラム教徒の人口は急速に増えており，2050年には，キリスト教徒の人口とほぼ同数になり，2070年迄にはキリスト教徒の人口を抜く可能性があると言う[3)]。イスラム教徒の6割以上が，アジア・太平洋地域に住んでおり，インドネシアに2億人，パキスタンに1.7億人，インドに1.6億人，バングラデシュに1.5億人住んでいる[3)]。

ハラール産業のグローバルマーケットが急速に拡大しているのには，少なくとも二つの理由がある。一つには，イスラム教徒の6割以上が居住するアジア・太平洋地域の国々が経済発展を続けており，一人当たりの収入が増えることで，一人当たりの購買力が増していることである。さらに，他の宗教に比ベイスラム教徒は多産であり，人口構成比における若年層の割合が高い。若い世代は，伝統を重んじる親の世代よりも豊かな生活を志向し，購買意欲が高い。この二つの成長因子は今後もしばらく存続すると考えられるから，ハラール産業は，グローバルな成長エンジンとして大いに期待されるのである。

ハラールは，非イスラム教徒にもアピールするとされる。ハラールが持つ普遍的な価値に注目するということである[4)]（図1）。オーガニックフードや，フェアトレードと同じ次元で，ハラールを捉えることも可能ということである。オーガニックに価値を感じ，プレミアム価格を払う人がいる一方で，オーガニックに価値を感じない人もいる。フェアトレードに共鳴し，プレミアム価格を払う人がいる一方で，関心が無い人もいる。このように考えれば，ハラールも顧客に価値を伝える手段（価値提案：Value Proposition）と捉えることができる。普遍的な価値を強調するために，品質と健全性を意味する「ハラーラン・トイイバン（Halalan Toyyiban）」と言う言葉が使われることもある。

ハラーラン・トイイバンの意味を日本語に直訳するのは難しいが，“許容される＋体に良い”というニュアンスを含む[5)]。ハラーラン・トイイバンは，安全かつ有益である限り，消費が許容されることを意味する。イスラム教徒は，ハラール食品を消費し，ハラール製品を使用しなければならない。これには，現世における義務，責任，使命を果たすという意味合いが含まれている。イスラム教徒でない日本人にとって，ハラールを頭で理解できても，納得することは難しい。しかし，安全かつ有益な消費を求める点は十分に納得できよう。それゆえ日本におけるハラール産業を考えるとき，ハラール認証を起点とするアプローチではなく，ハラーラン・トイイバンを出発点とするアプローチが考えられる。

日本のハラール産業について考える前に，世界におけるハラール産業を概観する。ハラール産業は食品に限らず，普通の人が考える以上に広い範囲に渡っている点に注目されたい。

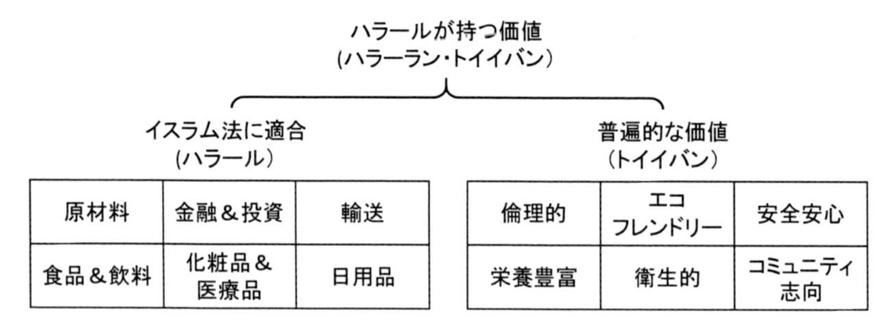

図1　バリュープロポジションとしてのハラール

4　グローバルハラール産業

グローバルな視点に立った時，ハラール産業の範囲は，食品・飲料品に留まらず，製薬，化粧品，衛生用品などの製造分野から，輸送，ツーリズム，印刷，ファイナンスなどのサービス分野までに及ぶ[1)]。言い換えると，ハラール産業の範囲は，原料から消費者までの，サプライチェーンの全般に渡る[4)]。

4.1　食品

世界の食品産業の20％の売上はハラール食品であり，今後も売上増大が強く期待できる。若い経済力があるイスラム教徒が増加して行くに連れ，ハラール食品自体も進化する。例えば，牛肉や鶏肉などから，様々な形態の加工食品（冷凍食品等）に広がって行く。また，そのままではハラールとは言えない食品も，ハラールな材料に置き換える工夫をすることで，ハラール食品化される動きもある。

ハラール食品の主要なマーケットは，イスラム教徒が多いアジアや中東であるが，イスラム教徒が多数住む欧州や米国でもハラール食品への需要は高い。ところが，ハラール食品を生産している国は，非イスラム教徒の国が中心となる。米国，ブラジル，アルゼンチン，オーストラリア，中国が主要な輸出国である。マレーシアや中東の国も，実のところハラール食品の供給を非イスラム教徒の国に頼っているのが現状である。

4.2　医薬品・健康製品

現在流通している，医薬品，健康製品は，非ハラールのものが主流である。イスラム法ではハラームを避けるべきものとしているが，それでも命の危険があるときには，使うことはできる。しかし，可能なら避けたいという強い需要があるので，ハラールが保証された医薬品や健康製品への需要は高い。

4.3　化粧品・トイレタリー製品

化粧品もまた，若い経済力があるイスラム教徒が増加して行くに連れ，旺盛に需要が伸びている分野である。宗教観とは独立に，環境問題に敏感な消費者が，ハラールの化粧品やトイレタリー製品を購買すると考えられるので，今後，いっそうの発展が期待できる分野である。

4.4　ツーリズム

ハラールツーリズム[1)]（図2）は，近年注目され始め，旅行業界での新トレンドとなっている。ハラールツーリズムは，旅行者にハラールな食事を提供できれば良いということではない。礼拝室を作れば良いということでもない。他には，男女別対応や，ラマダン（断食）に合わせた対応などが，ハラールツーリズムを形作る。男女別とは，レストランにおいて，家族以外の男女が同

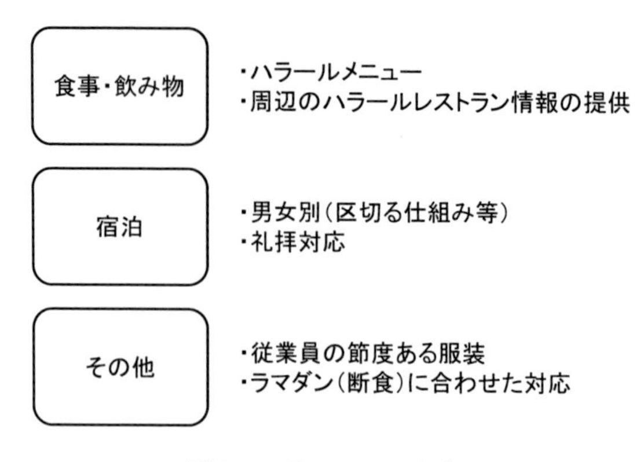

図２　ハラールツーリズム

席しないように配慮するとか，男女別にスイミングプールを設営することなどの工夫を指す。男女別のスイミングプールというと実現が難しそうに思えるが，時間制で男女を交代させるのも一つの解決法となろう。温泉旅館において，露天風呂の施設を，男女別に時間帯を切り替えて運用することと同じである。要は，ハラールツーリズムと言っても，イスラム教徒の人々のニーズを理解して，知恵を絞って，快適な滞在を演出するということが根本である。日本人が得意とする工夫が生きる分野であろう。その際，イスラム教徒の人々のニーズが，ハラールに基づいているという理解が，外してはならない点である。ここでもまた，裕福なイスラム教徒が増加するに連れ，ハラールツーリズムに対する需要も高まると期待される。

4.5　印刷・パッケージ

食品や化粧品などの印刷に使われる原材料がハラールでなくてはならない。ハラームな材料に触れうるものは，汚染の可能性があるとしてハラールではなくなるからである。また，医薬品を入れた医用カプセルがハラールでなくてはならない。それゆえ，ハラール対応の印刷やパッケージも，ハラール産業に含まれる。

4.6　流通（倉庫・輸送）

輸送は，原材料の輸送から，中間材，さらには最終財の輸送まであらゆる場面で，ハラールであることが求められる。例えば，貯蔵するための倉庫や輸送に使われる車両をハラール専用のものとすることで，ハラームのものからの物理的な分離を行なうことが，保証の方法の一例である。ハラームな材料に触れうるものは，汚染の可能性があるとしてハラールではなくなるからである。

4.7　金融・保険

イスラム金融も，ハラール産業の一つである。イスラム法では，利子が禁止されている。よって，イスラム金融では，イスラム法的に合法となるようなファイナンス法が開発され，利用されている。若い経済力があるイスラム教徒が増加して行くに連れ，イスラム金融も急速に成長しており，イスラム金融への関心も高まっている。どのように利子を避けているかの工夫等については，イスラム金融に関する本が多数出版されているので，それらを参考にされたい。

4.8　認証・研修・教育

ハラール市場の急拡大に歩調を合わせて，ハラールの認証自体が，産業になっている。良く知られているように，マレーシアは国家的にハラール認証事業を推進している。ハラール認証には，ハラール産業に従事している人間が，ハラールを理解していることも含まれている。そこで，ハラールを正しく運用するための研修や教育を提供することも，ハラール産業に含まれる。

4.9　日本におけるハラール産業の機会

以上見てきたように，グローバルに見ると，ハラール産業は，食品や化粧品の分野に留まることなく，ツーリズムやファイナンス，研修や教育等のサービス分野にまで広がっており，長期に渡って成長が望める分野である。しかしながら，日本という国から見てみると，ハラール認証が各国別であったり，ハラール対応にするために新たな工夫が必要となったりするので，「グローバルなハラール市場に打って出よう」で済む問題ではない。

正攻法は，ハラールを理解し，各国のハラール認証を詳細に学び，参入する国を決めて，その国に合ったハラールをいかに実装するかを考えるところから始めることになるだろう。正攻法は，ハラールが持つ価値のうち，イスラム法に適合させる側から攻めることに当る（図3）。しかし，正攻法は時間もコストもかかるので，「手軽に始めてみる」というわけには行かない。

グローバルには，ハラール認証が，非イスラム教徒にとって普遍的な価値と解釈され，受け入られていることは既に述べた通りである。しかし，これは安全安心度が日本のようには高くない国に住んでいる非イスラム教徒にとって言えることと思える。売られているものがほぼ間違いなく自動的に安全安心な日本では，日本でハラールの普遍的な価値を主張しても，非イスラム教徒

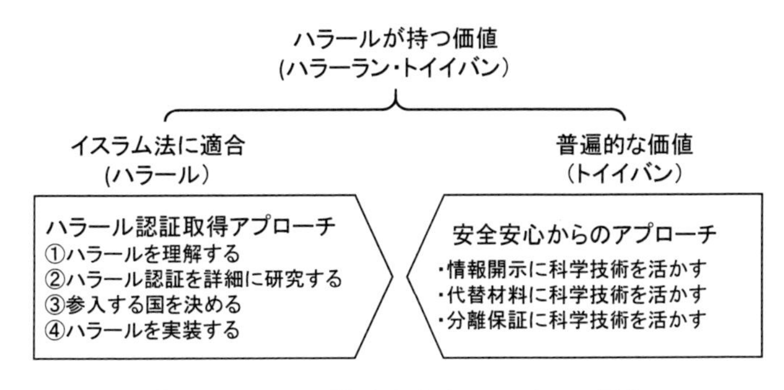

図３　ハラールがもたらすイノベーション機会

の消費者には意味を持たないからである。よって，ハラール認証を取得したからと言って，日本でのマーケット機会は自動的には広がらないし，世界に行けば，すでにブランド力がある競合製品に打ち勝つマーケティングが必要となる。よって，ハラール認証を目指す正攻法のアプローチは，なかなか採用しづらい参入法と考えられる。

最後に，グローバルなハラール市場を目の前に，日本の企業が取りうるイノベーション機会について考えてみたい。

5 日本におけるイノベーションの機会

日本の企業が取りうるイノベーション機会は，ハラールが持つ価値のうち，ハラーラン・トイイバンの観点からアプローチすることで開けると考える（図3）。日本が既に持っている安全安心の価値から始めるアプローチである。

具体的に言えば，日本が持っている科学技術力を最大限に生かすアプローチである。情報開示に科学技術力を活かす方法，ハラームな成分を置き換える優れた代替材料の発明・生産に科学技術を活かす方法，ハラームからの分離保証に科学技術を活かす方法，などが考えられる。

情報開示が，イノベーションの機会となるのは，ハラールツーリズムであろう。第一に，ハラール認証，特に，日本ローカルなハラール認証を取得しても，必ず受け入れられるという保証はない。日本に居住しているイスラム教徒にしても，旅行中のイスラム教徒にしても，自分が知らないローカルなハラール認証を受け入れるかどうかは，イスラム教徒の個人ごとの判断次第である。国による違いもあるが，家族によっても判断が異なってくるだろう。厳しい人もいれば，多少ルーズな人もいることだろう。ここで間違えてならないのは，ハラール認証は，品質保証のマーク等とは，必要性の次元が違うと言う点である。日本の製品やサービスの質が良いことは，イスラム教徒の信条に優先するものではない。

第二に，来日するイスラム教徒の人は，日本が非イスラム教徒の国であり，ハラール認証が普及していないことは知っている。また，日本は，世界標準から見て，安全安心のレベルが高いことも知っている。また，旅行中ともなれば，普段の生活とは異なる行動を取って，積極的に情報を集めて，旅行を楽しもうとすると考えられる。しかしながら，旅行中にハラールの基準が甘くなるということではない。むしろ，自国にいる以上に，ハラールを気にすると考えられる。それはちょうど，日本人が，衛生状態が必ずしも良くない国に行ったときに，生水や氷を意識して避けるのと似た心理と考えれば，理解できるのではないだろうか。

このように考えて来れば，旅行者を含めた顧客に向けて，**情報開示を積極的に進めること**が，日本にハラールの市場成長力を引き込む鍵となると考えられる。情報開示の目的は，ハラール性の判断をしようとする顧客を助けることである。原材料や製造法を正しく説明するだけでなく，伝統的にはハラームを使うカテゴリの食品のような場合には，どのような代替材料を使っているか等，ハラールであることをわかりやすく丁寧に説明する努力が有効であろう。

代替材料によるイノベーション機会も数多くあるだろう。考えてみれば，日本の伝統食には，動物性の食材を使わない精進料理やもどき料理があるし，日本で広く使われている材料として，寒天やこんにゃくなどの優れた材料がある。創意工夫は日本人の強みである。ハラールを満たすようにする工夫も，その伝統に沿えば良いと考える。

ハラームとの分離保証に科学技術を活かす方法も，試す価値がある方向と考える。ハラームとの分離保証をするグローバルな方法は，物理的な分離である。倉庫を別にしたり，輸送車両を別にしたりする。しかし，日本では物理的な分離は難しい。代替として，科学技術を活かし，精密な測定技術により，ハラームとの分離を保証する方法が考えられる。情報開示の一部として，商品単位に，毎回の測定結果を必ず表示する等の使い方が想定される。

ハラールが持つ価値のうち，イスラム法に適合する面を強調されると，しっかりした宗教観を持っているとは言えない日本人にとっては，近寄りがたく思われるかもしれない。それより，日本の産業がハラール市場に接近するアプローチとして，日本が既にもっている安全安心の価値を活かす方法が考えられるのではあるまいか。繰り返しとなるが，日本の製品やサービスが安全安心に優れているというだけでは，イスラム教徒は購入できない。あくまでハラールの条件を確保できたときに，日本の安全安心の品質をアピールポイントとして，グローバルハラール産業で優位に立てる可能性があると言うことである。例えば，輸送において，ハラームのものからの物理的な分離がハラールの保証の一つの方法であることを説明した。科学技術による測定でハラームのものが（測定限界の範囲内に）含まれていないことを，物理的な分離の保証に重ねて保証できれば，イスラム教徒にも日本の食品の価値をアピールできるだろう。

このように，日本のハラール食品は品質および安全の両面において高い可能性を持ち，グローバルなハラール産業の成長の恩恵に預かることができるだろう。これは食品以外の産業でも同様である。

文　献

1) *Global Finance Islamic Report 2013*, Chapter 13, pp.140-158, Edbiz Consulting Limited (2013)
2) Isiaka Abiodun Adams, *Intellectual discourse,* **19**, pp.123-145, IIUM Press (2011)
3) Pew Research Center (2015), http://www.pewforum.org/2015/04/02/religious-projections-2010-2050/
4) Halal Industry Development Corporation (2014), http://www.kccci.org.my/attachments/article/1921/Opportunies_in_Halal_Economy.pdf
5) M. N., Demirci, J. M., Soon, C. A., Wallace, *Food Control,* **70**, pp.257-270, Elsevier (2016)

第4章　ハラールと展望

レモン史視*

1　はじめに

今，私の携帯電話から400社に近い世界中のハラール認証団体うち138団体の代表にコンタクトがとれる。それらの中にはヨーロッパ，アメリカ，オーストラリア，韓国，ロシア，インドなど，日本と同じムスリムがマイノリティーな非イスラーム圏の国々で暮らし，ハラール認証団体として，私たちと同じようなことに悩み，何をすれば現状を改善できるのかを考えながら日々奮闘している。また，毎年各国で行われるハラール関連のイベントには，私が理事長を務める日本ハラール協会を含め，世界中からハラール認証団体の代表が集まり情報共有をはじめ，問題提起から解決まで活発な議論が繰り広げられる。更に世界のハラールにまつわる事情は目まぐるしく変化しつつあり，今，我々が取りかかるべきことは何なのか，課題は何なのか，どういう結果を求めるのかを各々が理解し実行するべき時期だと誰もが感じているように思う。

2　日本ハラール協会の活動

私は，20代の頃にマレーシアで就職をしたのをきっかけに，イスラームに触れ，真言宗から無宗教をへてイスラーム教へと改宗した。その後，ビジネスを展開するためにドバイへ移り，仕事の傍イスラームを学んだ。ムスリムとしてムスリムの国で住んでいくには食に限らず生活全般において全く問題がない。ところが，2008年のドバイショックを機に日本へ帰国した際に困ったのが，まず食に関してである。家族と食事をする際にも，ハラール肉を調達するにも，ヒジャーブをつけて生活をするにも，これまで10年近く生活してきたムスリムが多くいる国々の環境とは異なり困難を感じた。そこで単純に持った疑問が，「日本には日本人のムスリムもいるし，外国人ムスリムもいるが，どうしてこの辺りをもっと改善してこなかったんだろう。日本人だったらできるはず。日本人が日本に住むムスリムのためにしなかったら，誰がするんだ」そして，同時期に目の当たりにした‘なんちゃってハラール認証’の存在。認証監査といいながら，なんの知識も資格もないただのムスリムが監査をして，証書を発行する。それはどこの誰が見てもNGである。「おかしい。こんなものでは世界に通用しない。世界水準でハラール認証ができないのはおかしい」こんなことを考えていた当時，私に賛同してくれ，今現在も理事として活動を続けてくれている主要メンバーである同志数人と日本ハラール協会を設立し，活動を開始することがで

---

* Hind Hitomi REMON　特定非営利活動法人 日本ハラール協会　理事長

き，2010年にはNPO法人とすることができた。今でも記念に残してある，その頃私が一緒に活動をしてくれるメンバーを東京－大阪を何度も往復して説明して探した時期に作った資料がある。「一個人が恩恵を受けるのではなく全ての産業が潤う産業。企業，ムスリム社会，そして日本社会全体が恩恵を受けてはじめて機能する産業，それがハラール産業である」と書いたもの。これは今も色褪せず私の中で活きている。

2011年まではマレーシア政府JAKIMより講師を招き，日本において「国際基準で認証ができるハラール認証団体の育成」ということで直々に認証の仕組みを伝授頂いた。その当時講師の一人として講義をされた方で現在はJAKIMイスラーム開発部門副所長にご就任されているハキマ ビンティ ユースフ氏という女性の方が，当時はJAKIM Halalハブの副所長として来日されたが，のちに所長となった。女性同士ということもあり姉貴と妹分のような関係であったが，社会性や誠実性を大切にすることを彼女の言動や行動から多くのことを学んだ。この年は当協会の基盤を少しずつ固めて行くための準備期間であった。同年，現在も毎月恒例で実施している，ハラールについて，ムスリムについて，ハラール認証について，よりよく理解していただくための機会として考案した講習会。テキストの内容をパリのアパートで第一子の出産間際，陣痛が3分間隔できている時まで日本にいるメンバーと電話とメールでやりとりしながら作成して，出産後は早速病室にパソコンを持ち込み，息子がスヤスヤ寝ているすきに完成に急いだ。そして，私自身は不在であったが，初めてのハラール管理者講習と，接遇主任講習を日本にいるメンバーらが行った。理事の一人が「サクラでも入れないと」と冗談を言ったくらい集まりは悪かったが，以降毎月30名から多いときには70名以上に受講頂くほどまでになった。そして，2012年，晴れてJAKIMよりハラール認証団体として承認をいただき，当協会の認証を持ってマレーシアへ輸出することが可能になってから，初めてハラール認証を同年に発行した。同じ年に，日本の伝統調味料である味噌，醤油は自然発酵にて生じるアルコールに関する規制がそれまで明確ではなかったため認証することができず企業に協力を要請し，製造工程や成分表，アルコール残存値などを開示し検討して頂いた結果，「穀類・果物において自然発酵による自生アルコールは不浄なものとは見なさない。」とのイスラームにおける見解をJAKIMより新たに発行して頂いた。また2018年にはインドネシアでも同様の見解が出された。それを持って初めて味噌がハラール認証を取得し，マレーシアへと輸出が始まった。

2010年から3年間，パリからリモートで活動していた間，他の理事らが日本での協会の活動をしっかり支えていてくれたおかげで，堅調に日本国内のハラール産業への熱が高まりはじめ2013年に私は帰国し，大阪の事務所にて法人設立後，3年越しに国内で本格的に活動を開始することができた。同時に専従職員の雇用も始まったので，事務的な文書や雛形，顧問弁護士・税理士の確保など組織を一から機能させるための作業に明け暮れた。

それから理事や他の協力メンバー，活動範囲も増え，海外からの承認や認定も取得できる組織となった。まだまだ不安定な部分も多く，発展途上ではあるが，当初からの目標である「日本において世界水準でハラール認証ができる組織」にするためにしなくてはならないことは何かを追求する努力は怠らず行ってきたつもりである。このハラール認証という業務は，街中の人が医者である必要がないことと同じく，ムスリムだからといって全員が理解する必要はない。社会の中の特定の者らがその業務を全うしていれば，その社会の責任を担ったことになる。イスラームではそのことを「ファルド・キファーヤ（共同義務）」というが，我々がその業務を担う組織であれば，当然その頂点を目指さなくてはいけない。より最善でより強固な存在でなくてはならない。
当協会が最終的に目指すのはそこであり，それが我々の社会的責任であると理解している。

3　ハラール認証とは何なのか

ハラール認証が誕生し，発展してきた理由とは，非イスラーム国家でムスリムが共存する際に，自分たちが摂取できる商品を明確に判断できるようにするためのツールとして有益であったからである。ハラールな食事のみを摂取するイスラームの教義において，グレーなものは避けるべきだとされる。であれば，そのグレーな部分を取り除けばハラールであることが明らかになり，より多くの製品を摂取することができるようになる。そんな理由で東南アジアを中心にハラール認証制度が確立され，それが今や世界中に広まりつつある。

一方で，ハラール製品・サービスを提供する事業者は圧倒的にムスリムでないことが多い。この事業者にとってのハラール認証とは，自社の製品に「ハラールである」という付加価値をつけ，ターゲットであるムスリム市場に販路を拡大するための企業のマーケティングの一環である。安心が欲しいムスリムと，新たな市場を開拓したい非ムスリム事業者の需要と供給がここで一致している。

ハラール認証を解説する前提として，大きく分けて「輸出向け」「国内向け」の２種類がある。「輸出向け」は製品として国内で製造しそれに対してハラール認証を受ける。そして，その認証が輸出国の輸入規制に則った認証の内容でなければならない。また，輸出国の政府機関が「そのハラール認証を受け入れます。」と承認や認定をハラール認証の発行元であるハラール認証団体へ与えない限り，そのハラール認証書は有効ではないとされる国々がある。そのような法規制がない国も多くあるが，これらの法規制がある国々に対して，この承認・認定を取得するために各団体が独自に，相手国の役人と交渉をしたり，良好な関係を保つための努力をしたりしなければならない。それは時にはまるで外交官による「外交活動」のようでもある。また，その作業量やコストはかなり大きい為，当協会のような一民間 NPO 法人が負担するのはとても困難である。しかし，努力の甲斐あり多くの国々より承認・認定され，世界でも信頼のおける認証団体として認知されるようになった。

一方，国内の認証とは，主に飲食店に対するものであるが，輸出向けの認証基準が各国の基準に沿って，完全に間違いがでない体制を築くため，幾冊にも及ぶファイルに整理された裏の裏までエビデンスを残し，それを専門の技術士が確認し，実地の監査をイスラーム法専門監査員と技術監査員２名で確認していくものであるのに対して，国内における明確な基準もなく，直接肉に触れる飲食店では，その調達からしてハイリスクが伴うにも関わらず，個人が経営する飲食店においてそれだけのエビデンスが文書で打ち出せるか，というところから困難が生じる。現在は各認証団体による各々の考え方が反映された認証がある一方で事業主らが，自発的にムスリム対応として行なっている場合もある。どれが正解であるのかはわからないが，これによる混乱が飲食店の利用者にも事業者側でもあることから早急に解決をしなければならない課題である。

4　日本におけるハラール認証の必要性

非イスラーム国家である日本において私達ムスリムの多くは，スーパーやコンビニに行って，購入する製品を選択する際に，自分の知っている限りの知識を元に，これは食べられる，食べられないの判断を製品の裏側をひっくり返してじっくり小さい文字を読む。同じことをアレルギーを持った人たちもするそうだ。だから，最近は製品に「大豆・乳含む」などの文字が製品についているケースも増えてきた。しかし27品目アレルギーの中に豚やゼラチンの記載はあっても，それ以上の情報はのせていない。乳化剤，ショートニング，マーガリンの由来が豚なのか植物なのかまでは記載されていない。食指が動く美味しそうな食品を手にしても，原材料の由来をその都度メーカーに確認するのも大変で，ヒジャーブで隠した後ろ髪を引かれながら渋々と諦めることも多々ある。あるいは，簡単に食事を済ませたいとカップラーメンに記載される成分表のポークエキスやチキンエキスの文字を細目で見ながら棚へ返すこともしばしば。

ただし，これができるのは日本語が読める人に限定される。来て間もない留学生や観光客は全部日本語で書いてある表示に対して，携帯で翻訳アプリをかざすか，はなから諦めて自国から持ってきたものを食べる。もしくは，誰かが「これはハラールだから安心」と言ったものを食べるかである。

その「これはハラールだから安心」について追求してみると誰が，何を根拠にそれを言うのかという疑問が浮かぶ。日本にある日本の製品なら日本人なら大抵の判断はできるかもしれない。だけどそれ以外の人たちが日本の製品が大丈夫かどうかの判断は一人ではできない。そんな時にどこかのハラール認証団体が判断したものだ，ということが分かれば，少なくともムスリムが「それは大丈夫だよ」と言ってくれている証なのだ。

5　ハラール認証への誤解

ムスリムの一部にはハラール認証をとても否定的に捉える人たちも存在する。否定の度合いには個人差はあるが，中には「ハラールは神にしか決められない。余計なものにまで認証をいっぱいくっつけている」あるいは，「宗教をビジネス化している」という人もいる。前者に対しては，ハラール認証はハラールかどうかを決めるのが仕事ではなく，グレーゾーンを取り除き，ハラールであることを明らかにするのが仕事であると説明する。神にしかハラールか否かが決められないのは聖典クルアーンを読めば誰でも理解できる当たりまえのことなのであるが，その真意がうまく伝わっていない歯痒さを感じることがある。後者については，我々がこれまで9年間この仕事を続けてきたなかで，ハラール認証に従事する人の中にも一時は金に目がくらんだ人たちも目にしてきた。けれども多かれ少なかれ，みんなそれぞれの信念をもって人の役にたちたい，同胞ムスリムのための便宜や，日本の経済効果を願って今日まで一生懸命にやってきた。ハラール認証とビジネスを結びつけがちであるが，利用者がビジネスとして利用することと，発行者が信念を持ってやっていることを分けて考えなくてはならないこともよく理解されておらず誤解を受けやすい。ハラール認証に反対する人たちに限って，実はハラール認証を利用している利用者であることも冷静に考えてみて欲しいと思う。

昨今の国内のハラールの動きで一部，ムスリムではない人たちの反対もある。外国人労働者や訪日外国人観光客の増加に伴い，受け入れる体制を整備することに勤めている日本政府であるが，メディアでも頻繁に「多様性を受け入れる」などの見出しの記事が見られるようになった。その背景には，少子高齢化，廃校，空屋，働き方改革，年金問題，あらゆる社会問題の解決を日本人だけで解決できないから，外国人を労働力として受け入れ，農業・漁業に限らず日本企業が彼らを利用させてもらっている。そして外国人観光客を受け入れやすくして更に増大させていく

写真 1

当協会はマレーシアのUniversity of Science and Islam Malaysia（USIM）と提携をしており毎年当大学からの学生が視察生およびインターン生として来日する。その際に，イスラームに関する研究をしている地元の高校生らと意見交換会や文化交流会を設置している。お互いにより理解し合い，言葉や宗教は違えど，同じ年代の学生らが楽しく時間を共有することができることを体験を通して学んでもらうことを目的としている。今後の社会を築いていく貴重な人的資源の育成として取り組んでいる。

ことで全体の景気をあげていくことが国策となっている。外国人を受け入れるということは，食事，医療，学校，住居，保険，言語，ビザなど訪日する外国人が最低限生活に必要なものを受けやすくする体制（インフラ）を整えることが必要不可欠である。日本の未来が日本人だけでは築けないという現実を受け入れなければいけないのに「多様性」を受け入れることを拒絶する日本人も少なくない。ハラールに関することはそのごく一部分でしかないが，今後日本を支えていき，現在よりさらに多様性を受け入れ外国人と共生せざるを得ない次世代に対して，その時に立ち往生しないような知識を持っていただくことを，協会が定期的に実施する講習を通して伝えようと努めている。その理由は，我々ムスリムの親が，今後この日本の社会で生きていくムスリムの子供たちにできる最小限の加護だからである。

6　ハラール産業とは

一般的に日本ではまだまだ聞きなれない名称であるが，海外では「Halal Industry（日本語訳：ハラール産業)」は定着している。イスラーム市場を対象としたあらゆる産業がそれに含まれており，ムスリムツーリズム，製品輸出・輸入，イスラーム金融などの分野に関連している。

輸出に関わる食品製造一つをとっても，それを取り巻くいろんな事業がある。製造メーカー，原料メーカー，卸・小売，倉庫，輸送。インバウンドで言えば，旅行会社，宿泊，商業施設，観光地，土産物店，航空会社，飲食店，卸・小売，物流など。ありとあらゆる産業が関わることが可能であり，参入することでそれらの産業だけでなくムスリム社会，ひいては日本社会が恩恵を受けることになり，国益となりえるのだから，今後ハラール産業の育成を国，経済界をあげて取り組んでもらいたい。先述のインバウンドに関しても観光だけでなく，労働力として入ってくる外国人へのインフラ整備の一環もその範疇である。企業が従業員へ施す産業給食，そこへ食材を卸す企業，彼らが休日に集まる飲食店や商業施設，語学学校，家族ができれば教育，学校給食，医療施設，医薬品等，広範囲な産業が含まれる。輸出にせよ国内で消費するにせよ，ハラールすることでムスリムもそうでない人も利用できるのだから，ムスリムも利用できるものにしたほうが販路が広がる。

しかしハラール産業には課題があり上手くアプトプットできていない現状がある。ハラール認証は事業者にとっては製品・サービスに付加価値をつける手段であることから，まず新商品を考案する際に必ず行うマーケティングが，「ハラールと言えば売れる」，またはあたかも購買者層数と人口が比例しているかのような言い回しである「世界ムスリム人口18億人市場！」に惑わされ怠る傾向がある。または，社内で情報共有されていない，産業と産業，消費者と企業，企業と認証団体間のコミュニケーションが十分でないこと，また認証団体が企業に求める要求事項に関しても実態とあっていないものが含まれることも起因しているだろう。これらの‘課題’に関して，もっとコミュニケーションを図りアプトプットしやすい環境整備をするために，2017年には「日本ハラール産業会」という国際基準のハラール認証を取得した企業からなる組織が立ち上がり，またその'課題'を社会科学と自然科学の両面から研究，調査，技術開発を目的とする「日本ハラールサイエンス学会」が翌年に立ち上がった。これらの団体が立ち上がったことは心強く，今後日本ハラール協会と連携し，ハラール産業における様々な課題を解消し，持続可能な産業として発展させていかなければならないと考えている。

7 ハラール認証団体の苦悩

設立当初はまだ数団体しかなかった国内のハラール認証団体であるが，その後様々な団体が現れては消えるのを繰り返してきた。今に残るのはその当時から比べても数社。世間ではハラール認証に対してとても批判的な風潮が広まった時期もあった。その間私たちを支えてくれていたのは，真面目にハラール認証を捉え，製品の付加価値として輸出を続けている認証取得企業。日本を代表する大企業から，社長自らが営業をする中小企業まで様々。最初に私たちが取り組んだのは，国内において世界水準のハラール認証ができる団体として位置付けることであった。そして，そのハラール認証書がハラールの輸出要件を満たし世界で通用するという付加価値を持つこと。そのために，クオリティーを高める努力は何時も惜しまずやってきたつもりだ。ハラールに限らず，「認証団体」と自称するからには，それ相応の組織の仕組みや，力量，要員が備わっていなければならず，それなしには名乗るべきではないと考えている。そのため最近では世界基準で測る目的でISO/IEC17065にも取り組み，それにイスラームの価値観を合わせたGSO2055-2というサウジアラビア，UAEを含む湾岸7カ国への輸出が許可される中東の基準を持ってGAC（Gulf Accreditation Center）より認定を受けた。もちろん，マレーシア，シンガポールなど各政府からの相互承認も活動開始当初から受けることができた。クオリティーを上げるためには，それなりの組織で，質の良い認証書を発行するためには各要員の技量が鍵となる。シャリア監査員は全員イスラーム法の最高峰であるアズハル大学出身でさらに自国で博士号を取得しているメンバー，国内では協会の監査の他はモスクでイマームとして従事していたり，信頼される人物故に出身国の領事館や大使館の仕事をしたりしている。技術監査員はというと，国家技術士として登録されているメンバーで，食品だけでも広範囲にわたり，食品添加物，畜産，水産，発酵食品，輸送，包装材まで関わるため，一流企業において何十年ものキャリアと現場で経験を積んできた人材であるからこそ食品製造のノウハウが理解でき，どのポイントにおいてハラールに引っかかるのかが理解できる。最近は医薬品・化粧品における問い合わせも増えてきたため，それの専門家を募っている最中である。また，事務局の方ではミニマムな人数で実務を行っているが，日本人ムスリムで消費者であり，家庭を持つ主婦でもあるが，同じくキャリアを積み重ねてきたベテランスタッフである。また日頃消費者として，母として，妻として困っていることや，こうなってほしい，と思うようなことを仕事に織り込みながら業務に従事している。まともに計算すると認証書を1枚発行するのに，大きな赤字が出てしまうほどコストがかかる，その割に認証費用は設立当初から一定の価格を保っているため到底採算は合わない。NPO法人で営利追求する目的ではない法人ではあるが，経営に関しては一般の企業となんら変わりなく，運営費や活動費は賄わなくてはいけないわけだから，大赤字では身動きは取れない。ハラール認証に伴い知識を持って取り組んで頂かないといけないことから毎月の講習を実施しているが，これが結局協会の運営費の源となっていて，肝心の認証は残念ながら採算が取れないのが現状である。

世間では日本ハラール協会の認証は他のハラール認証団体と比べて難しい，厳しい，という人もいる。しかし，ハラール性の担保をするときに何を持って根拠とし，客観的な証拠を残し，誰が判定するのか。その根拠や証拠を残す人が知識も経験もなければ当然結果はその程度のものにしかならないし，判定する複数の人たちが偏った人で構成されていれば公平性を保った判定はできない。それができないのであれば金銭を頂戴して行う業務ではない。まだまだ改善しなければいけない部分はいたるところにあるが，日々協会に属している20名ほどの要員がこれらのクオリティーを保持することに努めている。この努力は，なぜ必要なのか。それは，ハラール産業というものをただ単に目先の利益を追うだけのものであってはならない。そしてオリンピックや万博までで終わってほしくない産業だからである。これから先，20年，30年と我々の子供達が成長して彼らが彼らの社会を築くために必要な基盤を今固めて，それまで持続できるようにしてあげなければならないと考えるからである。

8　これからの協会

昨今世間で「ハラール認証団体が乱立していて基準もバラバラ」と言われる。乱立していることよりむしろ，各々のシステムで認証をしていることに問題がある。国内の飲食店での認証を除けば，ハラール認証基準は輸出相手国に合わせるので，そこがバラバラということは考えにくい。バラバラであるのは，各々の認証システムや要因がバラバラなので結果，力量に差が出ていることが問題なのである。ということは，その認証システムを国内の認証団体の間で揃える，要員の力量を揃えることで自ずと認証団体としてのクオリティーが揃い，誰が認証をしても同じ水準の認証書が発行される，ということになる。それには協会がクオリティー保持のために用いたISO17065/GSO2055-2が得策であると考える。現時点で国内では，当協会以外はこの認定を受けた団体はいないが，今後は各団体がこの認定を受ける，もしくは一つに統合した団体として認定を受け，無二の存在にすることで日本のハラール認証団体は一本化される。幸い，国内で認定活動をする組織よりも協力を得られることから，海外からわざわざコストをかけて呼び寄せる必要もなく，国内で適切に認証クオリティーを揃えて行くことは可能である。各団体の特色を生かし，役割分担で従事すれば，きっと個別に活動しているよりもより多くの成果が短い時間で達成できるのではないだろうか。そして，ハラール産業を取り巻くあらゆる関係者たち，ビジネスコンサルタントや認証コンサルタント，渉外担当，広報担当または各地でのセミナー・講習会の講師なども含めて包括的に，段階的に，方向性を定めていけば日本のハラール関係者が一丸となることは不可能ではない。ただし，目先の利益に惑わされないことが参加条件である。統合することが正解かどうかは今の時点ではこれが最善のように見えるので，それまでは確固たる仕組みを作り上げることができればと思う。合わせてこの統合団体を監査する認定団体との協力が不可欠である。全ては未来へ残せる，持続可能なハラール認証組織を構築するために，である。

9　ハラール認証団体を精査する認定機関の存在

これまで2国間で承認を取得するには政府機関がやってきて，独自の基準で精査をし，承認の可否を決めていたのだが，ここにきて世界基準を取り入れた認定機関がハラール認証団体を精査するスキームを持って現れたのがきっかけで，世界のハラール認証は大きく変化し出した。これが今現在の日本国内の統合の話や，世界の認証団体の統合の話に深く関わっているので，ここが肝心なところだということをご理解いただきたい。

前述のISO/IEC17065, GSO2055-2に基づいて協会を認定したGACという組織。ここが仕掛けた認定スキームは，これまでの2国間承認のレベルをはるかに上回り，「これによって認証クオリティーが保てる」ということを当協会も含め，実施した機関や団体が実感をしたことによる。

O Mankind, eat from Whatever is on Earth (that is) Lawful and Good and do not Follow the Footsteps of Satan. Indeed, he is to you a Clear Enemy.
2: 168

ACCREDITATION CERTIFICATE

Halal Product Certification
No. HPC 0010

NPO Japan Halal Association

Miyako san-ai building, 1-1-2 Nishiwaki, Hirano, Osaka 547-0035, Japan

is accredited by the GCC Accreditation Center (GAC) in accordance with the recognised International Standard ISO/IEC 17065:2012, *"Conformity assessment -- Requirements for bodies certifying products, processes and services"*, and GSO 2055-2:2015 *"Halal Food – part 2 – Requirements for Halal certification bodies"*

This accreditation demonstrates technical competence for a defined scope as detailed in and at the locations specified in the schedule to this certificate. The Schedule to this certificate is an essential accreditation document and from time to time may be revised and reissued by the GCC accreditation Center. The most recent issue of the schedule of accreditation which bears the same accreditation number as this certificate, is available from the GAC website www.gcc-accreditation.org

The accreditation is subject to continuing conformity with GAC Accreditation requirements. The absence of a schedule on the GAC website indicates that the accreditation is no longer in force.

Issue Date: 06 November 2018
Expiry date: 06 November 2020

Internal project number. AC 0076-1
Initial Accreditation Date. 23 January 2017

AC 10.14 v1

Director General, GCC Accreditation Center

写真2

国内初のハラール認証団体に対するISO/IEC17065, GSO2055-2を日本ハラール協会が2016年に取得。世界水準のハラール認証を行う組織である証であると共に，すでに各国で取入れられ始めているとおり，この認定スキームが世界のハラール認証クオリティーを今後統一させることに大いに役立つ。

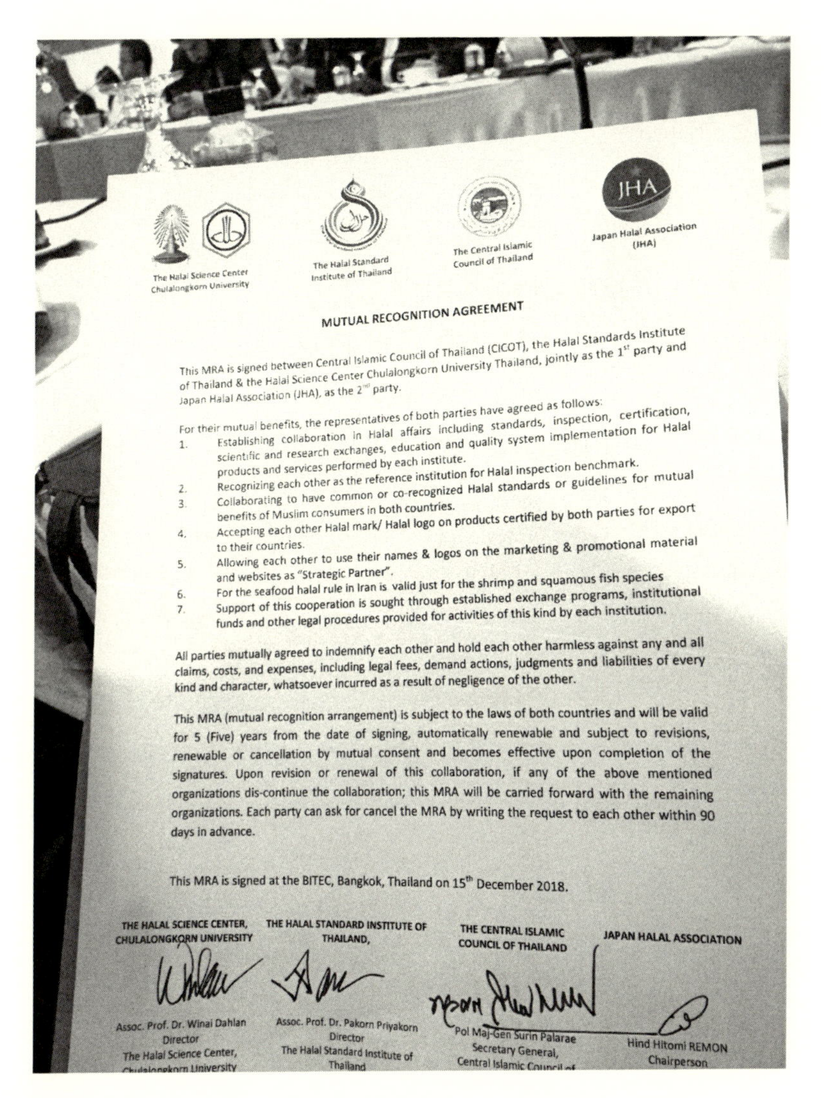

The Halal Science Center Chulalongkorn University

The Halal Standard Institute of Thailand

The Central Islamic Council of Thailand

JHA

Japan Halal Association (JHA)

MUTUAL RECOGNITION AGREEMENT

This MRA is signed between Central Islamic Council of Thailand (CICOT), the Halal Standards Institute of Thailand & the Halal Science Center Chulalongkorn University Thailand, jointly as the 1st party and Japan Halal Association (JHA), as the 2nd party.

For their mutual benefits, the representatives of both parties have agreed as follows:

1. Establishing collaboration in Halal affairs including standards, inspection, certification, scientific and research exchanges, education and quality system implementation for Halal products and services performed by each institute.
2. Recognizing each other as the reference institution for Halal inspection benchmark.
3. Collaborating to have common or co-recognized Halal standards or guidelines for mutual benefits of Muslim consumers in both countries.
4. Accepting each other Halal mark/ Halal logo on products certified by both parties for export to their countries.
5. Allowing each other to use their names & logos on the marketing & promotional material and websites as "Strategic Partner".
6. For the seafood halal rule in Iran is valid just for the shrimp and squamous fish species
7. Support of this cooperation is sought through established exchange programs, institutional funds and other legal procedures provided for activities of this kind by each institution.

All parties mutually agreed to indemnify each other and hold each other harmless against any and all claims, costs, and expenses, including legal fees, demand actions, judgments and liabilities of every kind and character, whatsoever incurred as a result of negligence of the other.

This MRA (mutual recognition arrangement) is subject to the laws of both countries and will be valid for 5 (Five) years from the date of signing, automatically renewable and subject to revisions, renewable or cancellation by mutual consent and becomes effective upon completion of the signatures. Upon revision or renewal of this collaboration, if any of the above mentioned organizations dis-continue the collaboration; this MRA will be carried forward with the remaining organizations. Each party can ask for cancel the MRA by writing the request to each other within 90 days in advance.

This MRA is signed at the BITEC, Bangkok, Thailand on 15th December 2018.

THE HALAL SCIENCE CENTER, CHULALONGKORN UNIVERSITY	THE HALAL STANDARD INSTITUTE OF THAILAND,	THE CENTRAL ISLAMIC COUNCIL OF THAILAND	JAPAN HALAL ASSOCIATION
Assoc. Prof. Dr. Winai Dahlan Director The Halal Science Center, Chulalongkorn University	Assoc. Prof. Dr. Pakorn Priyakorn Director The Halal Standard Institute of Thailand	Pol Maj-Gen Surin Palarae Secretary General, Central Islamic Council of	Hind Hitomi REMON Chairperson

写真３

チュラロンコーン大学ハラールサイエンスセンター，ハラールスタンダードタイ学院，タイ－ハラール認証機関 CICOT と JHA の間で 2018 年に交わされた相互承認を証す書。日本からのタイへの輸出は JHA のハラール認証を承認することを意味する。また，相互の協力関係を約束する。

その組織から派遣されてきた検査官らは，これまでの２国間承認とは比べものにならないシャープな指摘をするし，しかも全て規格に則っているので，グレーな内容に悩む必要もない。規格の内容さえ理解できれば何も難しくもないし寧ろ合理的で明解である。それに気づいたのは，我々だけではなく，マレーシア，インドネシア，UAE，シンガポールのハラール認証を管轄する政府機関らである。それらの機関自身が認定を受けるようになり，これまでの２国間承認スキームにそれを取り入れるようにもなった。以降，それに伴う変化が各機関で見られるようになった。

従って，世界中でこのスキームに基づいて認証のクオリティーを揃える作業が行われていることは間違いなく，今後もこの流れで進むと，どのハラール認証団体でも最低限このスキームに則っていることが前提条件ということになる。これをもってすれば，国内は勿論，世界のハラール認証団体の統合は夢ではない。

10 世界のハラール認証団体

先日は久しぶりにタイで行われたハラールに関する会議に出席した。タイ政府がスポンサーし，チュラロンコーン大学ハラールサイエンスセンターが主催した「Thailand Halal Assembly 2018」というイベントで，展示会と会議がパラレルに行われた。連日世界の認証機関，認定機関，認証団体，大学，産業関係者らが集まりハラールに関する充実した会議が行われた。その中で主催者のお話ではタイは仏教国でムスリム人口がわずか8% であるにもかかわらず，ハラール製品の生産は世界10位以内にランクインしている。仏教国であるタイが膨大な経費をこのイベントに費やし，CICOT というムスリムの半政府組織を運営し，更に「Diamond Halal」というブランドとして世界にタイ製のハラール製品を打ち出していこうとしている。とても巧妙にハラール

写真 4

2018 年 12 月に開催されたタイ政府が行った「Tailand Halal Assembly 2018」に世界のハラール認証団体の一部で北欧，ロシア，イギリス，中央アジア，インド，中国，韓国，日本などから約40 団体が集結した。カンファレンスは連日分野毎に分かれ，ハラール認証団体のためのカンファレンスも行われ，世界統合組織の形成についても話し合いがあり，先ず立ち上げとして，仕組みを文書化するための委員会を結成した。

産業を国策に取り入れているように私の目には映った。

原材料も含め，食品の輸出をする際にはハラール認証品であることは世界では一般化されつつあることにあわせて，世界には，我々と同じように民間でハラール認証に携わる団体が少なくとも400社はあることを冒頭でご紹介した。これらは海外で承認され実質的な活動が認められる団体の数なので，それ以外も合わせるともっとあるかもしれない。ムスリムでない認証団体までが現れ，アメリカやイギリスの大手認証機関で，ISOやHACCPの認証だけをやってきたところが昨今ハラール認証も手がけるようになり，大いにムスリム認証団体から反感をかっている。一方，UAEやサウジアラビアが国に複数の認定制度や機関を設けて，認証団体は各機関の承認を複数取らなければいけない状態にあることも，世界の認証団体が頭を抱える課題でもある。

また，ハラール認証の需要が最も高いのは，ムスリムがマイノリティーである非イスラーム国家である。従って，それらの国にはイスラーム法学者が少なかったり，いなかったりという現状もあり，学者を地域ごとに集めて，それらを近隣国でシェアできないだろうか，という動きもある。現在一部で進めているのが韓国，台湾，日本など近隣で同じような問題を抱える国同士で利便性を図り，少ない人材を共有しようではないか，という働きかけも当協会が率先して行っている。

このように，世界でも私たちと同じように悩んでいる人たちがいるのだが，これの解決策は何か，となるとやはり「統合」という答えに行き着く。一度に全部を統合することは難しいので，

写真5

インドネシアのNGO団体より招聘をうけ，インドネシアにおけるハラールに関わる取組みに合わせて海外の状況を確認する意味で日本，韓国，マレーシアよりスピーカーが登壇。日本におけるハラールにまつわる流れ，環境，現状などを説明した。環境や現状はそれぞれ異なっても，近隣国と連携することや勉強し合うことはお互い参考になることも多い。今後も各国間での様々な意見交換会を是非日本でも行いたい。

写真６
ハラール屠畜した和牛の屠畜場を監査する様子。最近ではこれまで日本から牛肉の輸出が可能ではなかった国への輸出が開始されており，解禁後は新たな需要を生んでいる。これから日本政府がハラール製品として輸出に力を入れていきたい市場はサウジアラビア辺りの中東である。

まずは国内で，１国１団体の仕組みを作り，それから近隣の国々で統合，そして最終的には世界で統合し，大きなハラール認証組織のブランチを各国で行う，というような構図でできないものかと考えている。まずは組織委員会を作り，ということで日々メールや携帯電話でのやりとりが行われている。また，この統合した組織を監査する認定機関らも同じく何らかの統合する調整をすることが不可欠となるだろう。

仮に統合せず，今のままでは，マレーシアはマレーシア政府の良い方向性を築こうとし，UAE は UAE，インドネシアはインドネシアと各国の利便性を優先した方向性にしかならず，結局は世界の認証団体や企業はそれに振り回されるだけで本来出てくるはずのグローバルハラール産業のメリットが出てこない状況にある。統合するとなると，世界を動かすのだから並大抵の努力ではできないが，少なくとも皆の気持ちが今そこに向かっていることは実感としてあるので，いずれそのようになるだろうと気長に構えておこうと思う。まず我々としては目下の日本国内での統合という役割を誠実に着実に全うすることに精を出そうと思う。いつか国内では近所のスーパーではハラールのフレッシュ肉が購入できるようになり，日本のハイクオリティー・プレミアム・スーパーハラールブランドが輸出できるようになるまで。

11　おわりに

私自身にとって，このハラール産業はデメリットよりメリットの方が遥かに大きいと信じていることから，この産業を洗練させることにベストを尽くす。その努力は私のイスラームへの信仰そのものである。また神の力なしには何も起こらない，何にもならない。かれの前では誰でもないと常に神の偉大さを思い起こす（Dhikr）ツールでさえあり，神の存在が私の原動力の源である。いつか神に問われる日が来ても，お咎めを受けないように生きられれば最高である。

写真7

関西圏で少ないコミュニティーのプラットフォームも同時に築いていければ，と思い数年前から始めた年に一度のラマダーン明けの食事・イフタールの会を主催する。近隣に住むムスリムのコミュニティーに70〜80名ほどが集まり一斉に断食を明ける。その日は食事の他，勉強会や，JHA 理事のイマームが率いる中，合同礼拝を行う。

第5章　食をめぐるハラールの制度化と実践：人文社会科学的アプローチ

山口裕子*

1　はじめに

ハラールとは，イスラーム法（シャリーア）で「許されたもの・こと」を意味し，「ハラーム（禁じられたもの・こと）」と対をなして，ムスリムの生活全般を規定し方向付ける概念である。近年では特定の物品やサービスについて，ハラールか否かをイスラーム法と科学的基準に基づいて監査し認定するハラール監査認証制度（以下適宜，認証制度と略記する）が世界各地で登場している。本稿では特に食をめぐる動向に光をあて，ハラール認証制度の発達とムスリムの食選択の実践について，人文社会科学の中でも宗教や食物規制にかかわる文化・社会人類学的見地からその現状と課題を考える。

2　ハラール監査認証制度の展開

ある物事がハラールか否かを問う意識は，様々な宗教が混淆する状況下で尖鋭化しやすい。そのため従来ハラール認証制度は，ムスリムが圧倒的多数派を占め，周囲に流通する事物がハラールであることが当然視される傾向にあった中東よりも，多民族多宗教状況にある東南アジアで先行して開始し，各国でそれぞれに監査認証機関を作って対応してきた。このうち先駆的な例であるマレーシアは，1970年代以降に隆盛した，イスラーム的な象徴や行動が公共領域で顕在化するイスラーム復興といわれる動向や，1980年代以降の官主導のイスラーム化政策などを背景に，1980年代初頭より政府内に専門の委員会を設置してハラール認証事業を実施している。1990年代以降は，独自の認証基準を制定して海外への普及を図ったり，マレーシア国内にハラール関連の工業団地「ハラール・パーク」を多数建設するなど国を挙げてグローバル・ハラール・ハブ戦略を展開している。だが，近年では認証事業に新たに中東の諸機関も参入してきており，国際的な統一規格の策定や認証事業のイニシアチブをめぐる国際競争が激化し始めている。さらにインドネシアの一般家庭で親しまれてきた調味料の「味の素」が2000年にハラーム認定を受けるという「アジノモト事件」に見られるように，近年では科学技術の発達にともなって，ハラール性は原材料や最終製品はもちろんのこと，製造過程での触媒などにも遡って科学的に監査されるようになるなど[1)]，監査認証基準の精緻化が見て取れる。

---

*　Hiroko Yamaguchi　北九州市立大学　文学部　准教授

近年では，日本のように従来イスラームと縁遠かった社会でも，外国人ムスリム旅行客を対象とするインバウンド・ビジネスや，世界約16億人以上，200兆円規模といわれるイスラーム市場への参入を目指して，ハラール認証取得への関心は高まっている。このようにハラール認証制度の整備・発達はそれに準拠することで非ムスリムのイスラーム市場への参入を可能にする一方で，認証制度が発達し，非ムスリムを含む多様なアクターの参画が進むほどに，一層精緻な認証制度が要請されるという循環的な状況にある[2)]。こうした中で，日本の産業界では認証を受けた事物のみをハラールとして，あるいは認証取得を世界のイスラーム市場参入のための万能なパスポートのようにとらえる誤った認識もみられる。また日本でのこの認証ありきのハラール対応は，しばしば画一的で柔軟性に欠ける傾向があり，提供される食やサービスが，ムスリムの通常の食の実践から乖離していたり，ムスリムの食の選択を無用に狭める圧力として働くこともある。国際的統一基準の不在や認証プロセスの煩雑さなども相まって，日本の事業主の中には認証取得やその更新を断念したり，結果としてすべてのムスリムの受け入れを拒絶するなど「全てかゼロか」の二者択一に陥るところもみられる。この窮状の背景には，複雑化する認証制度上の問題とともに，それ以上に根本的な，イスラームやハラールに関する理解の不足が指摘できる。

3　ハラールとハラーム

クルアーン（コーラン）には食に関する記述が第2章「牡牛」，第5章「食卓」，第6章「家畜」，第7章「胸壁」，第16章「ミツバチ」，第22章「巡礼」の諸章に登場する。それらの中の章句では，ハラールについてはたとえば「アッラーがあなたがたに授けられた，合法にしてよいものを食べなさい（第16章114節）」とあるように，抽象的で漠然としている。これに対して，ハラームの食物の条件についてはたとえば「死肉，血，豚肉，およびアッラー以外（の名）でそなえられたもの（第2章173節）」というように，より明示されている。またクルアーンにはハラームの食物であっても，やむなく食べた場合は罪にならないとする章句や，神が許していることを忌避することや詮索しすぎることを戒める章句もある。このように，解釈と実践において多様性を許容する性質は，イスラームの中に本来的に見て取ることができる。

一方，イスラーム法と訳されるシャリーアは，「水場に至る道」という原義から転じて，人が行うべき規範をさす。シャリーアに沿った生き方ができるように実践的な指針を出すのがイスラーム法学である。イスラーム法学では，クルアーン，預言者ムハンマドの言行（スンナ），合意（イジュマー），類推（キヤース）を法源として，個々の事例に即して物事の判定を行う。法学者によって出された指針は人間の解釈を経たものであり，複数の法学派がそれぞれの同時代的な状況に対処しながら法解釈を行ってきている。したがって神が定めたシャリーアは永遠不変であるが，実践的な指針については歴史を通じて柔軟な対応がなされてきたといえる。さらにシャリーアは，人間の行為を義務と禁止の二つではなく，義務（ワージブ），推奨（マンドゥーブ），許容・中立（ムバーフ），忌避（マクルーフ），禁止（ハラーム）の5つに分けている。このように禁止すなわちハラームが独立した行為の範疇として存在するのに対して，ハラールのそれは存在せず，ハラーム以外はすべて「許されるもの・こと」すなわちハラールとなる。以上のように，従来のイスラーム法学の議論において問われたのは，ハラールが何かではなく，ハラームとそれ以外をどう区別するかであった[3]。またムスリムの生活は，1日5回の礼拝や断食の慣行など，厳しい規則に則って営まれるイメージが一般的にはあるかもしれない。だが実際には，ムスリムが生活の中でハラール性を追求する仕方や程度の判断は個々人に委ねられており，その正否を決めるのは神のみとされる。また食生活に限ってみても，一口にムスリムといっても，ハラールの解釈と実践には，宗派によって，また国や地域，その中の個人によっても多様性がある。したがって今日のように物事が「ハラールか否か」を科学技術をも用いて画一的に監査し確定しようとする認証制度の登場は，長いイスラーム史の中でも特異かつ新たな動向であるといえる。以下ではこのムスリムの食の実践の多様性について，イスラームに限らず人間社会に広く存在する食物規制にも触れながら，人類学のこれまでの成果に基づきながら概観したい。

4　食物規制の普遍性とハラール実践の多様性

人類学において食は，コスモロジーや浄／不浄の観念，あるいは食の選好と社会階層との関係など，様々な観点から議論されてきた[4]。中でも特定の飲食物の摂取を制限する規則は人間社会にあまねく看取され，さまざまにアプローチされてきた。その一つが，食物規制の理由や起源を説明しようとするものである。これまで生理的理由，生態環境，浄／不浄観に帰すもの，さらにその根拠として動物の餌や習性や物理的な生育環境，食用とされる動物の条件からの逸脱などが議論されてきたが，あらゆる社会に普遍的に適用可能な定説はまだない。これは人間社会にあまねく多様な形で存在する禁止事項の中でも，それが「食」という，身体と生命の最も根源的な部分に関わるものだからだと思われる。たとえばムスリムは豚を「不浄」とみなしているし，摂取を禁じられてもいる。この事実は，通常食用として豚肉に親しんでいるムスリムではない日本人にとっては，しばしば飲食物以外のほかの文化的規則以上に受け入れにくいものとなる。そしてこの食物規制の違いが，それ以外の彼我の文化的共通性を見えにくくして違いを決定的にしたり，あるいは反対に，ある食物規制を共有することが集団のアイデンティティの指標として働いたりするのだ。

このように食をめぐる規則が「集団を差別化し，逆にタブーを共有する人々の連帯を強化する」[5]多様な様態や，さらにはこの食の規則の実践にはムスリムの集団内部にも多様性があることは，近年の民族誌的探求から明らかになってきている[6]。その多様性は，移住先などで宗教的マイノリティとしてハラール食品を入手しにくい状況下で一層顕在化する傾向にある。たとえば日本に暮らすムスリム留学生には，しかるべき認証機関によるハラール・マークがついている輸入食品の中でも自国産のものに強いこだわりを示す者もいれば，マークがなくとも，顔なじみの非ムスリムの日本人の行商人が売る惣菜を売り手との信頼関係に基づいて購入する者もいる[7]。

また，オランダに移住したあるインドネシア人ムスリムは，一定の年月を経て，新参の同郷のムスリム移民から先輩移民として模範視されるようになるにつれて，インターネットの情報検索などを駆使して食品のハラール性をより厳密に追求するようになった[8)]。このように同一人物でもハラール実践に経年変化が見られることもある。

一方ヨーロッパ諸国は，動物福祉の隆盛を背景に屠殺される動物保護のための欧州協定を結んでおり，加盟国においては，死の瞬間まで苦しみや恐怖を感じないよう，ボルトガンや電気ショックなどで動物を気絶させることが定められている。だが，イスラーム式のザビーハ屠畜やユダヤ教で義務付けられている屠畜では，気絶処理をすることを忌避する傾向がある。これらの「宗教的屠畜」に対してヨーロッパでは国によっては政府当局から気絶処理なしの屠畜を認められる場合があり，また反対に，ハラール認証規格において気絶処理を許す認証団体もある。他方で政教分離（ライシテ）を最も強い形で進めるフランスのように，食肉の産業化や屠畜場の公的管理が進む中で，イスラームの屠畜方法を認めずに違法とするケースもある。さらにフランスの場合，政権によってはイスラモフォビアを強調する際にイスラームの屠畜方法を引き合いに出して，上述の動物福祉の観念に基づいてムスリムに残虐性のスティグマを与えて移民排斥の根拠とすることもある[9)]。

これらの事例が示すのは，ムスリムの食に関わるルールが，自己と他者を弁別する指標となりうるということであり，さらにそれが別の指標と結び付けられて，差異を絶対的なものに見せることがあるということであり，そのルールの実践は一口にムスリムといえども一様ではないということである。この解釈と実践の多様性は，イスラームの中に備わっている根本的な特質でもある。

5　認証制度の隆盛とその背景

以上のように，本来，解釈と実践に幅があったはずのハラール性を科学的なものも含む固定的な基準に基づき判定しようとする近年の動向は，長いイスラーム史の中でも特異なことであるといえる。このハラール認証制度を要請する現代の社会的要件は何だろうか。

一つ目に考えられるのは，宗教の市場化，ないし「イスラームの商品化」である。たとえば世界最多のムスリム人口を擁するインドネシアでは，クルアーンの章句が書かれたステッカーや，人気の説教師のCDなどを始め，従来宗教的とはみなされなかったファッション，金融商品，雑誌，携帯電話の着メロなどに宗教的要素を負荷した商品が登場しており，非イスラーム的な商品との差異化が図られている。イスラーム的要素の顕在化は，新興国の中間層の消費文化の盛り上がりと連動しており，ハラールビジネスの隆盛もその一端に位置づけられる。信仰心の厚いムスリムは，その表現の一環として，イスラーム的商品やサービスを好んで消費し，それによって商品やサービスがより洗練され，益々市場に出回る[10)]。またイスラームの商品化は，グローバルなイスラーム復興を背景とするより正当なスンナ派伝統への「標準化」の動向と連動して進行することが指摘されている。その例として無利子を原則とするイスラーム金融などと並んで挙げられるのがハラール食品の認証である[11)]。

これらのイスラームをめぐる諸動向とグローバル化との密接な関係についてはすでに指摘されている。だが「グローバル化」は，資本主義経済の地球規模の席捲をさすものから，広義の地球大での人，もの，情報の流通をさすものまで，捉え方には幅がある。さらには，グローバル化はイスラームの商品化を促進しハラール認証制度を要請し発展させるイスラームの外部にある背景要因なのか，あるいは商品化や認証制度が発展する状況こそをグローバル化と捉えるべきなのかもまた，グローバル化の捉え方次第であり，自明ではない。ここでは両者の関係についてなんらかの解を導きだすことはせず，代わりに両者の相即，すなわちグローバル化はイスラームに対峙するものではなく，イスラームもまたグローバル化の中にあり，同時にグローバル化は「イスラームを構成し，その性格を特徴付ける内的要素の一つ」[12)]であることを押さえておきたい。

また現代では，イスラーム復興などの宗教的な動向と，イスラームの商品化とその市場の地球大の拡大などの，従来宗教的とはみなされなかった動向とが同時に進行している。これらは相互に連関しており一方を他方の要因とするような単純な因果図式で捉えることもまたできない。同様に，イスラームで起きている宗教的なことといわゆる世俗的なことの双方の隆盛は，従来想定されてきた，産業化，資本主義化，民主化，世俗化などがセットで進行する西洋由来の近代化とは完全には一致しない。だが，イスラームは西洋的近代化とは全く異なる，独自の「イスラーム的近代化」を遂げていると捉えることもまた拙速である。1970年代に世俗的ナショナリズムをへてその反動としてイスラーム復興の兆しがみられたころ，中東では，シャリーアに基づく共同体実現を目指す政治運動としてのイスラーム主義が隆盛したが，運動は，その内部に「民主主義」や「人権」といった西洋近代の標語や，イスラームグッズの商品化のような，世俗的要素を併せ持っていた[13)]。さらにイスラームに見られた宗教的なものへの志向の高まりや宗教の「標準化」は，同時期のイスラーム以外の宗教にも共通にみられた現象であった[14)]。つまり私たちは，イスラーム世界を一枚岩的に捉えることにも，西洋的近代化とはまったく別種の「イスラーム的近代」を想定することにも十分に慎重でなくてはならない。「宗教」の復興と「世俗的」な動向は同時進行しており，もはや両者の境界を絶対視することはできず，またその動きはイスラームに特異なものとして捉えることもできない。イスラーム世界とそれ以外の世界を仮に分けるとすれば，両者は地球上で分かちがたく関係している。その意味でハラール認証制度の発達をはじめ，イスラームをめぐって起きていることは，地球大という，言葉の最も広い意味での「グローバル」な視野と，よりミクロの個々のムスリムの実践の多様性に十分に目配りした複眼的な考察が必要となる[15)]。

6　ハラールの今後：グローバル化，規格化，品質

21世紀に入り，人間社会はグローバリゼーション，異文化理解，人口爆発，食料安全保障，生命工学や情報工学の発展と食の安全・生命倫理など，単一の領域の知見では解決できない課題に直面している[16]。食もまた「個人の身体とより抽象的な共同体，科学技術的刷新と倫理的問題とを接続するような高度に政治的なトピック」[17]となってきている。中でも，グローバルスケールで隆盛するハラールに関しては，社会，倫理，衛生，経済的な問題を扱うことになることが指摘されている[18]。たとえばイスタスは，ヨーロッパにおける動物愛護とムスリムの動向に関する論考の中で，ベルギーでは，偽造ハラール食品の流通，動物愛護団体によるイスラーム式の屠畜への異議申したてなどを受けて「倫理的なハラール（ethical halal)」を追求する動きが登場していることを示した。今日の消費者は，栄養，健康，官能，象徴などのあらゆる意味で「品質」を問うようになっていると述べ，「倫理」も品質の問題として立ち現れていると指摘する[19]。

他方で，ひとたびハラールに関わる事象の外に目をやれば，今日，食の安心安全を担保するための国内／国際的な規格や認証制度はハラールに限られない。一般に馴染みのあるものだけでも，国内の農林物資の品質の改善，取引の単純公正化，生産・消費の合理化を図るための日本農林規格（JAS）から，国際的なものでは国際標準化機構（ISO）の食品安全管理企画であるISO2200や，食品の衛生管理の方式である危害分析重要管理点（HACCP）など枚挙に暇が無い。ハラールはまた，オーガニックなど他の品質と結びつきながら展開しており，上記と同等の品質保証の一つとしてハラール認証を取得する事業者もいる。「Halal is for all（ハラールは万人のためのもの)」は今日のハラール産業界の生産者側の標語にもなっている。そしてハラール食品は，さまざまな品質を重視する非ムスリムの消費者の志向とも親和性があり，現に健康食品やオーガニック食品志向の人によって消費されはじめている[20]。

これらの事態は，富沢も指摘するように，説明責任やトレーサビリティ，倫理を重視するような，ストラザーンらが「監査文化」と呼んだ現代社会の特徴に良く当てはまる[21]。ストラザーンによれば，それはグローバル化時代の現在，私たちの日常生活の隅々まで浸透するようになった「ある種の生成中の文化」である[22]。監査文化がグローバル化の進む現代に特徴的な文化だとするならば，食をめぐる国際的な規格化と，そして消費者と生産者双方の品質重視志向の中で，ハラール認証制度の発達やその取得をめざす動向は，しばらくは隆盛をつづけるだろう。その中で，本稿の前半で指摘したような，イスラームに本来的に備わる解釈の幅を許容する性質や，個々のムスリムの食の選択の実践には多様性があると述べることは，いかなる意味を持ちうるだろうか。

筆者の推測では，今後ハラール認証制度が精緻化と国際的標準化および普及が進み，また，故地を離れて宗教的少数派の状況下に置かれるムスリムが増加するにつれて，ムスリム自身がハラール性をより意識するようになり，ハラール認証規格を参照しながら周囲の物事のハラール性を判断し選択していく場面は増えていくかもしれない。それでもなお，個々のムスリムの食の選

択をめぐる実践が完全に平準化されることはないだろう。それは食が「単に選択の表明ではな」く，人間の生に最も根源的なものであり，それゆえに「その感情的次元こそが，食物を最も深遠で変化させにくい社会的習慣にする」からである[23)]。また認証制度は，非ムスリムのイスラーム市場への参入や，ムスリム旅行者の受け入れへの前向きな取り組みを後押しする意味で，イスラームと非イスラーム社会を架橋する可能性をもつ。他方で，非ムスリムの間では，認証取得したもののみがハラールであるという誤解や，さらにハラールつまり許された物事を不当に限定的に捉えるような偏った認識も根強い。これに対して，イスラームにおいては，本来何がハラールかを判定することではなく，ハラームを避けることこそが本質的であり，その正否は神のみが決定でき，人間は神の教えに沿うように時代状況に合わせて解釈を試みてきた。このことを理解することはまず，ハラール認証取得における困難に直面すると直ちにムスリムの受け入れそのものを断念することをとどまらせる。それればかりでなく，難解な宗教というイメージをもたれやすいイスラームを正しく理解することは，近い将来日本社会でもより多くのムスリム移住者を受け入れる事態が現実的になる中で，隣人をよく知り共生するためにも肝要と思われる。今後も，人間社会にあまねくみられる社会的規制の中でも食の，さらにイスラームにおけるそれについて，グローバルな動向を視野にいれて複数の地域の事例について考究していく必要がある。そのためには，地道な実証的研究に基づく理論的考察の継続が不可欠となる。

文献および注釈

1) インドネシア味の素社は1969年から同国での生産を開始し，主力製品のアジノモトはインドネシアの監査認証機関（LPPOM-MUI）からハラール認証を取得していた。だが2000年に，発酵用の菌を保管するための培地が，豚由来酵素を触媒としていると指摘されたのだ。当時のワヒド大統領は，最終製品に豚の要素は含まれていないという検査結果をもとにアジノモトはハラールであると主張したが，MUIはこれをハラームとしたため，製品は全て回収，廃棄された。

2) 山口裕子，「グローバル化，近代化と二極化するハラールビジネス：日本のムスリム非集住地域から」，文化を食べる文化を飲む：グローカル化する世界の食とビジネス，阿良田麻里子（編），p.27，ドメス出版（2017）

3) 八木久美子，慈悲深き神の食卓：イスラムを「食」からみる，p.100，東京外国語大学出版（2015）

4) たとえばレヴィ＝ストロース，構造人類学，（荒川幾男，生松敬三，川田順三，佐々木明，田島節夫共訳），みすず書房（1972）；ダグラス，M. T.，汚穢と禁忌，（塚本利明訳），筑摩書房（2017）；ブルデュー，P.，ディスタンクシオン：社会的判断力批判・I・II，（石井洋二郎訳），藤原書店（1990）

5) 石毛直道，石毛直道・食の文化を語る，ドメス出版（2009）

6) たとえば砂井紫里（編），食のハラール，（早稲田大学アジア・ムスリム研究所リサーチペーパー・シリーズ Vol. 13），早稲田大学アジア・ムスリム研究所（2014）；Bergeaud-Blackler, F. Fischer, J., and Lever, J. (eds.), *Halal Matters: Islam, Politics and Markets in Global Perspective,* Routledge（2015）；阿良田麻里子（編），文化を食べる文化を飲む：グローカル化する世界の食とビジネス，ドメス出版（2017）
7) 山口裕子，前掲論文，pp. 30-36（2017）
8) 阿良田麻里子，「先輩が使っていれば，使うんだ：オランダ在住インドネシア人ムスリムのハラール食実践と認識」，文化人類学，**83**（4），特集「ハラールの現代：食に関する認証制度と実践から」（掲載決定，ページ未定）（2019）
9) 花渕馨也，「儀礼的とクセノフォビア：残酷と排除の文化政治学」，動物殺しの民族誌，シンジルト・奥野克巳（編），p. 47，昭和堂（2016）
10) 野中葉，インドネシアのムスリムファッション：なぜイスラームの女性たちのヴェールはカラフルになったのか，pp. vi-vii，福村出版（2015）
11) 見市建，新興大国インドネシアの宗教市場と政治，pp. 24-25，NTT 出版（2014）
12) 赤堀雅幸，「イスラームとグローバル化，イスラームのグローバル化」，グローバル化のなかの宗教：衰退・再生・変貌，私市正年，寺田勇文，赤堀雅幸（共編），pp. 65-90，上智大学出版会（2010）
13) 大塚和夫，イスラーム主義とは何か，pp. 183-185，岩波新書（2004）
14) 赤堀前掲論文 p.79（2010）；見市 前掲書 p.24（2014）
15) 山口裕子，「序　ハラールの現代：食に関する認証制度と実践から」，文化人類学，**83**（4）（掲載決定，ページ未定）（2019）
16) 朝倉敏夫，井澤裕司，新村猛，和田有史（編），食科学入門：食の総合的理解のために（シリーズ食を学ぶ），昭和堂（2018）
17) Lien, M. and Nerlich, B. (eds.), *The Politics of Food*, p. 1, Berg (2004)
18) Fischer, J., *The Halal Frontier: Muslim Consumers in a Globalized Market*, p.13, Palgrave Macmillan (2011)
19) Istasse, M., “Green Halal: How does Halal Production Face Animal Suffering?”, *Halal Matters: Islam, Politics and Markets in Global Perspective*, Bergeaud-Blackler, F., Fischer, J. and Lever, J. (eds.), pp. 127-142, Routledge (2015)
20) 富沢寿勇，「食をめぐる異なる価値との共生：グローバル化の中のハラールとローカリティ」，多文化社会研究，**2**，29-48（2016）
21) 富沢寿勇，「ハラール産業と監査文化研究」，文化人類学，**83**（4），特集「ハラールの現代：食に関する認証制度と実践から」（掲載決定，ページ未定）（2019）
22) Strathern, M., “New Accountabilities: Anthropological Studies in Audit, Ethics and the Academy”, *Audit Cultures: Anthropological Studies in Accountability, Ethics and the Academy*, Strathern, M. (ed.), p. 1, Routledge (2000)
23) Bergeaud-Blackler, F., “Islamizing Food: The Encounter of Market and Diasporic Dynamics”, *Halal Matters: Islam, Politics and Markets in Global Perspective*. Bergeaud-Blackler, F., Fischer, J., and Lever, J. (eds.), p. 95, Routledge (2015)

第6章 「ハラール・サイエンス」の展開
—ブルネイの事例から—

高見　要[*1]，住村欣範[*2]

1　はじめに

本章では，近年のブルネイ・ダルサラーム国（ブルネイ）におけるハラールの構築状況について考察する。ブルネイは，「ハラール・サイエンス」という新しい概念を核とした新しい実践の形成において，意図的にイノベーションを志向している中において，際立った例を生み出しつつあると考えられる。筆者のうち，高見は，2018年の8月から9月にかけて40日間ブルネイに滞在し現地調査を行った。本論で参照するデータの大部分は，その調査中に取得したものである。

ブルネイは東南アジアのボルネオ島北部に位置する小国である。面積は5,770平方キロメートルでASEAN諸国の中では2番目に小さく，人口は44万人（2018年）でASEAN諸国の中で1番少ない。マレー系が人口の65.7％を占めており，中華系が10.3％，その他24％とされている。ブルネイ・マレー語を公用語としているが，特に都市部においては英語が広く通用する。国家の原理として「マレー・イスラーム君主制（Malayu Islam Beraja＝MIB）」を掲げている。君主（スルタン）が主な大臣を兼務しており，国民に参政権はほぼなく，絶対君主といえる。君主一族は国民との融和に努めており，人気は高い。イスラームが国教とされており，スンナ派シャーフィイー学派によることが憲法で定められている。キリスト教教会や道教寺院などがわずかに存在する。イスラーム以外の宗教実践は認められているが，学校におけるイスラーム以外の宗教教育は認められていないとのことである。

ブルネイでは，2007年に，長期国家開発戦略として，「ワワサン・ブルネイ2035」が策定された。2012年時点で，石油の可採年数が19年，天然ガスが23年と予測されており，2035年頃の石油資源枯渇を見込んで，産業のあり方を変革するものと考えられる。達成目標は，「十分教育され，高い技術を持つ国民」「生活の質（QOL）が世界10位以内」「ダイナミックで持続可能な経済」の3つである。そして，これらの目標と有機的な関連を持つ，重要な科学技術政策として，ハラールを管理するための科学技術の応用が推進されている。

＊1　Kaname Takami　大阪大学　大学院言語文化研究科
＊2　Yoshinori Sumimura　大阪大学　グローバルイニシアティブ・センター　准教授

2 ブルネイの「ハラール・サイエンス」

ブルネイにおける「ハラール・サイエンス」について，デウラセは，「ハラール・サイエンスとは合法・非合法・タイイバート・シュブハな製品およびその質，ルール，標準，法，管理について研究する学際的科学であり，革新的な科学・技術であって，クルアーン・スンナ・イジュティハードおよび科学的根拠に基づき，人類に対し重要な手段として貢献する」と定義している[1)]。イジュティハードとは，クルアーンおよびスンナにおける明文によって判断できない問題について，これらから演繹的に法的判断を得ようとする伝統的イスラーム法学上の方法論である。つまり彼の定義によれば，ハラール・サイエンスとは，これまで聖典およびイスラーム学の知的伝統にもとづく権威によって運用されてきたイスラーム法を，科学によって補強しようとする営みであると言える。

ハラール性が問題となるのは，一般的に衣食住，薬，化粧品，金融などを含むムスリムの生活のあらゆる側面であるが，ここでは，ブルネイにおいて，最も注目が集まっている食品についてみてみたい。食品に対する科学を用いた規制は，世界的に見て，食品安全の領域において先行したことは言うまでもない。ハラールと食品安全における科学の適用については，その大前提として，食品を工業的に生産し，流通させる産業社会の存在が不可欠であることは共通している。そして，産業社会における食品安全とハラールの場合，規制される主体は，インダストリーである。

これに対して，産業化されるより前の社会において規制される主体は，神との関係における個人（ムスリム）である。ここで，規制される主体を「個人」とすることについては，ハラームの

表1 食品に対する規制の形成と科学の適用に関する比較

	ハラール（産業化以前）	ハラール（産業社会）	食品安全（産業社会）
規制する主体	神－個人（ムスリム）[注1]	国家	国家
規制される主体	個人（ムスリム）	インダストリー	インダストリー
受益者	個人（ムスリム）	消費者	消費者
規制の動機	神への恐れ	神への恐れ	科学的知見
規制の技術	経験	科学	科学
規制の方法	禁止事項（寛容）	禁止事項（厳格）	リスク評価
規制対象	意図的な摂取	空間的近接・共有／遺伝子の混入した製品	規定を超える量の微生物を含む製品
違反の性質	個人が認知しうる違反	全プロセスで1回の違反	検査段階での違反
問題回避の方法	経験的に疑わしきを避ける	認証の表示	リスクコミュニケーション
検査指標	なし	少ない	多い
違反の結果	摂食しない	流通制限	流通不可
違反摂取の影響	信仰による罪悪感	罪悪感・国家に対する不信	疾病や死のリスクの増加
食品流通の範囲	狭い	広い	広い
消費者の対応	疑わしいものを避ける	認証を確認する	リスク因子を取り除く

注1） ここでいう「規制」は，神による禁止ではなく，「クルアーンの記述」を根拠とする，各々ムスリムが自らに課している規制である。

根拠となるクルアーンなどの記述において，食品を摂取する個人（ムスリム）の意図（ハラームでないことを知っていたかどうか）が，最終判断の基準になっていることにみられる。

食品に対する規制の構造を，産業化する以前のハラール，産業社会におけるハラール，産業社会における食品安全の3つに分類して，その共通性と相違を比較すると表1のような結果が得られる。この表は，大部分が現在のハラールと食品安全を巡る状況に広く適用できると考えられるが，基本的には，産業社会形成以前・以降のブルネイを，規制対象についてはブタ（食品安全の場合は病原性微生物汚染）を，それぞれ念頭に置いて記述したものである。

また，ハラール・インダストリーとの関係における科学の役割については，産業そのものを発展させる目的での科学技術の応用だけでなく，規制における科学技術の応用への関心が非常に高い。そして，その多くは，産業化以前の社会において不可知であったものを可視化し，「食品を摂取する個人（消費者）が，ハラール／ハラームを知ることができるようにするため」の科学技術である。

3 「サイエンス」とハラール

3.1 製造・輸送段階での異物混入

ハラール・インダストリーにおけるハラールの規制は，潔癖なまでに異物の混入を忌避する。伝統イスラーム法学における似た議論として，食べ物に紛れていたイモムシに関する議論がある。イモムシはハラームであるとされるが，果物を食べる際気付かずに中にいる虫を食べてしまった場合に関する議論である。学者によって見解の差はあるが，より分けることができないような場合は食べてしまっても罪とはならないというのが有力な説であった。

だがハラール・サイエンスにおいては，食品内にハラームとされるものが混入していると，食品全体としてハラームになるとされる。製品としては牛肉であるが，同一機材を用いて豚肉の処理が行われている場合，豚肉の一部が混入し，ハラームとされる恐れがある。ブルネイでは様々な調査機材を用いて，食品の中にアルコールや豚肉のDNAなどが混入していないか，測定することが行われている。例えば，保健省内にハラール研究所があり，持ち込まれた製品の成分分析を行っている。ブルネイのハラール認証をうけるためには，この研究所の分析結果が必要である。

3.2 食品添加物・酵素のハラール性

食品添加物として用いられる乳化剤やゼラチン，発酵菌の栄養源をつくる触媒としての酵素にはブタ由来のものが存在する。これらのものについては，ブタとの同一性が問題になる。ここで問題になる概念がイスティハーラ（変質）である。

伝統的イスラーム学においては，不浄（ナジャス）な動物を燃やした後の灰やなどについて議論されてきた。柏原はイスティハーラを「ナジャスを持ったものが，その性質が変換され，無くなることで元の名前が無くなり，新たな性質にふさわしい名前になる変化のこと」と定義し，これを認めるかどうかについては学派により見解の相違があることについて,「その根本にあるのは,不浄は物の本質にあるのか,それともそれは属性であり物の名前が変わればそれにつれてなくなるものなのか」という相違であると述べている[2)]。

これに対し,スルタン・シャリフ・アリ・イスラーム大学(UNISSA)における聞き取りによると,ブルネイではイスティハーラが「物理的かつ化学的に変化すること」と定義されている。これによってブタ由来のゼラチンは,あくまでブタに含まれていたアミノ酸であり,化学的に変化したとはいえず,イスティハーラは認められないという見解が採用されている。

近代の産業技術の基盤の多くが,非イスラーム社会で生み出されてきたことを背景とするものであり,ブルネイでは,これらの要素の検出技術とともに,ブタ由来物質に対する代替物質の探査や開発が進められようとしている。

3.3 屠畜時の手法

屠畜時の手法について,クルアーンの中で具体的な指示はない。食肉についての規定は4節(2:173, 5:3, 6:145, 16:115)に現れるが,おおよそ同じ内容が繰り返されており,死肉,血,豚肉,アッラー以外のものに捧げられたもの,窒息死したもの,打ち殺されたもの,墜死したもの,角で突き殺されたもの,肉食獣が食べたものが禁止されている。ハディースにおいても,苦しまないように配慮することが説かれるのみで,具体的な屠畜法については述べられない。しかし,これらの記述にもとづいて,イスラーム的屠畜手段としてはおおよそ「ムスリムまたは経典の民が,神の名を唱えた上で,生きている動物の喉を,鋭いナイフによって切断すること」が求められているということについては,広く一定の合意がある。

近年,動物福祉の概念が広まることで,屠畜前に気絶させること(スタンニング)が行われるようになり,議論を呼んでいる。イスラームにおいては「生きている動物」をナイフによって殺す必要があるが,気絶させる過程で殺してしまう心配はないのか,また気絶している動物は「生きている」と言えるのかという問題である。安定した生を意味する "hayat mustaqirrah" というアラビア語由来の概念により,可逆的なスタンであれば生きていると言えるとされている。

気絶させる過程で殺してしまう可能性については,技術の改良によって対応が進んでいる。電圧の調整や,貫通ガンの使用禁止等である。だが,動物を相手にする以上絶対はなく,死んでしまう可能性を否定しきれず,スタンニングに対する拒否感は根強い。現在ブルネイ国内の屠畜場において,屠畜前スタンニングは行われていない。ただし,ブルネイハラールスタンダードにおいては,スタンニングの手法についても記載があり,国外からの輸入肉については,この手法に則ったものであればハラールであると認められる。

屠畜する動物の脳波をモニタリングする案なども出ている。ハラールの実践において新しい価値観が嵌入してきたことによる,サイエンスの導入の例と言えるだろう。

4 「ハラール・サイエンス」に向けたイスラーム的概念の掘り起こし

ブルネイの「ハラール・サイエンス」が，クルアーン，スンナ，イジュティハードに基づくことを標榜する限り，伝統的にイスラーム諸学で用いられてきた概念を踏襲することになる。しかし，伝統的な用語に新たな意味が付加されたり，これまで用いられてこなかった概念が新たに構築されたりする例も見られる。ここではその例として，タイイブ（tayyib）を取りあげる。

ブルネイの「ハラール・サイエンス」やハラール・インダストリーにおいて，Concept of Halalan Toyyibanがしばしば掲げられる。またブルネイにおいてはスルターン・シャリーフ・アリー・イスラーム大学（UNISSA）内にHalalan Thayyiban Research Centreが設立され，教育・研究を行っている。そういった場合，「タイイブは健康に良い等の意味であり，不衛生なもの・体に害のあるものは食用を許されない」という注釈がなされている。これは次に示すクルアーン2章168節からの引用である（ただし，ローマ字転写法に揺れがある）。日本語訳は中田考監修『日亜対訳クルアーン―［付］訳解と正統十読誦注解』（作品社，2014）による。

yā 'ayyuha al-nās kulū mimmā fī al-arḍ ḥalālan ṭayyiban（以下略）
「人々よ，地にあるものから許された良いものを食べよ」

ここに見られるhalalanおよびtayyibanは，ḥalāl，ṭayyibの非限定対格形であり，文法的要請により変化している。アラビア語で行われてきた伝統的議論では，アラビア語としての「タイイブ」の語義が問題となっており，神の啓示をどのように解釈するかに焦点が置かれていた[注2]。これに対して，文法的変化を無視し，クルアーンから抜き出して概念化したのが「Concept of Halalan Toyyiban」である。そこではタイイブの語義は問題にならず，英語でwholesome（良きもの）と訳され固定化されている。関心事は神の啓示の意味内容ではなく，「wholesome」でないもののリストアップに移っている。このリストではアレルギーの原因となるものや発がん性物質，遺伝子組み換え作物，MSG（うま味調味料）などがタイイブでないとされている。

ここに見られるタイイブの概念は，産業社会一般にみられる新しい食の安全性への関心に非常に近い。ハラールビジネスにおいて，「ハラールの認証を受けた食品は，食品の質に対して高い関心を払ったものであるため，安全性についても信頼できる」との言説を目にすることがあるが，ブルネイにおける「Concept of Halalan Toyyiban」の採用も，ハラールの範疇に「食品安全」を取り込むための措置であると考えられる。

注2）「タイイブなものを食べよ」と聖典に記載されている以上，タイイブの語釈はイスラーム法学者の関心を引いてきた。シャーフィイー学派内でも，シャーフィイー，マーワルディー，ガザーリー等がその解説を行っている。マーワルディーは「啓示をうけたアラブがタイイブであると考えたものがタイイブである」とし，ガザーリーは「タイイブはハラールと同義である」としている。

5 フードチェーン

前に述べた異物混入に関連して，製品の輸送条件を精査する試みがなされており，ハラール・ロジスティクスと呼ばれている。このような厳格な分析がなされる背景には，東南アジアのイスラーム，そして，小国ブルネイの特殊事情がある。イスラーム発祥の地である中東と異なり，東南アジアでイスラーム教徒がマジョリティの場所は，豚を食する異教徒との接触が起こりやすい環境にある。特に，ブルネイの場合，鶏以外の食肉は輸入しており，輸入するよりも前のプロセスについては，このような検査をしなければ「知りえない」状況にある。産業社会の形成とともに，域外から食品を輸入する割合が高くなる海外依存型の食糧事情が背景になっており，冒頭で触れた国家戦略においては，食料自給率の向上も目標とされている。

ここでは特に関心が向けられる食肉のフードチェーンを確認したい。データはブルネイ農林水産省2017年発行の2016年統計による。

鶏肉はブルネイで数少ない自給が可能な食品である。ブロイラー鶏肉生産を行うのは49社であり，4大企業が国内のシェア62%を占める。生産者はスーパーマーケットチェーンに納入するほか，グループ内のホテルやレストランへ供給する。輸送は生産者が自ら担当する。

一方，牛肉の自給率は約45%である。輸入元はオーストラリアが54.5%，インドが45.1%，中国が0.4%となっている。ただしインドからの輸入肉は水牛肉である。牛肉の自給率は45%であるが，生体の自給率は4%程度であり，70%はオーストラリアから，25%はマレーシアからの輸入牛である。生体として輸入し，数か月の肥育の後，国内で屠殺する。生産量は最大手企業が47%，上位4社で89%を占める。鶏肉と同様に小売店までの輸送は生産者が担当する。

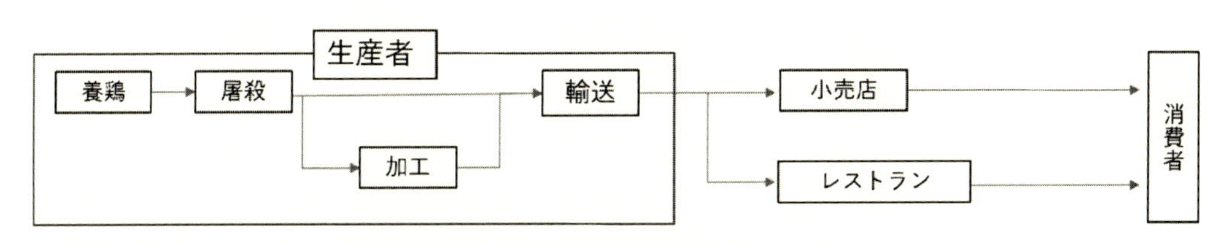

図1 ブルネイにおける鶏肉サプライチェーン

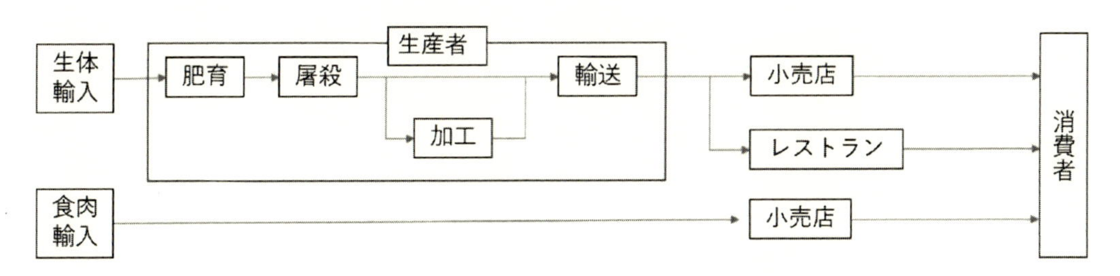

図2 ブルネイにおける牛肉サプライチェーン

生産者が自ら配送を担当することで，衛生面のみならず異物の混入を避ける努力がなされていることが分かる。このようなシステム上の取り組みに加え，遺伝子レベルでの精査が行われているのである。

6 おわりに

ここまで，ブルネイにおいて「ハラール・サイエンス」と呼ばれるものがどのようなハラールの実践を生み出しつつあるのか，その一端を見てきた。八木は，マレーシアなどにみられるハラール認証の例をもとに，ハラール概念の「物象化」や「一律化」について指摘している[3)]。輸出入主体の産業基盤をもったブルネイのような絶対王政の国家が，国家政策の中核に据えて推進するハラール・インダストリーとハラール・サイエンスの対は，八木の言う「物象化」「一律化」に向かいやすい特性をもちやすいと考えられる。本稿では，ブルネイの「ハラール・サイエンス」がもたらしつつある3つの事例を取り上げた。これらは，ブルネイをはじめとする多くのイスラーム社会が産業化する以前には問題にならなかったものであり，人々は，個別の状況とコンテクストにおいて対応する実践を組織していただろう。

ブルネイの産業社会におけるハラールの方向性には，おそらく，ハラール・インダストリーやハラール認証を推進するほかの国とも異なる重要な特徴がある。それは，ブルネイの消費者のハラール実践における「ハラール・サイエンス」の役割が見えないことである。ブルネイにおける「ハラール・サイエンス」は，ブルネイの国家とインダストリーの間のやり取りで完結している。ブルネイの国民は，「ハラール・サイエンス」による「可視化」の享受者ではあるが，将来的には世界市場に向けた「ハラール・サイエンス」とその認証を支えるためのブルネイのインダストリーの一部としての役割を期待されているようにさえ見える。

ブルネイは，ハラール認証については国内のインダストリーに対してしか行わず，また，その管理体制も非常に厳格で徹底している。しかし，現実には，ブルネイにも，ムスリムがマジョリティの他地域にも，そして，ムスリムが極めて少なく，ハラールを確保することが困難である日本社会においても，それぞれのやり方で，ハラールを実践している人たちがいる。ハラールのための科学やそれに基づいた認証が，それらの実践の中でどのように働いており，また，この先，どのように変容しようとしているのかを明らかにすることが，今後の重要な課題である。

文　献

1） Norarfan Bin Haji Zainal & Nurdeng Deuraseh, Empowering Islamic Studies in UNISSA Through Halal Science, Konferensi Antarabangsa Islam Borneo Ke-11 (2018)

2) 柏原良英,「シャリーアにおけるナジャス（穢れ）のイスティハーラ（変質）」, シャリーア研究, 11, 51-60 (2014)
3) 八木久美子,「イスラム的に消費するということ：ハラール概念の変容とその意味（特集原稿）」, 総合文化研究, 16, 30-43 (2013)

ハラールサイエンスの役割と最新動向 編

第7章　ハラールサイエンスと先端分析技術

民谷栄一*

1　はじめに

日本ハラールサイエンス学会が2018年11月に設立されたが，私は副会長としてその設立に深く関与した。特にイスラム教徒ではない私がそのように至った経緯は，私の長年の共同研究者であったQ. Hasan教授からの提案で，2008年5月にマレーシア，クアランプールで開催されたWorld Halal Forumに参加し，私の専門のバイオセンサーがハラール認証のツールとして関心を呼んだところから端を発している。その後，2008年11月に ブルネイ経済産業資源省のHajah Norma次官が大阪大学の私の研究室を訪問し，Halal Scienceと計測技術に関して討論と今後の共同研究について打ち合わせを行った。さらに，2009年8月にブルネイで開催された4th International Halal Market Conference, 2009年10月11th ASEAN Food Conference 2009 at Bruneiにおいて招待講演（演題：Analysis & Testing Methods in Halal Scienceなど）を行なった。2010年5月には，ブルネイ経済産業資源省大臣Pehin Dato Yahya Bakar氏が大阪大学を訪問し，バイオセンサー研究を視察し，共同研究も開始された。2013年1月にはブルネイ経済産業資源省と大阪大学との間でMOU（交流協定同意書）を締結した。また，国内においては，ハラーサイエンス学会の準備のために日本ハラール研究所をQ. Hasan教授とともに2014年に設立している。このようにブルネイとの連携を皮切りに約10年にわたりHalal Scienceに関わる取り組みを推進してきた。ここでは，先端分析技術の観点からハラールサイエンスへの貢献について今までの取り組みについて紹介する。

2　ハラールサイエンスと科学技術

サイエンスとは，いうまでもなく，知る，理解すること（知識）：Knowledgeであり，そのための方法（仮説－実証の反復）：How to knowを重要視する。研究の対象によって，自然科学natural science，社会科学social science，健康科学health science，食品科学food scienceのように分類され，今回のようにハラールを対象とすれば，ハラール科学halal scienceとして良いであろう。サイエンスは，共有できる知を提供し，判断するための価値基準を与えるものとして，

---

*　Eiichi Tamiya　大阪大学　大学院工学研究科　精密科学・応用物理学専攻　教授；
産総研－阪大　先端フォトニクス・バイオセンシングオープン
イノベーションラボラトリー　ラボ長

現代社会を維持，発展に寄与するための基礎となっている。

ハラールをサイエンスするうえで，本書の総論の中で指摘されているが，TOYYIBAN（トイイバン）として求められる清潔，衛生的，高栄養価といった視点もあるとされ，このことを食の安全，安心として位置づけられるであろう（図1）。ハラールの示す清潔，衛生的ということは，食の安全性とも共通である。毒性，病原性，アレルギーなどの健康被害を引き起こさない食の安全を担保するためには，我が国では農水省，厚労省，食品安全委員会（内閣府）が責任省庁としてガイドラインを設定し，管轄している。一方，食の安心としては，消費者の感性，生活習慣，宗教的背景に応じて，菜食主義，オーガニック，コーシェルなどと同様にハラールを位置付けることもできる。

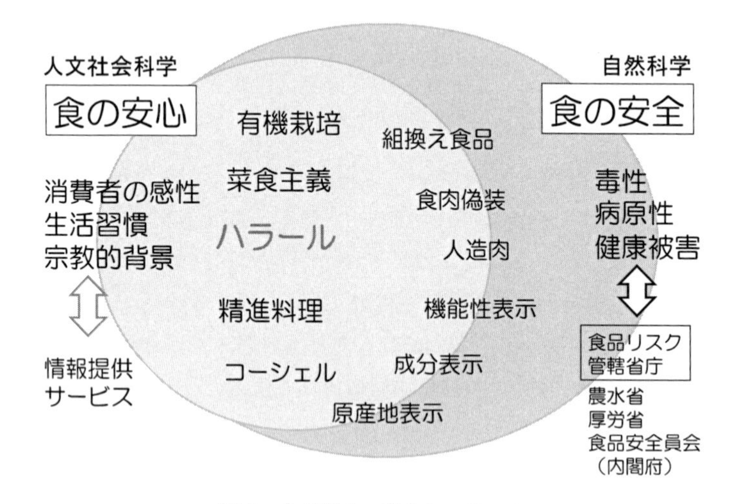

図１　食の安全，安心とハラール

移植臓器のドナーとして検討される実験ブタ

Doctors may soon transplant a pig kidney to humans — and it could be one of medicine's biggest breakthroughs
(Published on December 14, 2016; Featured in: Big Ideas & Innovation, Editor's Picks, Healthcare)

人工組織培養して作成した牛肉

http://www.nytimes.com/2013/08/06/science/a-lab-grown-burger-gets-a-taste-test.html

図２　先端科学技術によって進められる研究例

バイオテクノロジーの進展は，医療や食品分野に大きな影響を与えている。例えば，免疫機能補助剤，ダイエット補充剤，鉄イオン補給剤などのサプリメントの中には，動物性の血液タンパクを原料として用いているものもある。また，ブタ由来成分を用いて人工的に細胞培養を行い，医薬品や食品材料を製造したり，ブタ臓器をヒトへ移植し，不足する臓器提供者の課題を解決しようとする試みなども行われている（図2）。こうした事例は，氷山の一角であり，科学技術の進展とともに，ますます多くの類似した課題が出てくると思われ，これらに対してもサイエンスとして捉え，共有できる知を明らかにし，解決を模索する姿勢が重要であろう。

3　先端分析技術とハラールサイエンス

ここでは，ブルネイ政府との共同で行った先端分析技術を用いた事例を中心に紹介する。

3.1　モバイル型遺伝子センサーを用いた肉製品の迅速診断

市場で流通している加工品に含まれる肉製品の診断を現場で迅速に行えるセンサーを開発した。測定原理は，12章に記載されている遺伝子センサーと同様である。持ち運び可能な電気化学測定原理であり，センサーチップは，量産可能で低価格な印刷電極を用いることができる。ここでは，遺伝子増幅系として，等温増幅（LAMP）を用いた。その結果，図3に示すように肉種に応じた検量線を得ることができた。市場に流通している肉製品に応用したところ，良い一致を示すことも明らかとなった（表1）。これにより，食品中に含まれる肉種の判定が可能である。ハラールでは豚肉が対象であるが，食肉偽装対策としても有用であろう。

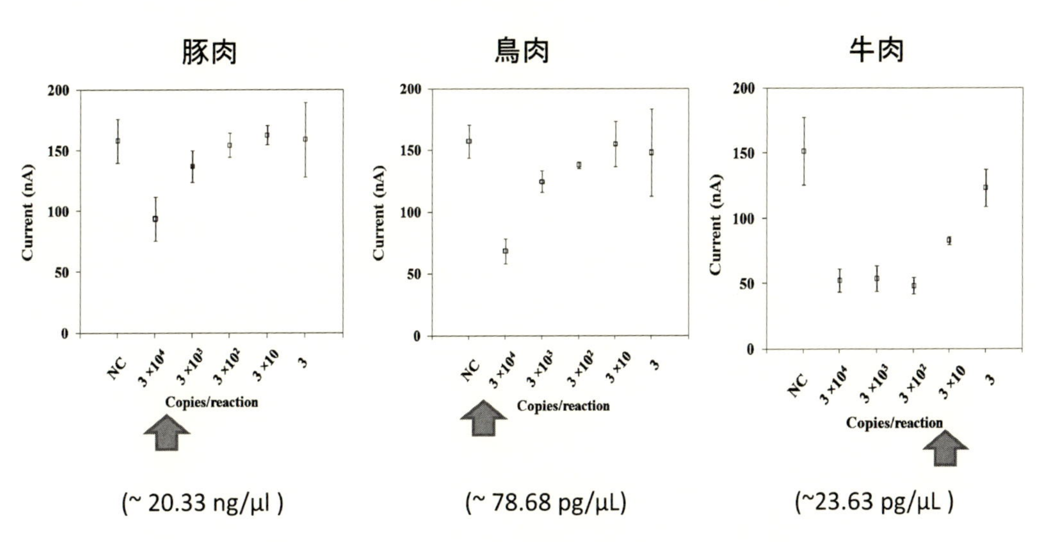

図3　ブタ，鳥，牛肉由来の遺伝子の検出感度と測定範囲

表1　市場に流通している肉製品の測定例

	Pork Loop Primers			Chicken Loop Primers			Bovine loop Primers		
Sample	(Average current, n＝3)	SD	Detection Of DNA[a]	(Average current, n＝3)	SD	Detection Of DNA[a]	(Average current, n＝3)	SD	Detection Of DNA[a]
Neg. Cont.	129.53	5.00	−	153.36	24.67	−	128.76	9.29	−
Curry Beef	131.96	22.90	−	136.73	6.42	−	45.92	20.27	+
Curry Chicken	144.46	19.86	−	73.28	2.36	+	169.76	5.77	−
Beef Loaf	117.63	24.75	−	57.79	3.05	+	52.04	4.655	+
CN-A	125.96	23.60	−	153.33	9.77	−	135.03	26.83	−
Corned Beef A	139.5	7.88	−	136.43	19.54	−	81.33	13.60	+
CN-B	132.03	7.41	−	144.36	4.76	−	47.47	16.24	+
Corned Beef B	148.13	8.75	−	128.63	3.98	−	42.24	8.1	+
Pork Meat	63.89	4.64	+	148.23	12.58	−	138.63	24.36	−
Corned Beef with Curry	138.23	13.87	−	135.8	5.40	−	50.38	16.13	+
Mock Chicken	119.3	1.73	−	155.3	4.58	−	127.66	2.57	−
Pos. Con (Pork)	57.37	9.96	+	125.8	2.27	−	138.22	24.26	−
Pos. Con (Chicken)	133.76	12.49	−	63.20	14.25	+	133	18.65	−
Pos. Con (Bovine)	113.5	12.86	−	127.4	1.9	−	59.70	16.19	+

[a] Genotype determined by agarose gel electrophoresis and DEP chip (+ detected, − not detected).

3.2　ラベルフリーバイオセンサーによる豚タンパク測定

金属を二次元，三次元的にナノ構造化すれば，そのナノ構造に局在化した局在表面プラズモン共鳴（Localized Surface Plasmon Resonance: LSPR）を励起できる。金や銀ナノ粒子の場合，可視域の光に対して共鳴が起こり，光吸収や光散乱スペクトル中に極大値をもつバンド構造が現れる。この場合も粒子近傍の屈折率変化により，共鳴特性，すなわちLSPRバンドの強度や極大波長が変化する。特にLSPRでは，粒子表面から数～数十nm程度の領域の屈折率変化がスペクトル形状に反映され，遠方における媒質の濃度や温度等の揺らぎに起因するノイズに影響されにくい。LSPRの屈折率感度はナノ構造に大きく依存するため，ここ数年は特にナノロッド，ナノディスク，ナノリングなど様々な貴金属ナノ構造を利用したセンサーが提案されている。球形の貴金属ナノ粒子よりも，金ナノロッドや金ナノ粒子が一列に結合したような異方性を持つナノ構造が，屈折率変化に対して大きな共鳴波長シフトを示す。この吸収波長のシフトはMie理論式によれば，金属表面の誘電率の変化と対応する。すなわち，ナノ金属表面での抗原抗体反応やDNA-DNAハイブリダイゼーションのような分子複合体の形成が行われれば，そのまま吸収波長シフトと対応することが期待できる。そこで，まず著者らは，金ナノ粒子の周期構造による光学特性を利用したバイオセンシングシステムの構築について検討した（図4）。この方法であれば，基板を容易に調製でき，標識剤を必要とせず，局在プラズモン共鳴に基づく検出が可能である。測定系も基板に対して垂直方向の入射光・反射光を用いるため，より単純な光学系ででき，オンチップでの集積化がきわめて容易である。ここでは，この局在プラズモン共鳴デバイスを免疫センサーに適用し，その特性を評価した。抗体をLSPRチップに固定化するには，LSPR表面の金に結合するSAMを介してNHSを結合させ，これにタンパクを共有結合により配置した。ブロッキング剤を用いて非特異反応を防ぐようにした。図５に各ステップの吸収スペクトルのその応答の様子を示すが，このピークのシフト量を指標にして豚アルブミン量の測定が可能であった（図６）。

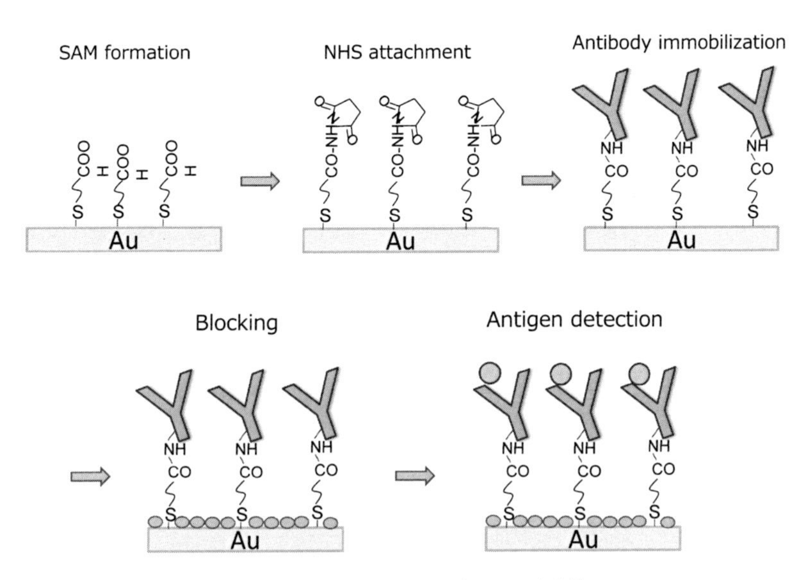

図４　抗体のLSPRチップへの固定化法

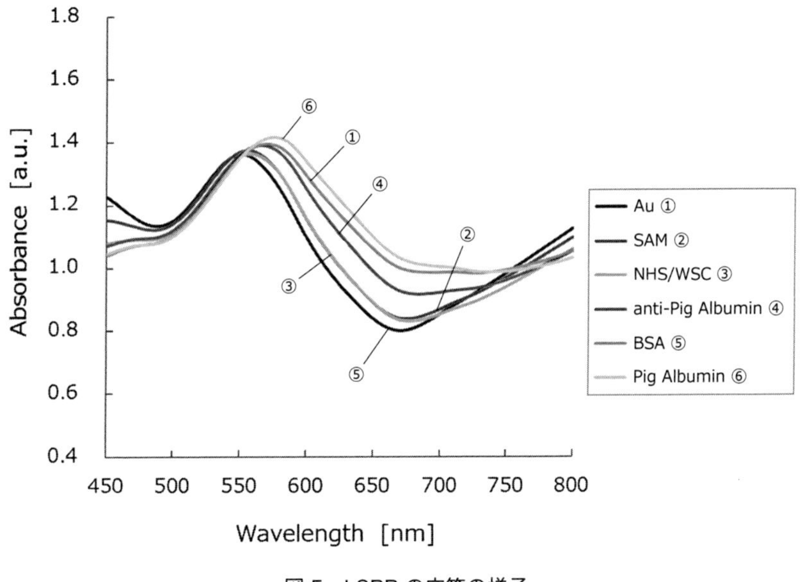

図５　LSPRの応答の様子

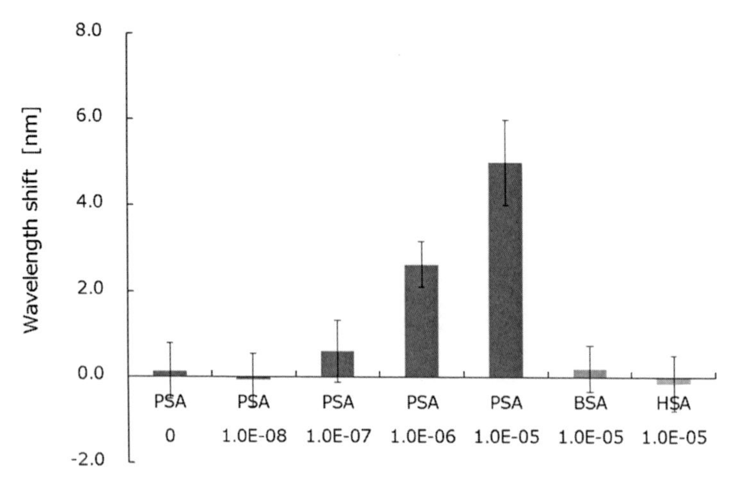

図6 LSPR を用いた豚アルブミンの測定

3.3 動物油の分析

食用油にはゴマ，大豆，コーンなどの植物由来とブタ，牛などの動物由来の油がある。動物油が含有されているかどうかを調べることは，一次情報として有用である。植物由来であれば，ハラール素材として評価できる。そこで，簡便に動物由来の油を測定することを調べた。植物油には不飽和脂肪酸が，動物油には飽和脂肪酸の割合が多いことは知られているが，動物油にはコレステロールの含有が高く，植物油にはほとんど含まれていないことも示されており，食品中のコレステロールが動物油含有の一時指標として利用できることが示された（表2）。また，10章で示されるようにブタ由来の油脂をラマン分光で測定し，特有の分子群をブタ油脂の指標とする試みもある。

3.4 エタノールの同位体分析

酒類としてのアルコールは禁止されるが，殺菌消毒などに用いるアルコールは，医学，衛生管理には必要となっている。酒類に用いるアルコールは微生物による発酵により生成するもので，石油などから化学合成により製造されるアルコールとは，製法が異なる。これらを区別できれば，アルコールの取り扱いについての判断指標を新たに得ることも可能である。そこで，製法の相違を分析する手法について調べたところ，炭素や酸素の同位体比が，指標としての可能性が示された。（図7）すなわち，発酵の場合，原料とするサトウキビ，とうもろこしなどのC4植物と小麦などのC3植物のタイプにより製造されたエタノールの同位体が異なる。また，化学合成アルコールはC3, C4とも異なる同位体比を示している。

表２　植物油と動物油の成分の違い

	Saturated fatty acids	Unsaturated fatty acids	Cholesterol
Vegetable oils			植物由来
• Olive oil	13.29	81.28	0
• Sesami oil	15.04	78.88	0
• Rice bran oil	18.80	73.06	0
• Safflower oil	7.36	86.86	0
• Soybean oil	14.87	77.88	1
• Corn oil	13.04	79.54	0
• Palm oil	47.08	45.86	1
• Sunflower oil	10.25	85.29	0
• Cotton seed oil	21.06	71.29	0
• Coconut oil	83.96	8.11	1
• Peanut oil	19.92	72.34	0
Animal fats			動物由来
• Beef tallow	41.05	48.82	100
• Lard	39.29	53.37	100
Butters			
• Salted butter	50.45	20.11	210
• Unsalted butter	52.43	20.57	220
• Fermented butter	50.56	20.14	230

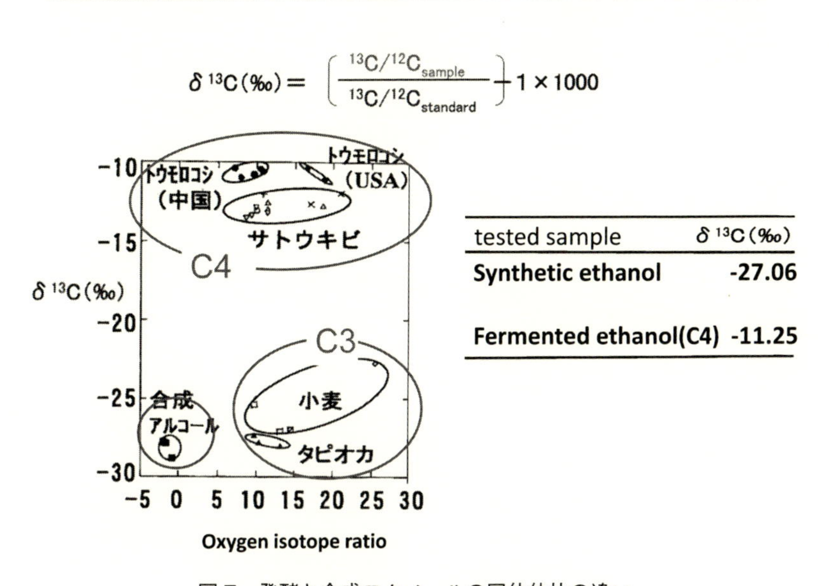
$$\delta^{13}C(‰) = \left(\frac{^{13}C/^{12}C_{sample}}{^{13}C/^{12}C_{standard}} - 1\right) \times 1000$$

tested sample	$\delta^{13}C$(‰)
Synthetic ethanol	**-27.06**
Fermented ethanol(C4)	**-11.25**

図７　発酵と合成エタノールの同位体比の違い

4　おわりに

ここでは，ハラールの測定対象として重要なブタ由来の遺伝子，タンパク質をその場で測定するバイオセンサー技術を紹介し，実際に流通している肉製品の評価も示した。また，動物由来の油脂にも着目し，植物油と異なり，動物油では，コレステロールが増大するため，動物肉混入簡便な一次的な指標になることも示した。また，豚だけでなく，アルコールを判定する指標として発酵アルコールと化学合成アルコールの区別のために炭素や酸素の同位体比を測定することも示唆した。こうした先端分析技術がハラールを科学的なエビデンスによって共有する理解に向けてと少しでも寄与できれば幸いである。

第8章　ハラールと食品分析

渡井正俊*

1　はじめに

イスラム教徒（ムスリム）の人口は急激な伸びを示し，イスラム圏の経済成長も著しいことから，新たな海外市場として注目をされている。また，日本への観光客も増えつつあり，国内市場でもムスリムを対象とした動きが，マスコミ等でしばしば取り上げられている。

これに関連したビジネスの中で最も注意しなければならないのは，言わずもがなであるが，ムスリムを対象としているということである。イスラム教では，日々の生活において，すべての物や行動が，ハラール（合法的な，許されたもの）とハラーム（禁じられたもの，許されていないもの）に分けられている。

ムスリムの食習慣で，すぐに思い当たるのは，豚肉を食べたり，お酒を飲むことが禁止されているということだと思う。動物では，豚の他に，犬，獲物を採るための牙を持っている虎，熊，猫など，さらに捕食性鳥類の鷹や梟，多くの爬虫類，両生類などを食することはできない。さらに，ハラールに分類される動物であっても，イスラム教の作法に従って屠殺されていなければならない。特に豚は不浄度が高いとされているため，豚が食材の一部であったり，製造工程で豚が接触した食品や接触した装置・調理器具を用いて製造した食品はもとより，豚に由来する酵素やタンパクなどもその対象とされており，食品だけでなく医薬品や化粧品などあらゆる生活物資も豚を起源とするものが含まれていれば，ハラームとなる。

また，お酒のような発酵により製造されたアルコール（エタノール）を含む飲料は飲むことができない。飲料の場合は，非常にわかりやすいが，味噌や醤油などのようにエタノールを添加した食品も対象である。さらに，発酵により製造したエタノールは，工場やレストランで消毒に用いることや化粧品等への添加も認められていない。

2　ハラールと食品分析

詳細な内容までは言及していないが，大雑把にハラールというと，豚肉とアルコールがその代表であるため，事例としてご紹介させていただいた。これまで長い間，これらが食材の中に含まれているかの判断は，自身で原料や工程を確認することにより行われてきた。自給自足の生活であれば，自己チェックが可能であるが，食品の売買が発生し，食品の種類が増えてくると，自分

---

* Masatoshi Watai　(一財)日本食品分析センター　多摩研究所　所長

で食品の起源をチェックできる範囲は限られる。それでも，売る側も買う側もムスリムであれば，まだ大きな問題とはならないが，宗教を越えて食品が地球上を大きく移動する現代では，多くの障害が発生すると考えられる。そのことが認証制度を普及させてきたという経緯であるが，さらに，科学を利用することにより，直接的に食品の中にハラームが含有されているか否かを判断するという考え方も一部で受け入れられている。しかしながら，ムスリム社会の食のグローバル化に対しての対応は，始まってわずか20年と言われており，考え方も含めて，その手段や方法については，これから整備される段階にある。

ハラール食品は，食品がハラームでなければよいということとであるが，もともとは，微生物や寄生虫などを排除するために定めた合理的な規則を出発点としているように思う。すなわち，食品が安全で，衛生的であるということを経験則から判断した結果として，食することを禁じる物を定めたのではないかと考える。ハラームを別な視点から眺めると，食品の安全性を確保するための先人の知恵であると考えることができる。

食品の安全性を現在の感覚で捉えると，有毒物質や有害物質の存在，化学物質の残留，微生物汚染等の食品の基本的なリスク管理に相当し，食品として最低限備えていなければならないことである。これらについては，イスラム教に限ったことではなく，現在の判断基準を当てはめて良いことで，分析や検査をすることによって担保できることである。これに加えて，最近の食品のトレンドから言えば，健康的ということも食品に不可欠な要素となっている。

こういった食品にあるべきことに加えてハラール食品は，ハラールであるための規格が上乗せされていると捉えることができるが，ハラールは宗教上の問題であることから，科学的対応では解決されない問題がある。このことについて次節で触れてみる。

3　分析の検出感度について

分析には，必ず目的がある。目的以上の情報を得ることはできないし，目的のあいまいさは，分析に対して過度の期待をすることや事実以上のことを推測してしまう危険性がある。また，得られた結果を判断する際には，分析法の性能（能力）を把握しておく必要がある。すなわち，分析の対象としているものが何なのか，どの程度の濃度までの測定が可能なのかを知らなければ，結果に対しての正しい判断ができない。目的とする成分の定性や定量分析には，必ず測定が可能な濃度範囲が存在する。つまり，分析の結果，含まれていないという表現は，検出できる最小濃度未満であることを示し，それ未満の含有については，その分析法では，わからないということである。

ある物質について，分析に求められる最低の検出濃度は，設定できないものもあるが，動物実験から求めたその物質のADI（一日許容摂取量：生涯にわたり毎日摂取し続けても影響が出ないと考えられる一日当たりの摂取量）を定め，日常の摂取量から，分析で検出可能な最低濃度をそれ以下とするのが一般的である。また，汚染物質などはTDI（耐用一日摂取量）から同様に，分析の検出濃度を設定している。

しかしながら，例えばハラールであってもハラームに触れたものはハラームとなるように，非常に微量のレベルの判別が要求されている。例え，限りなくゼロに近い分子レベルでの検出が可能になったとしても，数値の問題ではなく，厳密にはゼロが求められる。物質の存在についての科学的解決を図るのであれば，何らかの濃度的な妥協点を決めない限り，分析を判定方法とすることはできない。また，分析技術の向上に伴い，検出できる濃度が低くなって，ゼロと認識できる濃度が変わったために，ハラールの定義が変わるというのもおかしな話である。

4　豚の検知

試料中から豚を検知する方法として，DNA を調べる方法とタンパクを調べる方法が知られている。これらの方法は，我が国では，食肉の偽装問題や狂牛病に関連して，広く利用されている。

4.1　DNA による検出

DNA を用いた検査では，直接試料から得られる DNA 量が少ないため，試料から DNA を抽出した後，得られた DNA を増幅する。二本鎖の DNA は加熱により一本鎖となり，これに対して相補的な DNA オリゴマー（プライマー）から DNA 合成酵素を用いて相補的な DNA を合成することができる。この手法は PCR（polymerase chain reaction）法と呼ばれている（写真 1）。得られた DNA の増幅物を利用して動物種を鑑定する方法は，大きく分けて 3 つの方法が知られているが，この中では，迅速性や簡便性から「種特異的プライマー法」がよく用いられている。この方法は，動物種に特異的な DNA 配列に注目し，それに相補的になるようなプライマーを用いて，PCR を行い，動物種により塩基数の異なる特異的な増幅物を電気泳動法により検知する方法である（図 1）。したがって，対象動物に特異的な塩基配列の選択が，極めて重要で，方法の成否を握っている。この方法のもう一つの注意点は，DNA を用いる分析の共通事項でもある

写真 1　PCR 装置

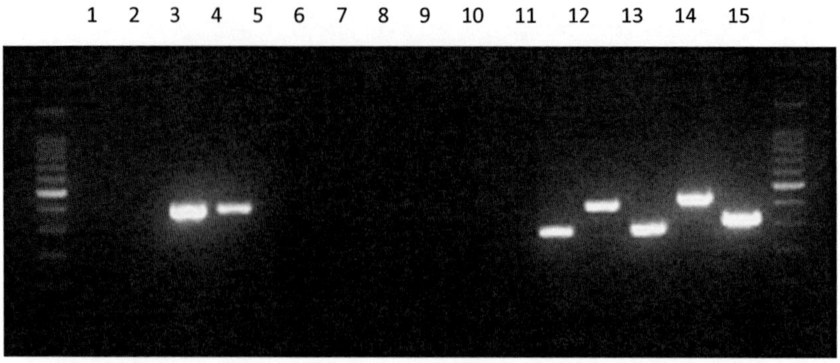

1 2 3 4 5 6 7 8 9 10 11 12 13 14 15

1,2 試料（豚陰性），3,4 試料（豚陽性），，5,6 試料（豚陰性），7,8 試料（豚陰性），9,10 試料(豚陰性)，11 陽性対照(牛)，12 陽性対照(豚)，13 陽性対照(鶏)，陽性対照(馬)，陽性対照(羊)

図 1 動物由来の DNA 検査（電気泳動図）

が，試料中の DNA の分解である。一般に加熱や加圧などにより，DNA は分解する。分解により DNA が存在しない場合や得られた DNA 断片がターゲットとする塩基数よりも少ないと，当然のことながら増幅はされない。分解への対策として，増幅の対象とする DNA の塩基数を小さくすれば良いのだが，特異性は失われる。

実際に加工食品などを分析していると，試料中に豚が含まれていないのか，DNA が分解していて増幅物が得られず，結果として偽陰性を示しているのか，判断できないことがある。これに対しての一般的な対応は，試料中の他の DNA（例えば哺乳動物共通の DNA）の存在の有無を指標として，対象とする DNA の分解を判断することが行われている。また，PCR 法は，定量性がほとんどないので，極端な話，主成分なのか，コンタミネーションレベルの量なのかという量の判定には不向きである。

この方法の代表的な例として，飼料分析基準[1]には，飼料中に含まれる原材料の動物種の判定を行うために開発された方法が記載されている。その他の DNA を用いた方法としては，定量装置であるリアルタイム PCR を用いた方法[2]や個体間の塩基配列の差異を解析する STR 多型解析を用いた方法が知られていて，これらを利用して種の判別やトレーサビリティの確保へ利用することも可能である。

4.2 タンパクによる検知

タンパクをターゲットとした動物種の鑑定法として古くから ELISA 法が知られている。ELISA 法は抗原抗体反応を利用した検出方法で，豚のタンパクから抗体を作製し，その抗体が豚のタンパク（抗原）と結合することにより，試料中の存在量を調べることができる。ELISA 法には，いくつかのタイプがあるが，特異性が高いと言われているサンドイッチ法は，基本的にはタンパク（抗原）を固相に固定した抗体で捕捉し，酵素で標識した別の抗体を抗原に結合させ，基質を加えて酵素を反応させ，反応量でタンパクの量を測定している。

また，同じ抗原抗体反応を利用したインフルエンザの判定や妊娠診断にも利用されているイムノクロマト法による豚の検出キットが発売されている。セルロース膜上の標識抗体の上に試料の抽出液を滴下し，抗原がある場合は，抗原抗体反応により複合体が形成される。形成された複合体は毛細管現象によりセルロース膜上を移動し，ある場所に別の抗体が線上に配置し，ここで複合体がトラップされると，発色し，それを目視で判定する方法である。この方法は，何より簡便で，短時間で判定ができるという利点がある。

DNA による検出と同様にタンパクの検出でも，特異性が分析の性能に直結している。他のタンパクと間違えること（交差性）が限りなく少ない抗体であることが望まれる。また，PCR 法で DNA の分解が問題となったように，タンパクの場合は加熱等による変性が問題となる。この問題を解決するために，加熱した肉を抗原とした抗体を用いることにより，改善が試みられている。

5　アルコール（エタノール）の分析

イスラム教で禁止されているアルコールは，発酵により得られた醸造アルコールを指していて，合成アルコールであれば，肌に触れても差し支えはないとされている。したがって，イスラム教の国々で販売されている消毒液や化粧品に用いられているアルコールは合成アルコールであると思われる。実際に，飲食店や食品工場では，手や器具の消毒にアルコールを含んだ消毒液が使用されており，市場で販売されている化粧品などにもアルコールが含まれていることが表示されているが，表示にはその起源までは言及されていない。

醸造アルコールは，サトウキビ（糖蜜や廃糖蜜），トウモロコシ，米，サツマイモ等に酵母を加えて発酵させて得られたアルコールを蒸留して作られている。日本では，醸造アルコールは日本酒の増量や品質調整などに用いられる他，食酢の原料，食品の防腐剤，化粧品や消毒剤として広く使用されている。一方，合成アルコールは，エチレンを原料として化学合成により作られ，主に燃料や接着剤などの工業品に使われている。食品衛生法では，食品添加物などとして食品への使用は禁止されている。用途によって含有濃度は異なるが，メタノールなどの他のアルコール類が添加されていて，通常は食用にはできない。

一般的な食品中のエタノールの分析は，液体試料は水や有機溶媒で希釈をして，固形食品の場合は，蒸留を行い，得られた留液について，ガスクロマトグラフ法により測定を行っている。簡単な分析方法で，通常の食品では 5 ppm までのエタノールの測定が可能である。しかしながら，ガスクロマトグラフ法による測定では，醸造アルコールと合成アルコールの識別はできない。

近年，食品の偽装表示がしばしば発覚し，品種や産地など，食品のトレーサビリティという言葉をよく耳にするようになった。アルコールについても，その原料の由来を判別する同位体比分析が提案・実用化されている。醸造アルコールと合成アルコールはこの技術を利用すれば，判別が可能である。

同位体には，一定の速度で分解していく放射性同位体と安定的に存在する安定同位体がある。アルコールに含まれる炭素に着目すると，炭素の天然に存在する同位体は，^{12}C，^{13}C，^{14}Cで，^{14}Cが放射性同位体である。

^{14}Cの半減期は5,760年で^{14}Cの存在量から，遺跡や遺物などの年代推定などにも利用されている。したがって，化石燃料を原料としている合成アルコールには，^{14}Cは含まれていない。一方，植物を原料とする醸造アルコールには^{14}Cが含まれことから，液体シンチレーションカウンターを用いて，アルコール中の放射線量を測定することにより，区別することが可能である。しかしながら，クエンチャーの存在といった試料に由来する分析上の問題や放射性同位体を取り扱うことのできる施設が必要などといった問題があり，放射性同位体を用いる試験には制約が多い。

安定同位体を利用する場合は，^{13}C，酸素（^{18}O），水素（D）の同位体比から，アルコールの起源に関する識別が可能である。安定同位体比δは，標準物質の安定同位体比に対する偏差として表され，例えば炭素安定同位体比の場合は，次式で表される。この数値から判定を行う。

$\delta = \{(R$ 試料/R 標準物質$) - 1\} \times 1{,}000$（‰）［R：炭素安定同位体比（$^{13}C/^{12}C$）

植物は光合成回路の違いにより，C3植物（米，麦，芋，タピオカなど），C4植物（トウモロコシ，サトウキビなど）およびCAM植物（サボテン，パインアップルなど）に分類される。^{12}Cに対する^{13}Cの炭素安定同位体比δは，C3植物は-22～-32‰，C4植物は，-9.8～-16‰，CAM植物-10～-30‰である[3]。C3植物とC4植物の炭素同位体比は，明らかに異なるδ値を示していることから，醸造アルコールの原料の違いがわかる。CAM植物については，広い分布を示しているが，実際はCAM植物を原料として工業的にアルコールが製造されていない。一方，合成アルコールの同位体比は，C3植物の範囲内にあることから，C4植物との判別は可能であるが，C3植物との区別はできない。しかしながら，酸素や水素の同位体比が異なることから，これらを測定することによりC3植物との区別は可能となる。

アルコールの同位体の測定には，ガス化した試料を分離し，質量分析計で測定する元素分析計（EA：elemental analyzer，TC/EA：temperature conversion/elemental analyzer）と安定同位体比質量分析装置（IRMS：isotope ratio mass spectrometry）を連結した装置が用いられている（写真2）。食品中のアルコールの検出は，試験の手順として，ガスクロマトグラフ法によりアルコールの存在を確認し，アルコールが確認された場合は，同位体を測定してアルコールの起源を調べるというステップになる。

純度の高いアルコールや夾雑物の少ないアルコールは，そのまま試料を装置に導入すれば測定が可能であるが，マトリックスの多い試料については，蒸留などの前処理が必要である。さらに，食品の場合は，蒸留操作を行ってもフレーバー等の揮発性物質が多く含まれているため，アルコール以外に由来する炭素の影響で判別が難しくなる可能性が高い。また，濃度が低い場合の分析法の有効性についての検証がまったく行われていないなど，まだまだ分析方法として認知するために，確認しなければならない多くの課題が残っている。

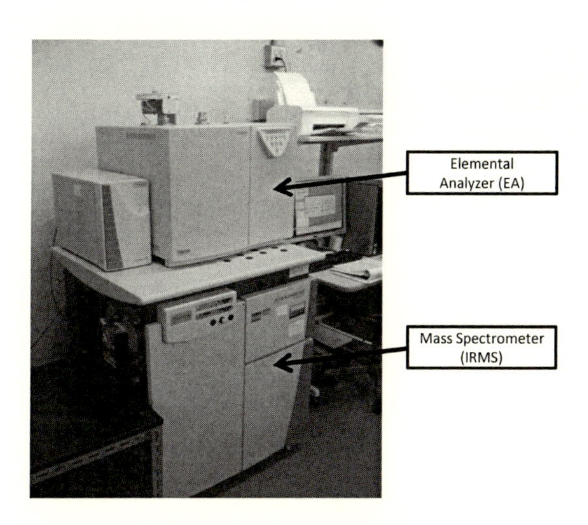

写真2　EA－IRMS装置

6　おわりに

私ども(一財)日本食品分析センターは，あるご縁でブルネイ・ダルサラーム国とハラールに関する様々な試験を共同で行うことおよび食品分析に関しての技術交流に関するMOUを締結した。

ハラールとハラームについては，内容が国によって若干異なり，必ずしも全世界共通ではないと言われている。私自身もイスラム教をほとんど理解しておらず，本稿では，ブルネイ・ダルサラール国との関わりの中で聞きかじったことや話題となっている豚とアルコールの分析について触れさせていただいた。

私どもに入ってくる情報の限りでは，時代の流れに従って，ハラールについての科学的検証を取り入れる方向にあることは間違いなく，分析に寄せられる期待も大きいことが感じられる。しかしながら，現状では額面通りの解釈に基づいて，すべての要求に応えることは非常に難しく，そもそもムスリム自身が分析にどの程度期待をしているかを推し量ることも難しい。まだまだ，分析にも求められていること，分析の果たす役割が，はっきりしていない部分も多く，どう組み入れられていくかは明確となっていないのが現状である。今後，ムスリムとの協議の中で科学の着地点が見出されていくことを期待する。

文　献

1)　飼料分析基準，p.600，独立行政法人農林水産消費安全技術センター
2)　Tanabe S. *et al.*, *Biosci. Biotechol. Biochem.*, **71** (12), 3131 (2007)
3)　佐藤充克，日本醸造協会誌，**103** (2)，104 (2008)

第9章　豚肉イムノクロマトの開発

岡本浩治*

1　はじめに

現在，ハラール食品はHalal Certificate（ハラール認証）の認証マークで区別されている。

これまで筆者は，マレーシア，ブルネイでのハラール食品の認証について，現地調査の結果，現地では書類審査が主で，ごく最近ではPCRを用いてラボにて食品成分検査も行われるようになったことがわかった。しかし，実際にはPCRで測定できる成分は制約が多い。インドネシアでは被検体数が多いため，PCRのみでは追いつかず，予備スクリーニングとしてイムノクロマトを検討した経緯がある。

Halal Industry Development Corporation（HDC）によるとハラール認証の有効期間は2年間で，年間4,000件が認証され，申請の80％が認証される。ハラール認証を行うのは世界各国の認証団体で，マレーシア政府認定のハラール認証団体は世界に44団体ある。一方，ハラール認証を受けている企業はアメリカ，オーストラリア，台湾，シンガポール，ニュージーランドの国々などの非イスラム圏の企業も含まれる[1]。

ハラール認証についてPCRで豚肉は測定されているが，ラードやゼラチンは測定されていない。筆者は豚肉，豚ラード，豚ゼラチンを簡便，迅速，安価に測定できるイムノクロマトを開発し，マレーシアやブルネイにて展示会やシンポジウムを通じて紹介してきた。またマレーシアやブルネイの市販品を用いてフィールド試験を実施したのでそれらについても紹介する。

2　イムノクロマトの原理[2]

図1に金コロイドのTEM写真を示す。豚肉などのハラールサイエンスに応用したイムノクロマトの発色材として金コロイドを用いた。筆者は金コロイドの粒子径を15 nm～150 nmまで制御することに成功している。金コロイドの粒子径制御はイムノクロマトの測定感度に非常に影響を与える。金コロイド粒子のイムノクロマトへの影響は2つの要素がある。1つは粒子径が揃っているかということ。粒度分布が大きくなると，粒子径が揃っていない場合，粒子径により金コロイドのプラズモン効果が波長のズレにより，分散し，結果的に感度低下を招く。もう1つは，粒子の大きさと抗体との相性の問題がある。抗体によっては，金コロイドが大きい方が良い場合

＊　Koji Okamoto　田中貴金属工業㈱　新事業カンパニー　技術開発統括部
バイオケミカル開発部　常任顧問　部長

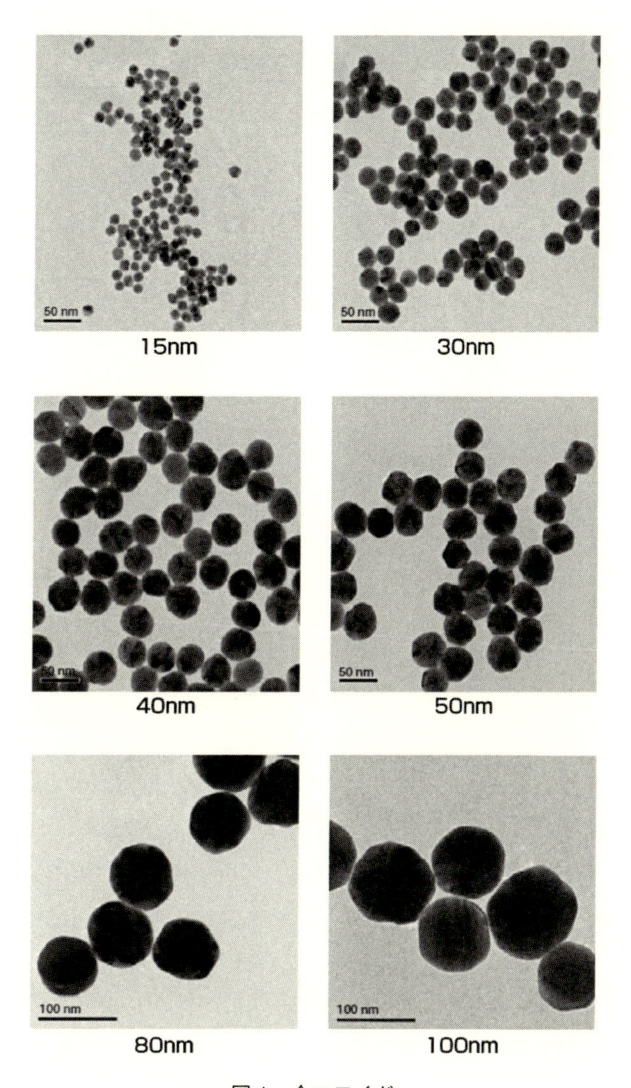

図1　金コロイド

と，小さい方が良い場合があり，抗体と金コロイドの組合せはイムノクロマトの性能に重大な影響を及ぼす。

さらに，イムノクロマトの感度を上げるために，金コロイドの表面を有機化学的に表面加工を行い，抗原抗体反応の反応効率を高める仕組みがされている。これらの技術はすでにインフルエンザなどのイムノクロマトで使われている。

3　豚肉イムノクロマト

豚肉イムノクロマトの基本構造を図2に示す。

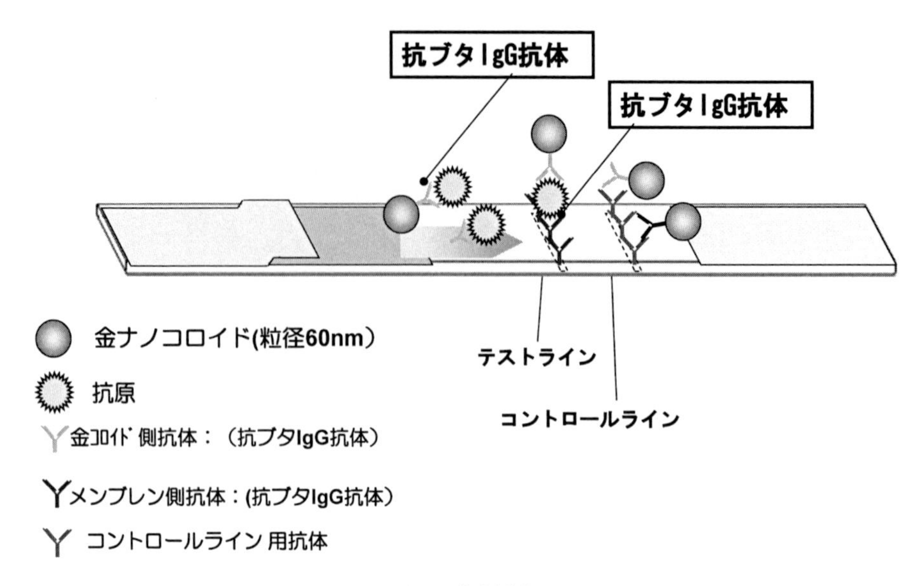

図２　基本構造

金コロイド側に抗ブタ IgG 抗体，メンブレン側に抗 IgG 抗体とコントロールライン用抗体からなっている。金コロイド側の抗ブタ IgG 抗体が被検体中の豚肉由来の抗原と反応して，金コロイド－抗ブタ IgG 抗体－豚肉由来抗原の複合体を形成し，メンブレン中を移動してテストライン上の別の抗 IgG 抗体とさらに反応する。

被検体中に豚肉が含まれている場合，テストライン上で金コロイド－抗ブタ IgG 抗体－豚肉由来抗原－別の抗 IgG 抗体のサンドイッチ複合体を形成し，金コロイドが凝集して赤色に発色して陽性を示す。被検体に豚肉由来の抗原が含まれない場合，テストラインを通過し，コントロールライン用抗体に捉えられて，コントロールライン上に金コロイド－抗ブタ IgG 抗体－コントロールライン用抗体の別の複合体を形成して金コロイドがコントロールライン上で凝集して赤色が発色して陰性を示す。

操作方法は図３に示されている通り，まず食品検体をバッファ溶液に入れ，被検体成分を抽出する。続いて，バッファ溶液を豚肉イムノクロマトに滴下し，10 分後にラインの有無で判定する。

図４は実際にマレーシアおよびブルネイで入手した食品を用いて，豚肉イムノクロマトで検査した結果である。明らかに豚肉由来の食品は豚肉成分が検出されていることがわかる。豚肉由来の食品として cooked bacon，ham，hamburger，canned pork，pork sausage はいずれも豚肉イムノクロマトで強い発色を示した。一方，chicken finger，beef croquette，chicken hamburger，canned beef，canned chicken はいずれも豚肉イムノクロマトで発色せず陰性を示している。

さらに表１は，大阪大学 民谷教授のご協力により，PCR との比較試験を行った結果である。

イスラム圏で市販されている食品を集め，PCR と豚肉イムノクロマトの比較試験を行った。用いた食材は豚，チキン，ビーフ由来の食品を用いてそれぞれ試験を行った。その結果，PCR

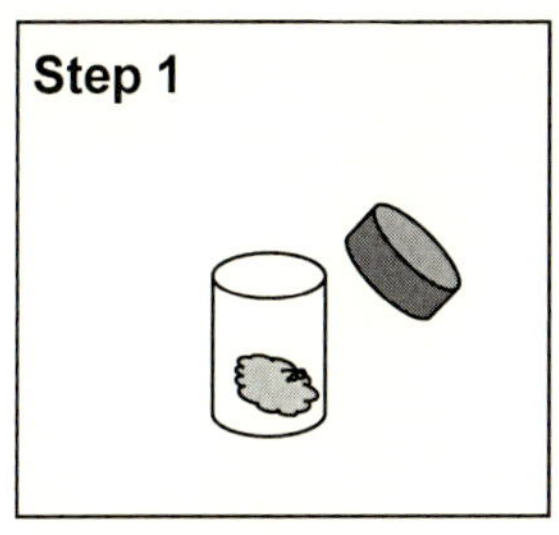

Put 0.5-1.0g fat into the tube.

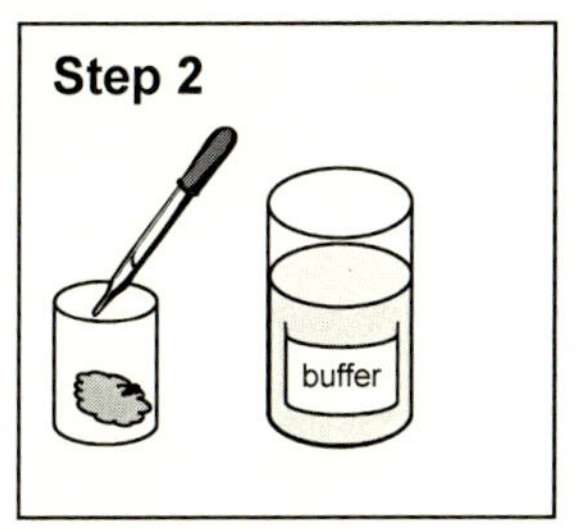

Add 3mL extraction buffer to the tube.

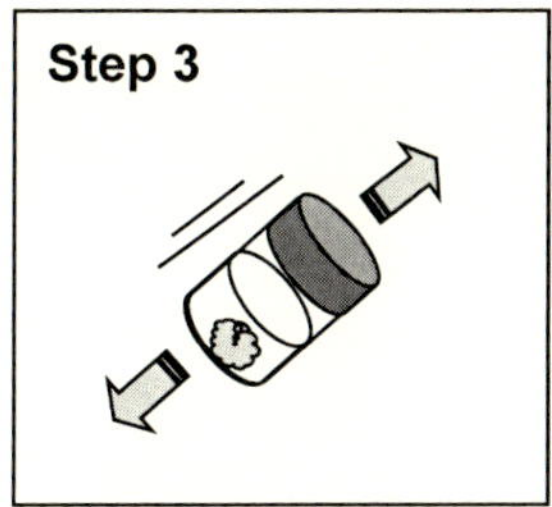

Close the lid and shake the tube well.

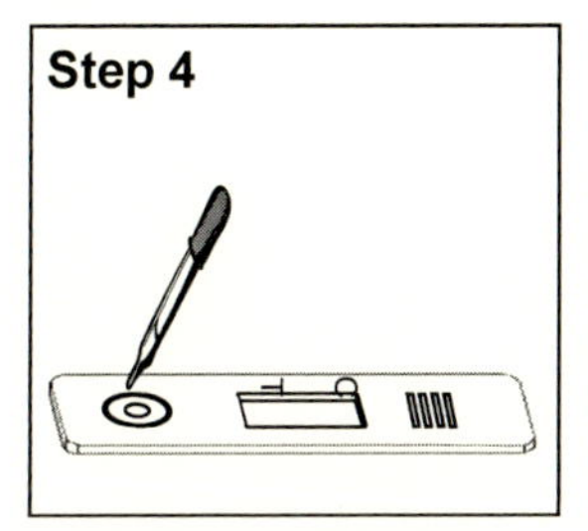

Pick up the supernatant with transfer pipette and add to the device (1 drop).

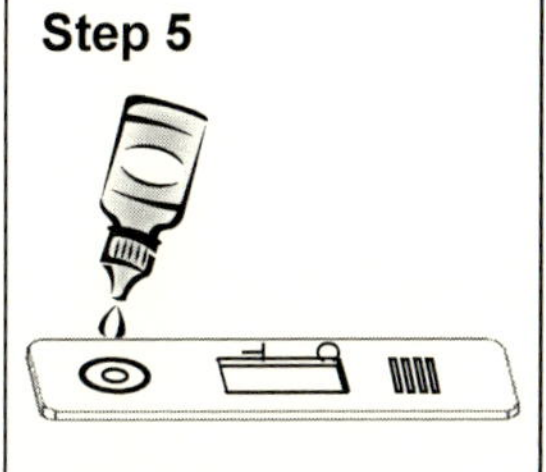

Add flowing buffer to the device (2 drops)

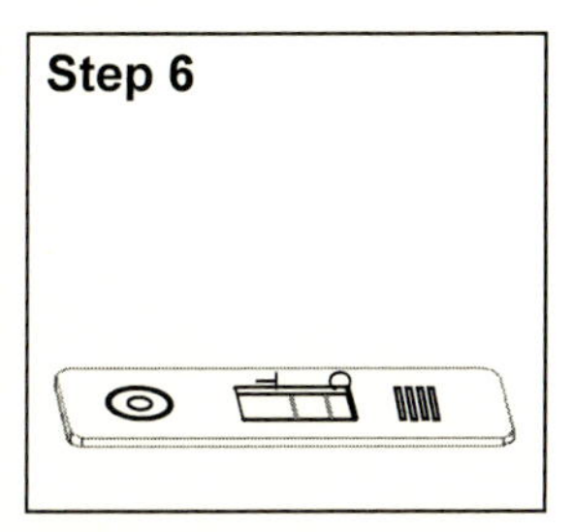

Wait for 20 min and judge.

図３　操作方法

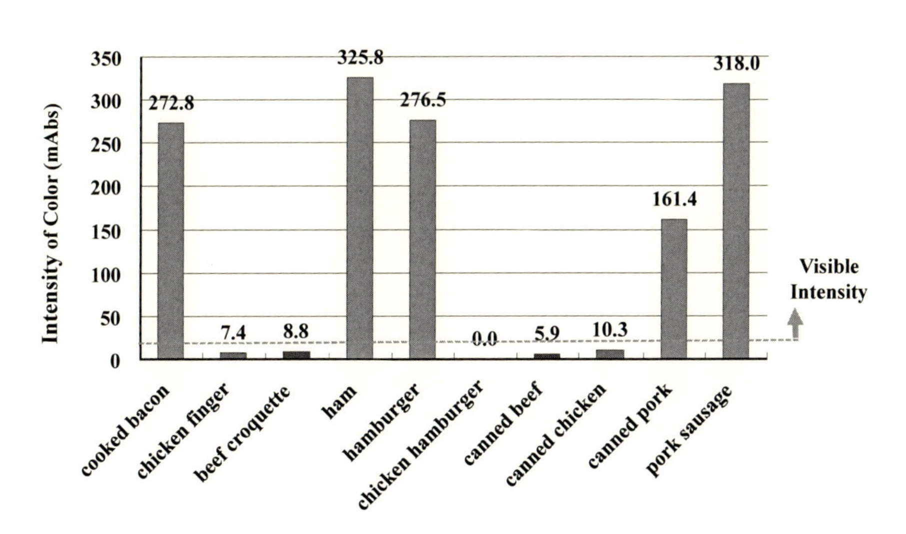

図４　豚肉イムノクロマトのフィールド試験

では Mock Chicken Vegetarian は豚肉成分陰性であったが，豚肉イムノクロマトでは擬陽性の判定であった。それ以外の豚肉由来の食品では，PCR 陽性なものは豚肉イムノクロマトも陽性，PCR 陰性なものはイムノクロマト陰性であった。

表1　PCR との比較

Samples	ingredients label	Source	PCR primers for			Tanaka Kit data
			Pork	Chicken	Beef	(immunochromato)
Curry Beef	beef	Local	−	−	+	−
Curry Chicken	chicken	Local	−	+	−	−
Argentina Beef Loaf	beef	Philippines	−	+	+	−
Argentina Carne Norte	chicken	Philippines	−	+	−	−
Argentina Corned Beef	beef	Philippines	−	+	+	−
Swift Juicy Carne	chicken	Philippines	−	+	−	−
Corned Beef	beef	China	−	+	−	−
Pork Luncheon Meat	pork	China	+	−	−	+
Corned Beef With Curry	beef	China	−	−	+	−
Mock Chicken Vegetarian	chicken	China	−	+	−	±
Positive control (Pork)			+	−	−	
Positive control (Chicken)			−	+	−	
Positive control (Beef)			−	−	+	

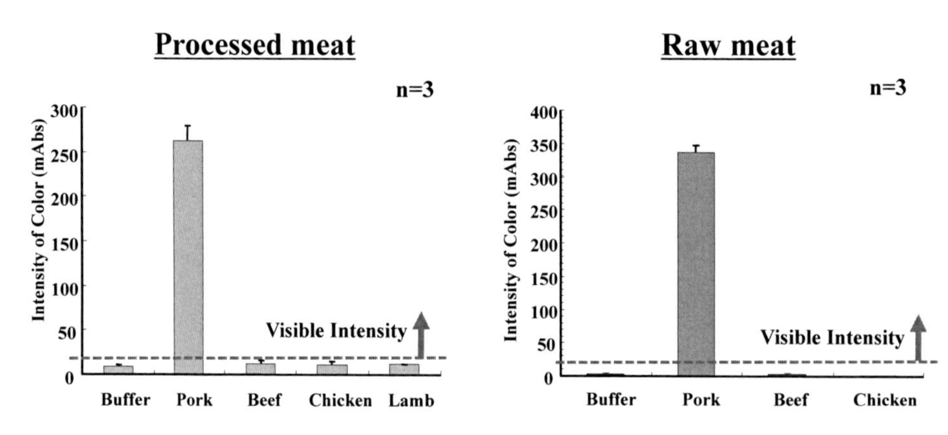

図5　加工肉と生肉の感度比較

豚肉イムノクロマトの課題は，感度である。特に加工肉での影響は大きい。図5に加工肉と生肉の豚肉イムノクロマトの感度を調べたデータを示す。図5に見られるように，加工肉を用いた時は生肉の時よりも1.5倍感度が低下する。豚肉イムノクロマトの場合，検出する成分は豚肉由来の抗原，すなわちタンパク質であるから，仮に加工の過程でタンパク質が分解してしまったら，豚肉由来の抗原は分解するため，豚肉イムノクロマトでは検出できなくなってしまう。PCRでも同様なことが考えられる。PCRの場合，対象がDNAであるため，加工の過程でDNAが分解すれば，イムノクロマト同様，PCRでも測定不能になる可能性がある。加工肉の場合，市販食品の加工工程は非常に複雑で加熱温度，時間や添加物の影響など，それ自体がハラールサイエンスへ及ぼす影響は大きいのが現状である。PCRとの比較試験でMock Chicken Vegetarianで豚肉イムノクロマトが擬陽性を示した理由として，食品の加工工程でのイムノクロマトへの影響が

表2　豚ラードイムノクロマトのフィールド試験

Sample	Made	Label	Results
Chicken fat	USA	Chicken	negative
Fat from Bacon	USA	Pork	positive
Pure lard	USA	Lard	negative
Shortening	USA	No information	negative
Moon cake	?	No information	negative
Moon cake	Taiwan	Vegetable oil	negative
Moon cake	Taiwan	Soy, meat and lard	positive
Instant noodle（beef taste）	Taiwan	Artificial beef flavor	negative
Instant noodle（pork and chicken taste）	Taiwan	Artificial pork and chicken flavor	negative
Instant noodle（soy sauce and pork taste）	Japan	Lard	positive
Pork Cracklin Strips	USA	Lard with skin	negative

考えられるが，詳細は今後の課題である。

4　豚ラードイムノクロマト

表2に豚ラードイムノクロマトを用いた市販食品をテストした結果を示す。

このフィールド試験では入手した食品の内，ラベル表示にPorkと表記された食品は2つ，1つはFat from Baconで豚ラードイムノクロマトでは表記通り陽性であったが，もう1つのInstant noodle（pork and chicken taste）は表記にも示されている通り人工Porkであり，豚ラードイムノクロマトの結果は陰性であり，実際にはPorkは使われていないことが推定される。

またLardと表記された食品は4つあり，このうちの2つは，Moon cakeとInstant noodle（soy sauce and pork taste）は豚ラードイムノクロマトではともに陽性であった。しかし，残りの2つ，Pure lardとPork Cracklin Stripsはイムノクロマトの結果はいずれも陰性であった。理由として考えられることは，Pure lardの場合，原理上，イムノクロマトに使われている抗体と反応する物質が一切含まれていないことが原因の一つと考えられる。またPork Cracklin Stripsは豚の皮を油で揚げた食品なので，加工の過程で被検物質が失われた可能性を示唆している。

従来ハラール認証に豚ラードを分析しているという報告例は見当たらない。PCRは豚肉では実際に分析に使われているが，豚ラードの分析にはPCRは原理上も使えない。

5　豚ゼラチンイムノクロマト

ゼラチンはゼリー，グミキャンデー，ババロアケーキからマシュマロ，さらには，医薬用カプセルから健康食品まで，幅広い用途に使われているほか，ハム，ソーセージ，酒，スープなどにも使われており，生活への影響は計り知れないほど大きいと思われる。

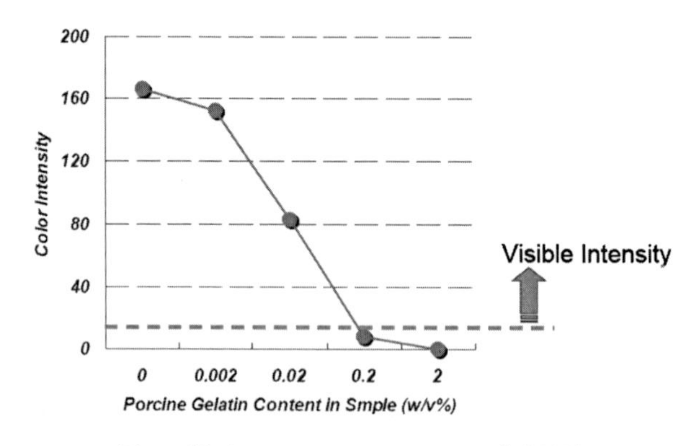

図6　豚ゼラチンイムノクロマトの感度試験

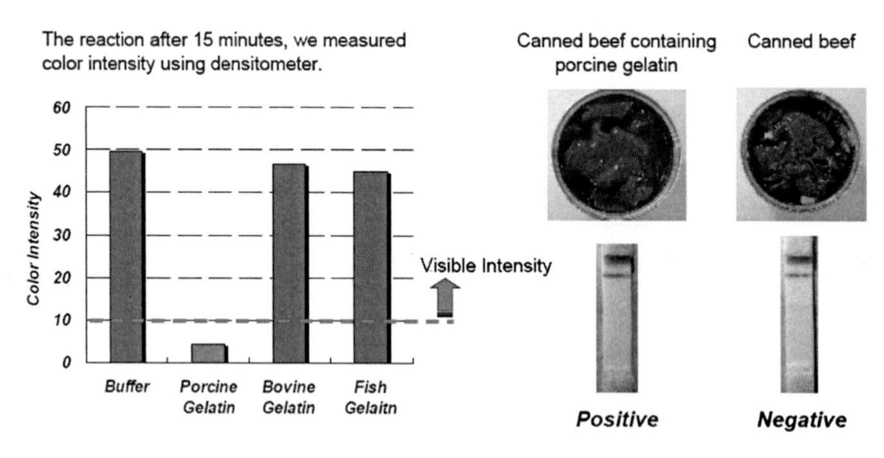

図7　豚ゼラチンイムノクロマトのフィールド試験

図6に豚ゼラチンイムノクロマトの感度と豚由来ゼラチン含有量の関係を示す。豚肉や豚ラードのイムノクロマトとは原理が異なり，豚ゼラチンイムノクロマトの場合，豚由来ゼラチンが含まれると，ラインが消える仕組みでイムノクロマトが構成されている。

図7には豚ゼラチンイムノクロマトを用いて市販品を分析した例を示す。フィールド試験では，用いたゼラチンの種類は，豚由来，牛由来，さかな由来の検体を用いて行われた。いずれの結果とも，豚由来のゼラチンを含んだ食品では，豚ゼラチンイムノクロマトの結果はラインの色が消失し，陽性を示した。

6　今後の課題

ハラールはイスラム教の宗教では100％とされている。一方，食品分析は科学であり，測定限界，感度が存在するし，両者の考え方に認識のズレが存在している。実際にマレーシアやブルネイを訪問して感じることは，宗教と科学との間の議論を耳にすることがある。

またハラールは豚肉，豚ラード，豚ゼラチンだけではなく，アルコールやSlaughteringなど，ハラールサイエンスの観点では課題山積である。一部の項目のみでのハラール認証は得られない。

イスラム圏の国々ではかなりの部分で食品を輸入している国々が多い。その中で，ハラール認証の中心が書類審査で，一部の食品についてPCRなどを用いて科学的に成分検査が行われているに留まっている。

ハラールサイエンスの果たす役割は，ハラール認証に留まらない。日本では食の安全がいつも話題になっている。賞味期限切れや，廃棄処分食材の再利用，異物混入，牛肉に他の肉を混ぜる偽装問題など，後を絶たない。多くの場合，検体を持ち帰り，ラボで分析するケースが多いが，手間暇がかかる。イムノクロマトの特徴は簡便・迅速・安価であり，いつでも，どこでも，その場で，簡単に予備スクリーニングの実施が可能であるので，食の安全全般について，多くの人々が安心して口にしていただけるようイムノクロマトが貢献できれば幸いである。

文　　献

1） International Seminar on Halal Science of Innovative Product Development in January 8-9, 2013, Brunei
2） 民谷栄一，ナノ融合による先進バイオデバイス，p.197，シーエムシー出版（2011）

第10章　ハラール食肉生産と豚脂の検出技術

本山三知代*

1　はじめに

食のグローバル化が進む中で日本からイスラム圏への食肉の輸出も増えており，日本においても「ハラール食肉」は概念的なものからかなり実際的なものへと変化している。ハラール食肉製品（写真1）の生産には，一般的な食品衛生の確保に加えて，イスラム法に則って家畜をと畜し，「ナジス（不浄とされているもの）」に触れないようにする必要がある。生産された食肉製品がイスラム法に照らして合法なハラールであることの証明は難しく，非イスラム圏におけるハラール食肉生産・流通に煩雑さを生んで輸出の足かせとなりやすい。また輸入するイスラム圏側にとっても，人口が増加し食肉需要が増していることを背景に，この煩雑さがデメリットになっているとの指摘もある。

しかし近年，科学的な工程管理の考え方の導入などによって，食肉のハラール性を担保する方法が整理されてきており，一見すると科学とは縁遠いように思えるハラール食肉生産も理解しやすくなってきた。本章では，ハラール食肉生産の工程管理の概略と，ナジスである豚，特に豚脂

写真1　スーパーに並ぶハラール食肉（右側）
一般の食肉（左側）と区別して緑色のトレーが使われている（フランス）

＊　Michiyo Motoyama　(国研)農業・食品産業技術総合研究機構　畜産研究部門
畜産物研究領域　主任研究員

（ラード）の科学的検出法に焦点を当てて紹介する。

2 ハラール食肉生産

イスラム圏へ食肉の輸出をする場合，通常の動物検疫条件の協議に加え，輸入側のイスラムコミュニティーが宗教的にも受け入れ可能な食肉であることを示すためにハラール認証を受ける必要がある。

ハラール認証の要件はコミュニティーのイスラム法の解釈によって異なる場合があり，大抵が非イスラムである食肉輸出側にとって分かり難いことがある。イスラム圏は多くが農業生産に向かない乾燥地にあり，また人口も増加しているためハラール食品の効率的な供給が必要である。そのためには食肉輸出側も理解しやすい認証基準が求められ，国際的なイスラム協議会などにおいて加盟機関で協調して認証基準を一致させようと努力している[1]。また，国際的な認証基準の一致は，大抵が非イスラムである食肉輸出国における認証団体が増えることの抑制と，そこに住む限られた数のイスラム教徒のみが世界に流通する食肉のハラール認証に関わる機会が多くなり過ぎないようにするためでもある[2]。

残念ながら，それぞれのコミュニティーの考え方の違いは大きく，認証基準の世界標準化は期待するようには進んでいないのが現状のようであるが，サイエンスを架け橋として一定の前進がみられる。

ハラールは原料から流通に至るフードチェーンの全体を管理する必要があるという点において，HACCP（Hazard Analysis and Critical Control Point，危害分析に基づく重要管理点監視）のリスクマネージメントの考え方と共通している。そこで，HACCPにおけるCCP（重要管理点）ならぬ，HCP（Halal Control Point，ハラール管理点）を食肉の生産・流通工程に設定し，それらすべてのHCPをクリアした食肉をハラールであるとする考え方が広がりつつある（図1）[3,4]。各HCPの内容はコミュニティーの考え方に従って設定すれば良いことになる。食肉のハラール性は最終製品の抜き取り検査によって確認されるものではなく，工程を経て出来上がった時点ですでに保証されたものとする，近年のQuality by Design的アプローチによる品質管理である。

非イスラム圏でハラール食肉生産をするとき，従来のやり方と異なる部分があるため，現地の食肉生産者や消費者が納得する方法であるのか話題になることがある。具体的には，スタンニング（気絶処理，HCP3）の有無や方法が，非イスラム圏で考える動物福祉に適ったものであるのかが大きな論点であり，科学的に合意点を見つけ出そうとする国際的な議論もおこなわれている[5]。

こうして生産される食肉のハラール性を消費者に届けるまで維持するためには，ナジスの排除が主眼となる。ナジスには，

- 禁じられた物（血液や，定められた以外の方法で死んだ動物の肉）や動物（豚や犬など）とそれらに由来する全ての物

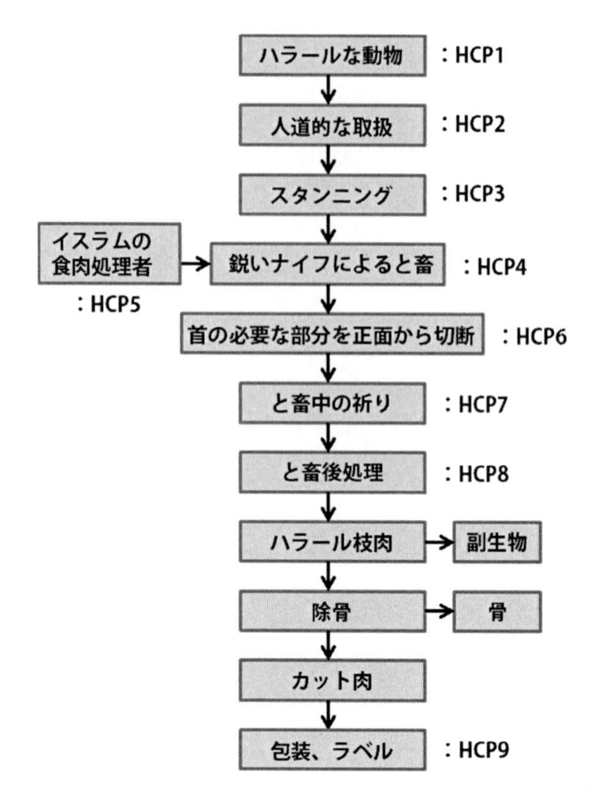

図１　ハラール食肉生産（と畜処理）における工程管理とハラール管理点（HCP）

- 上述のナジスが混入した物
- ナジスに直接触れた物
- ヒトや動物から排泄される物（小便，大便，吐しゃ物，膿，胎盤など）

などがある[6)]。これらのナジスによる製品の汚染は重大であるため，ナジスの検出技術は有用である。

イスラム圏には石油などの天然資源に恵まれた国が多くあるが，資源の枯渇後に自国の経済をどうするかという問題も抱えており，自国のハラール認証基準の信頼性を高めることを通じて国の将来を築こうとしているところも多い。また，ハラール食品の監視や評価などをおこなう国際基準ラボの必要性はイスラム諸国が共通で認識しているところであり，ナジスの科学的な検出技術は，これらのラボにおいてハラール性の診断に活用されると考えられる。

3　豚由来油脂の検出

数あるナジスの中でも，豚は非イスラム圏における主要な家畜であり，豚肉や豚由来の油脂（豚脂，ラード）との接触や混入が心配される。食肉の畜種偽装は非イスラム圏においてもしばしば問題となるが，ハラールを謳う食品への豚の混入は重大な問題となる。

特に豚脂の精製品にはタンパク質やDNAが含まれないためELISA（Enzyme-Linked Immuno Sorbent Assay）などの免疫学的な方法や，PCR（polymerase chain reaction）によるDNAを検出する手法では混入が判断できない。一方で，豚脂のトリアシルグリセロール（中性脂肪）組成は他の油脂と異なるため，その化学的あるいは物理的特性の違いを利用して豚脂を検出する方法が報告されている。

3.1　ボーマー数

日本油化学会が制定する基準油脂分析試験法に記載の方法である[7)]。ボーマー数とは，油脂を溶媒に溶かし，規定条件で析出する融点の高い飽和トリアシルグリセロールと，それをけん化分解して得られる脂肪酸の融点の差を指標化したものである。豚脂は飽和トリアシルグリセロールの主成分として2-パルミトイル-1,3-ジステアロイルグリセロール（*sn*-SPS，図2）を含む特徴が指標に表れ，値が大きくなる。豚脂が他の油脂に混入すると値が上昇するため混入の判断材料となる。しかし，ボーマー数のみから混入の有無や混入割合を精度よく特定することは困難である。また，他の検出法でも同様だが，工業的な物性改良の目的で分画やエステル交換など改変を加えた豚脂（ショートニングなど）はトリアシルグリセロール組成が変化しているため，検出が難しい可能性がある。

3.2　振動分光法

振動分光は，油脂の由来判別やラード混入検出への応用が最も研究されている方法である。振動分光には大きく赤外分光とラマン分光の二つがあるが，両者からはほぼ同じ情報が得られると考えて差し支えない。振動分光スペクトルには，脂肪を構成する脂肪酸の炭素鎖の長さや二重結合の量と位置などの化学的な構造情報に加え，脂肪の結晶状態の違いなどの物理的な構造情報も含まれる。これらの情報を，スペクトルから統計的手法などを用いて得ることで豚脂の混入を検出できる。

これまでに，豚脂と他の動物脂肪（牛，羊あるいは鶏）の二種類の油脂の混合割合を，赤外スペクトルを用いて高い精度（$R^2 > 0.99$）で求められるとする報告がある[8)]。また，植物油脂であるパームオイルへの豚脂混入も赤外スペクトルから一定の精度で検出可能である[9)]。分光法は試料に光を当てるだけで情報が得られ，非破壊・迅速な計測が可能で，試薬や溶媒を使う必要が無いため環境にやさしい利点もある。

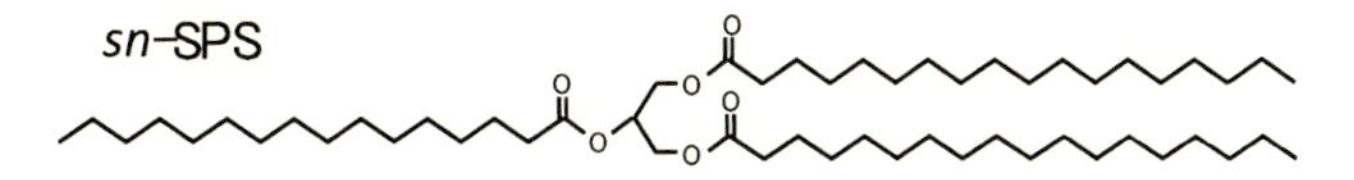

図2　豚脂に多い飽和トリアシルグリセロール分子種
2-パルミトイル-1,3-ジステアロイルグリセロール

振動分光スペクトルから豚脂の混入を検出できるという同様の報告は他にもあるが，上述の報告も含め，あらかじめ準備した統計モデルを利用してスペクトルを解析するものであるため，油脂原料が不明な試料など適切な統計モデルが選択できない場合には，そのまま利用することが残念ながら難しい。

一方，統計モデルを使わずに特定の振動バンド強度の計測により，豚脂をスペクトルから直接検出する方法も報告されている[10, 11]。トリアシルグリセロール分子の化学構造は分子の立体構造に影響し，油脂が冷えて結晶化するときの配列パターン（結晶多形）を決める。豚脂を加熱して完全に融解させた後に急冷すると，β'型結晶多形が多く形成される。ラマン分光を用いてβ'型結晶多形の結晶副格子構造に由来するバンドを計測することで，豚脂を検出することができる（図3）。しかし，結晶状態の違いを利用したこの方法には原理的な限界がある。トリアシルグリセロールの結晶化挙動は混合により大きく変化するため，例えば豚脂と牛脂を混合した場合，豚脂が60％以上含まれていないとβ'型結晶多形が形成されない[10]。

他の畜種の脂肪と混合していても豚脂を精度よく検出できることがあり，それは試料が抽出油脂ではなく食肉製品である場合である。食肉製品には脂肪組織や脂肪細胞が壊れずに含まれており，その中に保存された他と混合していない油脂のスペクトルを顕微鏡を用いて取得することで，理論的には豚の細胞1個の混入も検出可能である（図4）[11]。豚脂を，他の食肉の脂肪（牛・鶏）と分けて精度よく判別することができる（図5）。

また顕微鏡を用いず，マクロ測定により実サイズの食品の評価に応用することもでき，豚脂を組織レベルで検出できる（図6）。振動分光スペクトルは，このように空間分解して取得することができるため，試料中のどの位置に豚脂が存在したのかを特定でき，豚脂が食品製造中に混入したのか流通過程で付着したのか等の判断にも有効である。

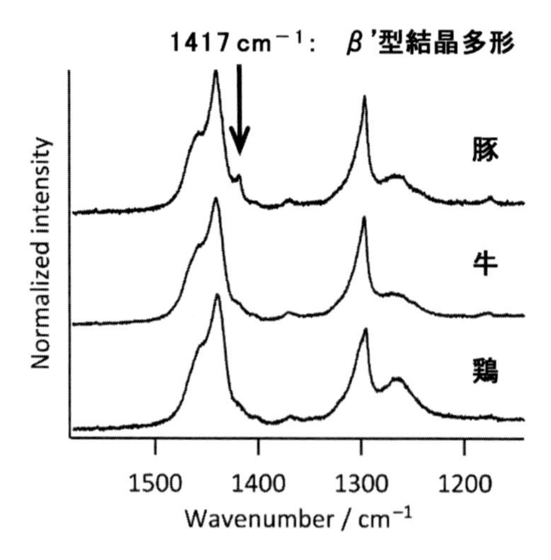

図3　0℃に急冷した脂肪のラマンスペクトル
785 nm 励起，レーザー強度 30 mW，60 秒積算

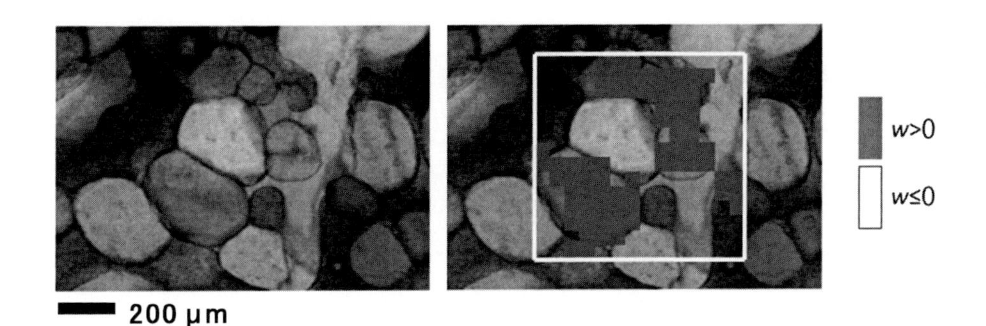

図4　牛豚合挽肉中の豚脂の検出
（左）光学顕微鏡像。丸く見えるものは脂肪細胞，（右）判別式により豚脂と判定された領域（$w > 0$）を着色して示す。

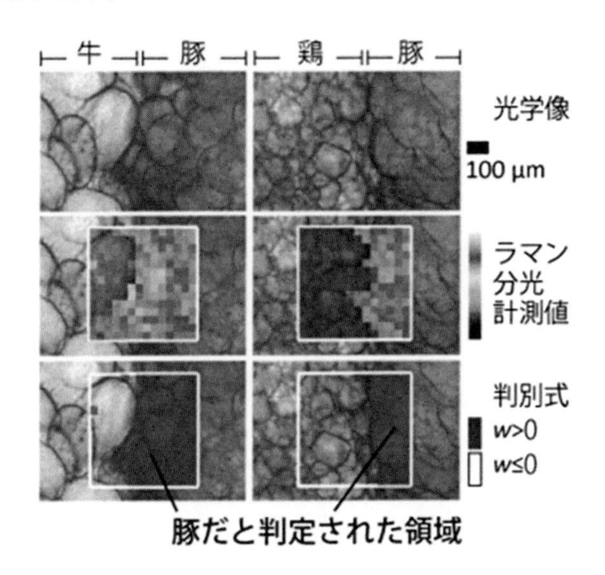

図5　ラマン顕微鏡による豚脂の非破壊検出
異なる畜種の脂肪を隣接させた標準試料の，脂肪の結晶に占めるβ'型多形の割合（ラマン分光計測値）が，閾値より大きい場合（判別式wが正）を豚と判定する[11)]。

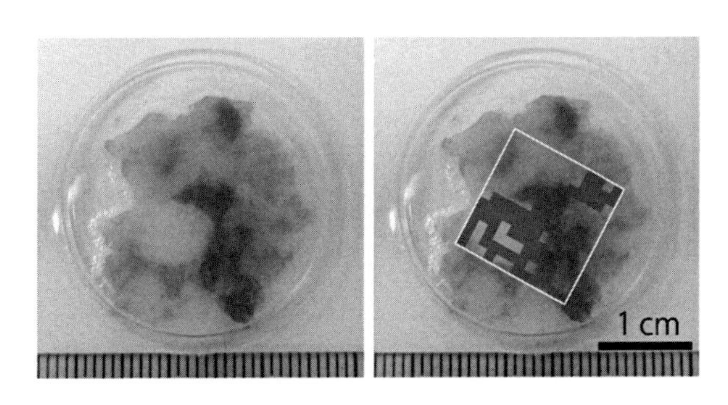

図6　食品の実サイズでの豚脂の検出
（左）ガラスに挟んだ牛豚合挽肉の写真，（右）計測領域（白枠）と豚脂と判定された領域（灰色に着色）。

3.3 熱分析

油脂の結晶化や結晶多形転移時の熱的挙動が，油脂の混合によって変化することを利用した豚脂の検出も試みられている。

示差走査熱量分析（DSC）により，パームオイル冷却時に見られる－44℃付近の融点の低いトリアシルグリセロールの結晶化ピークが，豚脂あるいはエステル交換した豚脂の混入で大きくなるとともに高温側にシフトする現象を利用して，ピークの面積と高さの情報から検出下限1％で豚脂混入を検出できる[12]。豚脂およびエステル変換した豚脂のどちらも同じ手法で検出できる利点がある。

ギー（バターオイルの一種）への豚脂の混入でも同様の現象が報告されているが[13]，それ以外の油脂の場合や原料不明の場合は別途検証が必要である。

3.4 化学組成分析

冒頭述べたように，豚脂のトリアシルグリセロール組成は他の油脂と大きく異なるため，この化学的な特徴をクロマトグラフィー等により検出しても豚脂を判別できる。豚はトリアシルグリセロール合成酵素の基質特異性から，*sn*-2位にパルミチン酸が多いトリアシルグリセロール分子種を多く含む特徴がある（例*sn*-SPO，図2）。これらの分子種を，高速液体クロマトグラフィー（HPLC）やガスクロマトグラフィー（GC），質量分析（MS）などを用いて定量することで，豚脂かどうかの判断材料になる。クロマトグラフィーを利用した豚脂検出法は古くから研究されており，豚脂とエステル交換した豚脂の両方を他の動物脂肪と区別する方法も提案されている[14]。

また，「Electric nose」やヘッドスペースGCにより，豚脂特有の香り成分を検出することにより，豚脂を他の動物脂と区別できるとする報告もある[15]。

以上，主な豚脂検出法を紹介したが，免疫学的な方法やDNA検出法と異なり，どれも確定判断が可能な方法とは言い切れず，誤判別を回避するためには複数の技術を併用することが望ましい。特に，エステル交換など改変された豚脂は，トリアシルグリセロール組成が様々であることから一定の方法での検出は難しいと考えられ，分析結果の判断は各技術の原理に精通した上で慎重におこなう必要がある。

4 おわりに

食のグローバル化が進む中でハラール食肉の円滑な輸出入を進めるために，科学的な工程管理により食肉のハラール性を担保できるようになってきた。しかし，高度に加工された食品が増える中で，ナジスの検出などハラール性の監視に必要な科学技術は今後も重要性を増すと考えられる。

本章では，食品原料としての油脂のハラール性の証明に貢献すると考えられる豚脂の検出法について紹介したが，検出感度や分析結果の判断に専門知識を必要とする場面がまだ多く，誰でも簡単に使える技術とは言いにくい。しかし，ラボにおける分析法としては利用可能と考えられ，科学的な生産工程管理と分析技術を組み合わせることで，食肉のハラール性確保のための実効性の高い技術になると考えられる。

文　献

1) Farouk, MM., *Meat Sci.*, **95** (4), 805-820 (2013)
2) 本山三知代，畜産コンサルタント，**593**，58-63 (2014)
3) Riaz, M. and Chaudry, M., *Halal Food Production*, CRC Press (2004)
4) Idriss, AW., 2nd International Symposium on Halal Science and Innovative Product Development 発表資料 (2013)
5) Nakyinsige, K. *et al.*, *Meat Sci.*, **95**, 352-361 (2013)
6) マレーシア基準局，MS 2400-1:2010 (2010)
7) 日本油化学会，基準油脂分析試験法 参 1.3.1-1996 (2003)
8) Rohman, A. & Che Man, YB., *Int. Food Res. J.*, **17**, 519-527 (2010)
9) Sim, SF. *et al.*, *J Chem.*, DOI: 10.1155/2018/7182801 (2018)
10) Motoyama, M. *et al.*, *Applied Spectrosc.*, **64** (11), 1244-1250 (2010)
11) 本山三知代ら，食品中の豚肉を検出する方法，特許第 6436452 号 (2018)
12) Marikkar, JMN. *et al.*, *J. Am. Oil Chem. Soc.*, **78** (11), 1113-1119 (2001)
13) Lambelet, P. & Ganguli, NC., *J. Am. Oil Chem. Soc.*, **60** (5), 1005-1008 (1983)
14) Rashood, KA. *et al.*, *J. Am. Oil Chem. Soc.*, **73**, 303-309 (1996)
15) Nurjuliana, M. *et al.*, *Meat Sci.*, **88** (4), 638-644 (2011)

第11章　簡易で迅速なブタDNA検出法

原口浩幸*

1　はじめに

食の安心・安全は経済の発展に伴い，裕福な食生活ができるようになると，強く求められる。現在では特に経済発展が著しい東南アジア諸国でも注目されており，生産，流通や品質管理において法令を順守し，食中毒菌対策や製造現場での環境衛生など国際基準に準拠した管理がなされ，安心・安全な食を消費者へ届けることが当然のこととなっている。それに加え，東南アジア諸国においてはムスリム（イスラーム教徒）が多く，食品衛生の観点のみならず，イスラームの戒律に従った食の安心・安全の考え方が必要になる。

ムスリムはイスラームで容認されている安心・安全であり，人の健康にとって有益な（ハラールな）食べ物を食し，イスラームで禁止されている不衛生で安全性が担保されていない有害な食べ物は食さない，という考え方を持っており[1]，この考え方は基本的には国際的な食品衛生の考え方と同じである。しかし，イスラームの戒律には食品衛生の考え方に加え，「ブタ肉」や「酒」に代表されるような不浄な（ハラームな）物は食してはいけないとなっている。通常の食品衛生の考え方であれば「ブタ肉」も「酒」も衛生基準を満たしていれば問題なく食することができるが，そのような衛生的かつ健康被害を生じない食品でもイスラームの戒律に従い，食することが禁じられている。ムスリムは自分で食材を選び，自分で調理し，自分で食するという従来から行ってきた食生活においては食のハラール性は自己管理が可能であった。しかしながら，経済発展に伴う食生活の多様化により，加工食品が手に入るようになり，レストランなどでの外食も可能となったために，自分が食べている物のハラール性の確認が困難になることも増えてきた。

2013年にはマレーシアにおいてブタ由来の原材料の使用が疑われたために英国製チョコレートが回収された，との事例が報道された。この事例は著者が確認した食のハラール性に関わる初めての回収事例であり，今後の食品業界における食のハラール性に関する対策の必要性を感じさせるものであった。前述の通り，東南アジア諸国では経済の発展が著しく，食品の衛生管理においても最新の食品分析技術が導入されつつあり，食のハラール性に関してもブタの混入をDNA分析で管理している国もある。しかしながらDNA分析は手技や結果の信頼性確保に関して経験を要するため，その導入・運用は容易ではない。

そこで，我々はムスリムの食の安心・安全のために，食品製造や流通の現場で食のハラール性をDNA分析により担保できるように，簡易で迅速なブタDNA検出法の開発を試み，その加工

---

*　Hiroyuki Haraguchi　㈱ファスマック　事業開発部　担当部長

製品への適応性を評価したので報告する。また，より簡易なブタDNA検出法も検討したので，併せて報告する。

2　LAMP法を用いたブタDNA検出法の原理について

DNAの検出手法ではPCR（Polymerase Chain Reaction）法が代表的であるが，高価な装置の導入や熟練した検査員を要するなど，その導入には費用と検査員の教育が必要になる。今回，我々は簡易で迅速なブタDNA検出法の開発を目的としたため，可能な限り設備投資や技能を必要としない検出手法を選択することにした。そこでPCR法に代わる簡易で迅速なDNA増幅法として開発されたLAMP（Loop－mediated Isothermal Amplification）法[2]を使ったブタDNA検出法の開発を試みた。

2.1　DNA増幅酵素

標的DNA配列増幅反応の際にはDNA合成酵素であるDNAポリメラーゼを使用する。PCR法では二本鎖DNAを熱変性させて一本鎖にした後に，*Taq* DNAポリメラーゼ等の耐熱性DNAポリメラーゼが標的DNAを増幅するが，LAMP法では鎖置換型DNAポリメラーゼを使用するために，熱変性を必要とせず，二本鎖のDNAを引き剥がしながら標的DNA配列を*Bst* DNAポリメラーゼ等により増幅することができる[2～4]（図1）。

2.2　等温反応

一般的に酵素反応を利用したDNA増幅法は温度による反応制御を行う。PCR法は2～3温度の温度サイクルによる反応であり，PCR法ではこれを行うための機器であるサーマルサイクラーと呼ばれる装置を用いる。しかしながらLAMP法は等温反応であるため，恒温槽等の簡易な装置でも標的DNAを増幅することができる。このようにLAMP法は鎖置換型ポリメラーゼと等温反応を用いているために，PCR法が標的DNA配列増幅に2～3時間を要するのに対し，60分

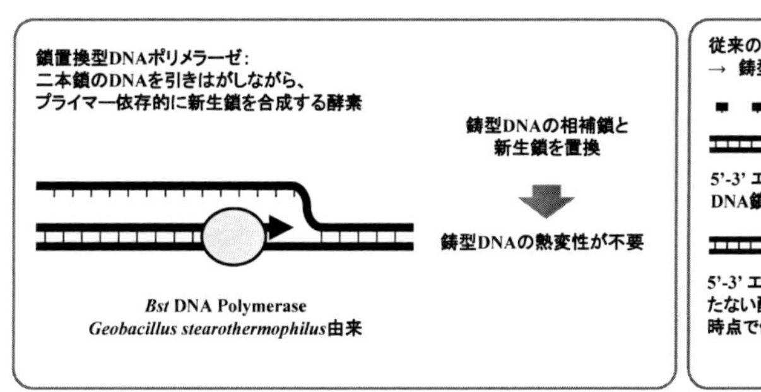

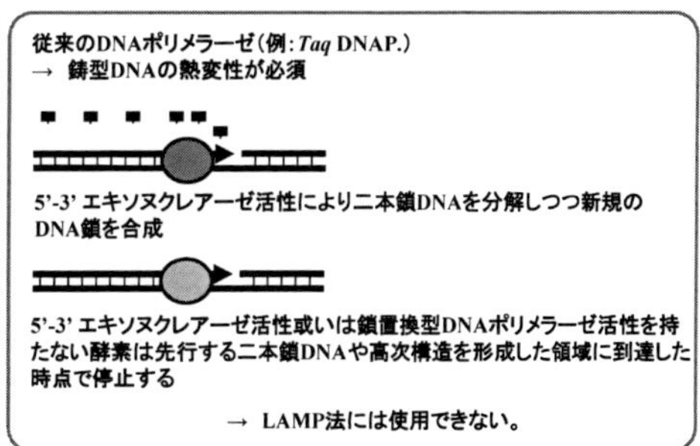

図1　LAMP法とPCR法に用いる酵素の比較

以内で標的 DNA 配列を増幅することができる。

2.3 プライマーにより増幅される標的DNA配列の特異性

標的DNA増幅のためにはDNAポリメラーゼの他にプライマーを必要とする。PCR法では標的DNA配列を挟んだ2種類のプライマーを使用するが，LAMP法では4～6本のプライマーを使用する。そのためLAMP法の方が標的DNA配列に対してプライマーが結合する領域が多く，増幅される標的DNA配列の特異性が高いとされている。

2.4 LAMP法の検出方法

LAMP法の検出方法については，反応副産物を検出する方法（図2a)）と増幅産物を直接検出するインターカレーター法（図2b)）がある。反応副産物を検出する方法には3つの方法がある。蛍光目視試薬を用いた方法はマンガンイオンと結合したカルセインが，LAMP法の副生成物であるピロリン酸にマンガンを奪われることにより，カルセインが蛍光を発する原理を利用した検出方法である。濁度測定による検出法はLAMP法の副生成物であるピロリン酸によってLAMP反応液が白濁する現象を検出する方法である。HNB（Hydroxy Naphthol Blue）による検出法も比色によって副産物を確認できる。これらの検出法は目視で結果が確認できるが，副生成物を検

a) 反応副産物を検出する方法

	蛍光目視試薬 カルセインによる検出法	濁度測定による検出方法	Hydroxy Naphthol Blue による検出法
目視判別	UV照射にて目視判別可能	目視判別可能 （凝集により判別困難な場合有り）	目視判別可能
装置化（記録）	Genie® 2, Genie® 3： Calcein mode（OptiGene社製）	リアルタイム濁度測定装置 LoopampEXIA（栄研化学社製）	対応する装置なし
検出時間	30～60分間	30～60分間	30～60分間
増幅産物の確認	不可	不可	不可
試薬コスト	中	低	中

左：目視
右：紫外線照射

左：DNA増幅検体
右：DNA非増幅検体

b) 増幅産物を直接検出するインターカレーター法

増幅曲線

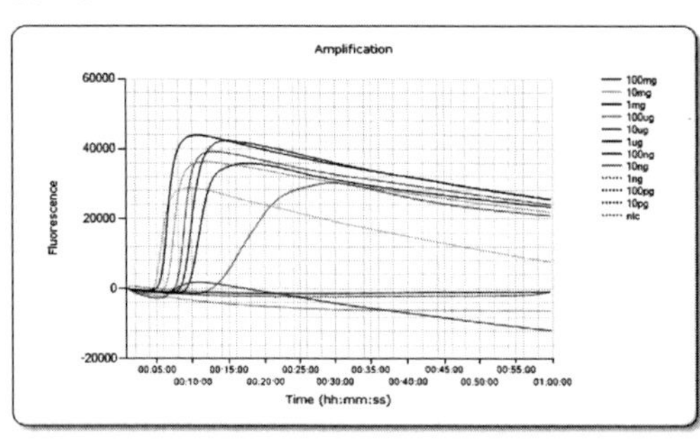

会合曲線解析結果

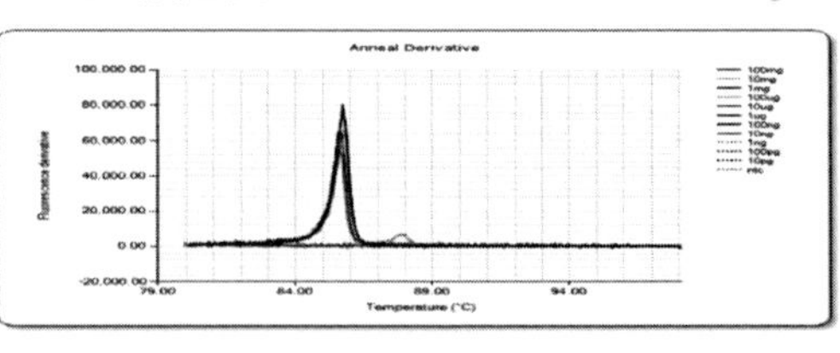

図2 LAMP法の検出方法

出しているので，標的DNA配列の増幅から検出までの時間に差が生じることがある。また，目視で判定する場合，人による誤差が生じる場合もある。一方，増幅産物を直接検出するインターカレーターを用いた検出法は二本鎖DNAに結合すると蛍光を発するSYBR® Green Iなどのインターカレーターを用いる[5]。LAMP反応液にインターカレーターを加えることでLAMP法によって増幅された二本鎖DNAにインターカレーターが結合し，直接LAMP法による増幅産物を検出することができる[6]。検出には測定器が必要になるが，直接増幅された標的DNA配列を測定するため，短時間での検出が可能であり，リアルタイムに増幅をモニタリングすることができ，客観的に結果を判定することができる。

3　LAMP法を用いたブタDNA検出法の評価

我々は前述の利点から，LAMP法を用いた簡易で迅速なブタDNA検出法の開発を行った。まずはブタ肉を用いて検出限界を測定した。またPCR法とイムノクロマト法との比較も行った。

3.1　食品からのDNAの抽出および精製

ブタ肉をマルチビーズショッカー（安井機械社製）にて均一になるまで粉砕し，1gを検体として採取した。DNAの抽出および精製にはGM quicker 4（ニッポンジーン社製）を用いた。実際のブタDNA検出の対象検体は加工製品や食品添加物など高度に加工された検体が想定される。精製されたDNAに検体由来の成分が残存していると，後のDNA増幅工程で増幅阻害を引き起こし，偽陰性の判定を導いてしまう可能性がある。そのため，特に加工製品を検体としたDNA検出ではより高純度なDNAを精製しなければいけない。GM quicker 4は試薬の分注と遠心の簡単な操作で行うことができるスピンカラムタイプのDNA抽出および精製キット[7,8]であり，主に加工製品からのDNAの抽出および精製に至適化されている。GM quicker 4の手順書に従い，1gのブタ肉から抽出および精製されたDNA溶液を原液とし，段階希釈を行うことで，最低量として1ngのブタ肉から抽出されたDNA溶液とみなされる溶液を調整し，これらを検体溶液としてLAMP法とPCR法に用いた（図3）。

3.2　LAMP法での増幅と特異性の確認

使用したLAMPプライマーセットはブタのミトコンドリアDNA配列を基に設計した。鎖置換型酵素などを含んだIsothermal Master Mix（Optigene社製）およびLAMPプライマー混合液を反応チューブに分注混合した後，精製したDNA溶液を添加し，Genie II®（Optigene社製）にて64℃で30〜60分間反応させた（図3）。反応終了後，指数関数的な増幅曲線が得られれば，標的DNA配列が増幅されたと判断できる。増幅反応後，増幅された二本鎖DNAが標的DNA配列由来であるかの特異性を確認するために，反応溶液を95℃まで昇温し，その後徐々に温度を下げ，会合曲線解析を行った。標的DNA配列由来であれば，会合曲線のピーク温度が86±

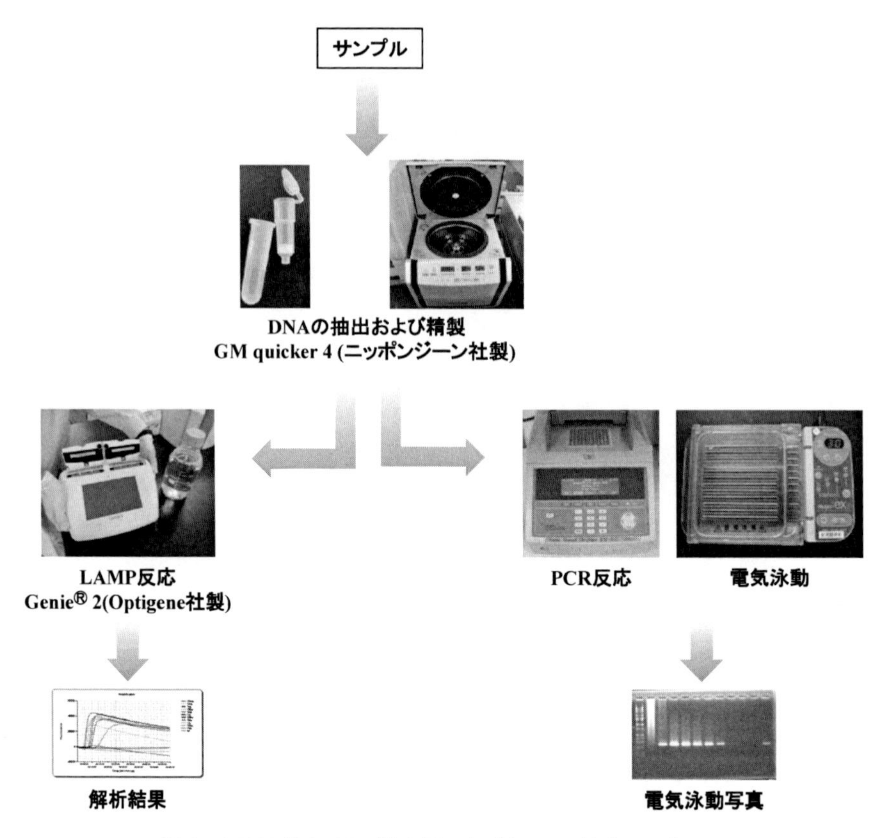

図３　LAMP 法と PCR 法を用いたブタ DNA 検出のスキーム

2℃となるという経験的な基準がある。もし，それ以外のピークが得られれば非特異的な増幅が考えられるため，ブタ DNA が検出されたという結果にはならない。

GenieⅡ®はテーブルトップの簡易装置であり，等温反応後，引き続き会合曲線解析を自動で行い，終了後は増幅の有無と会合曲線ピーク温度を表示する（図 2b)）。蛍光検出を行う装置はリアルタイム PCR 装置でも代用できる場合もあるが，実施をする前に陽性コントロール等を用いて事前に増幅や会合曲線解析が可能かを確認する必要がある。

3. 3　PCR 法

前述の通りに抽出および精製後，調製された DNA 溶液を用い PCR 法を行った。使用した PCR 法は農林水産消費安全技術センターが用いている飼料分析基準[9,10]に記載の方法を用いた。この方法は飼料中の動物由来 DNA の検知に用いられている方法であるが，我々は食品にも応用可能であるという経験的な知見を持っているため，この方法をブタ DNA 検出法評価の参照法として採択した（図 3）。

3.4　イムノクロマト法

イムノクロマト法は検体に含まれている特定のタンパク質を抗原抗体反応によって検出する方法であり（図4），迅速検査法の一つとして遺伝子組換え食品，食物アレルゲンや食中毒菌などの検出に応用されている。今回，DNA検出法と比較をするためにイムノクロマト法を用いた市販のブタ検出キットを使用した。キットの手順書に従い，1 gのブタ肉を3 mLのextraction solutionに加え，60秒間撹拌し，タンパク質抽出液を得た。これをextraction solutionにて段階希釈し，最低量として1 ngのブタ肉から抽出されたタンパク質溶液とみなされる溶液を調整し，これらを検体としてイムノクロマト法に用いた。

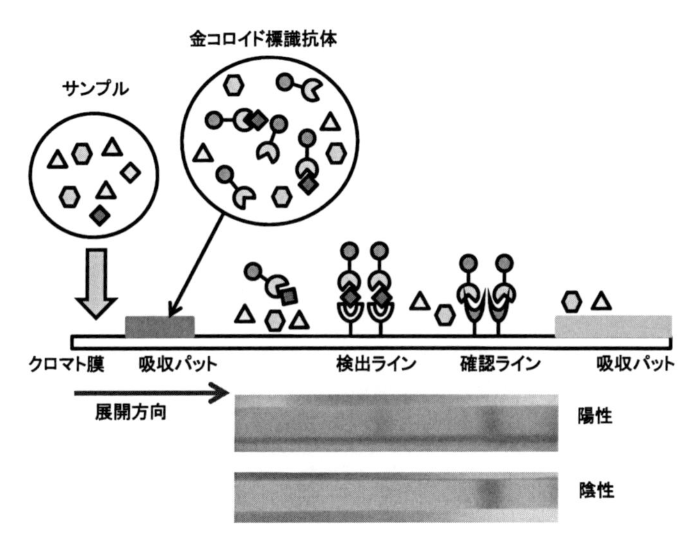

図4　イムノクロマト法の原理

3.5　各検出法の検出限界

LAMP法，PCR法とイムノクロマト法を用いた際のブタ肉の検出限界を調べたところ表1の結果となった。DNA検出法であるLAMP法は10 ngに相当するブタ肉からのDNA抽出液を用いた場合に検出可能であった。2検体とも増幅反応が確認でき，また会合曲線解析も86±2℃の範囲内に収まっており，標的DNA配列の増幅であることが確認された。一方，PCR法では低量付近において，繰り返し再現性を得ることができず，検出下限はそれぞれ1 μgと10 ngであった。また，イムノクロマト法では検出限界が1 mg付近と予想されるが，これについても繰り返し再現性を得ることができなかった。

表 1　各検出法の検出限界

ブタ肉量	LAMP 法（n＝2）		PCR 法（n＝2）	イムノクロマト法（n＝2）
	増幅	会合曲線解析（℃）		
10 mg	＋/＋	85.7/85.7	＋/＋	＋/＋
1 mg	＋/＋	85.7/85.6	＋/＋	＋/－
100 μg	＋/＋	85.7/85.7	＋/＋	－/－
10 μg	＋/＋	85.7/85.6	＋/＋	－/－
1 μg	＋/＋	85.7/85.7	＋/＋	－/－
100 ng	＋/＋	85.7/85.5	－/＋	n.a/n.a
10 ng	＋/＋	85.7/85.6	－/＋	n.a/n.a
1 ng	－/－	－/－	－/－	n.a/n.a

n.a：未実施

表 2　各検出法の特徴

検出方法	検出限界	検出時間	特異性確認
LAMP 法	10 ng	5-15 分	会合曲線解析
PCR 法	100 ng	2.5-3 時間	なし
イムノクロマト法	1 mg	15 分	なし

4 考　察

ブタ肉を用いた検出限界の検証の結果，LAMP 法は増幅曲線と会合曲線解析の結果から信頼性のある結果を得ることができたが，PCR 法とイムノクロマト法では検出結果の特異性を確認することはできないのに加え，検出限界付近で繰り返し再現性を得ることもできなかった。これらのことよりLAMP 法の結果の方が信頼性は高いことが示唆された。検出に要する時間はLAMP 法とイムノクロマト法は 15 分以内であり，迅速に結果を得ることができたが，PCR 法は約 3 時間を要した。これらの結果を表 2 にまとめたが，LAMP 法によるブタ DNA 検出は PCR 法やイムノクロマト法に比べ，感度と特異性ならびに迅速さにおいて優れた方法であることが示唆された。

5 加工製品への適応性

食品製造の品質管理としてのブタ DNA 検出という想定をすると，加工製品が検査対象となる場合が多い。そのため加工製品を対象としてブタ DNA 検出を試みた。ブタ由来の原料，例えばゼラチン，ベーコンやエキス等が使われている製品群を対象に，加工製品の原材料表示でブタ由来原材料が確認できた物を 3 種類，ブタ由来原材料の使用の表示が確認できない物を 4 種類選んだ。DNA の抽出および精製にはブタ DNA 検出法の評価の際に用いた GM quicker 4 を使用した。加工製品の DNA 検出の場合，前述の通り，検体由来の残存成分が標的 DNA 配列増幅を阻害する場合がある。そのため，阻害の確認のために，検出用とは別の LAMP 反応液を用意し，

表3　LAMP法による加工製品を検体としたブタDNAの検出

検体	ブタ由来原材料表示	検体（n＝2）		ブタDNA添加（n＝1）		PCR（n＝2）
		増幅	会合曲線解析（℃）	増幅	会合曲線解析（℃）	
シーズニング	有り	＋/＋	85.3/84.3	＋	85.2	＋/＋
ドレッシングA	有り	＋/＋	84.5/85.6	＋	84.6	－/－
ドレッシングB	有り	＋/＋	84.6/84.8	＋	84.7	－/－
ゼラチン	無し	＋/＋	85.3/85.9	＋	85.2	＋/＋
グミ	無し	－/－	－	＋	85.2	－/－
ドレッシングC	無し	－/－	－	＋	84.4	－/－
ドレッシングD	無し	－/－	－	＋	83.5	－/－

10 pgのブタDNAをLAMP反応液に添加し，同時に反応を行った。これらの結果を表3に示した。ブタ由来の原材料表示があるシーズニング，ドレッシングAとBではLAMP法でブタDNAが特異的に検出されたが，PCR法ではドレッシングAとBで検出されなかった。この結果より，LAMP法は加工製品への適応性が高いということが示唆された。また，ブタ由来原材料の表示がないゼラチンに関してはLAMP法でブタDNAが特異的に検出された。これについてはPCR法でも検出されていることから，製品へのブタ由来原材料の混入が考えられる。阻害確認の結果において，すべての検体でブタDNAの増幅と会合曲線解析の結果が良好だったことから，GM quicker 4によるDNAの抽出および精製を行うことで，検体由来の阻害を防ぐことができるということが示唆された。このようにGM quicker 4とLAMP法を用いることで加工製品にも適した実用性の高い迅速で簡便なブタDNA検出が可能であった。

6　核酸クロマトへの応用

食品の加工現場では現場で品質管理を行える簡易検査キットの導入が望まれることがある。簡易に検査結果が得られる遺伝子検査のツールとして核酸クロマトがある。ブタDNA検出に核酸クロマトを応用することで誰でも簡易に結果を得ることが可能となる。

6.1　核酸クロマトについて

核酸クロマトには様々な原理を応用した物があるが，その一つにSTH－PAS（Single Tag Hybridization－Printed Array－Strip）法が実用化されている。検出原理は以下の通りである。まず，プライマーにタグDNAを結合させて，タグDNA結合標的DNA配列を増幅させる。次に，その増幅産物をクロマトメンブレンに展開させる。クロマトメンブレンにはあらかじめプライマーのタグDNAと相補なオリゴDNAが固定化されており，増幅産物のタグDNAと固定化オリゴDNAのハイブリダイゼーション反応が起こり，増幅産物がメンブレン上に捕捉される。最後に，PCR産物にあらかじめ標識させたビオチンに結合した色素により，補足された部分が呈色し，目視にて増幅された増幅産物が検出できる（図5）。この方法は標的DNA配列に依存せ

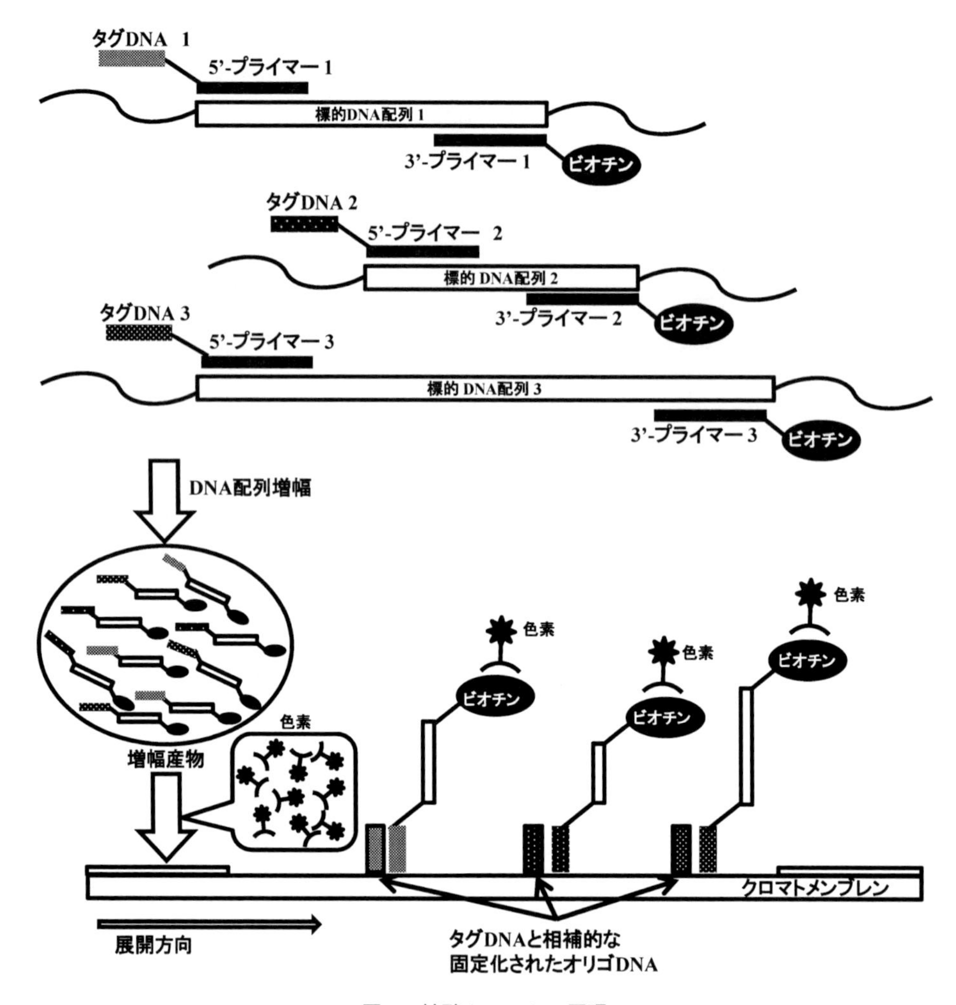

図5　核酸クロマトの原理

ず，標的DNA配列を増幅させるプライマーにタグDNAを結合させるだけなので，新たにプライマーを設計する必要がない。また，あらかじめ数種類の相補的なオリゴDNAがクロマトメンブレン上に固定化されたものが用意されており，タグDNAとオリゴDNAの組み合わせにより，複数の標的DNA配列を同時に検出することが可能になる。このSTH－PAS法を用いれば，食品製造や流通の幅広い現場で安価で簡易な品質管理を行うことが可能になる。

6.2　STH－PAS法を用いた検出例

検出限界を確認するため，精製したブタのDNAに対し10 ng/μLから10 fg/μLの希釈系列を調整した。このブタ精製DNAに，プライマーにタグDNAを結合させたタグDNAプライマーとポリメラーゼを混合した後，等温にて標的DNA配列を増幅させた。このように得られた増幅反応物をクロマトメンブレン上で展開させた。その結果，LAMP法と比較しても同等の検出感

表4　核酸クロマトによるブタDNAの検出限界

ブタ肉DNA量	DNAクロマト法 (n＝2)	LAMP法 (n＝2)
1 ng/ μL	＋/＋	＋/＋
1 pg/ μL	＋/＋	＋/＋
100 fg/ μL	＋/＋	＋/＋
50 fg/ μL	−/＋	−/＋
10 fg/ μL	−/−	−/−
滅菌水	−/−	−/−

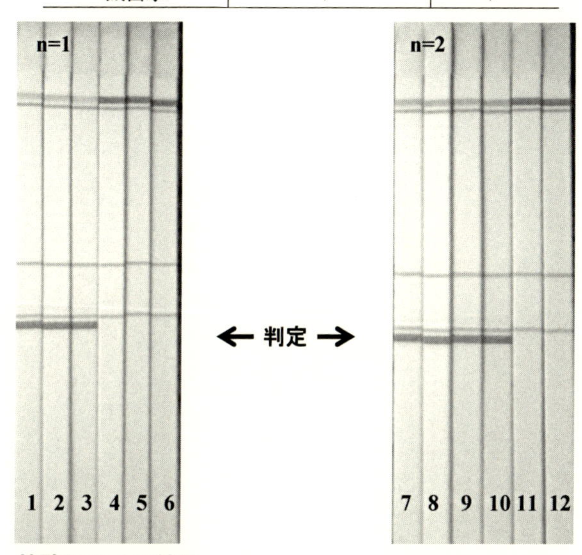

核酸クロマトの結果
ブタDNA量: 1と7 = 1 ng/μL, 2と8 = 1 pg/μL, 3と9= 100 fg/μL, 4と10 = 50 fg/μL, 5と11 = 10 fg/μL, 6と12 = 滅菌水

度を得ることができた（表4）。

7　今後の課題

我々はムスリムの食の安心・安全のために，食品製造や流通の現場で食のハラール性をDNA検出により担保できるように，LAMP法を用いた簡易で迅速なブタDNA検出法の開発を行ったが，この方法が幅広く導入されるには，誰でもどこでも信頼性のある結果が得られる方法でなければいけない。そのためには妥当性確認試験を複数機関で実施し，信頼性のある検出方法であることを確認する必要がある。

文　献

1）ISLAMイスラーム―正しい理解のために―，宗教法人東京・トルコ・ディヤーナト・ジャーミイ（2007）
2）Tsugunori N. *et al., Nucl. Acid. Res.*, **28** (12), e63 (2000)
3）McClary, J. *et al., J. DNA Sequencing and Mapping*, **1**, 173 (1991)
4）Mead, D. A. *et al., BioTechniques*, **11**, 76 (1991)
5）Hubert Zipper *et al., Nucl. Acid. Res.*, **32** (12), e103 (2004)
6）J. A. Tomlinson, *Lett. Appl. Microbiol.*, **51**, 650 (2010)
7）R. BOOM *et al., J. Clinic. Microbiol.*, **28** (3), 495 (1990)
8）Yasutaka M. *et al., JJFCS*, **20** (2), 96 (2013)
9）平成20年4月1日・19消安第14729号農林水産省消費・安全局長通知
10）Tomotaro Y. *et al., J. Food Hyg. Soc. Japan*, **50** (2), 89 (2009)

第12章　ポータブル電気化学装置を用いた遺伝子センサー

牛島ひろみ*

1　はじめに

イスラム教徒は世界の人口の約25%，ASEANでは40%を占めており，ハラール市場（ムスリムの食市場）は世界の合計で5,811億ドル（52兆円）と言われている[1]。非ハラールと定義されるものは非常に幅広くあり，ハラールに分類される牛や羊などの家畜でも屠畜方法がハラールでない場合は非ハラールとなる。中でも非ハラールとしてよく知られているのはブタ肉およびブタ由来の材料であるが，非ハラールの論拠の1つが健康に有害と考えられるものであるため，毒性，中毒性を示すもの，生命に危険な微生物類や組換え遺伝子なども非ハラールとされている[2]。

これらの混入は主に食品で問題となるが，他にも化粧品や医薬品でも偶然の混入と成分として，あるいは製造に必要なものとして配合される場合があり，イスラム圏外で通常に使用されているものがイスラム圏で問題となることも多い。これらを検出する方法の一つに遺伝子センサー

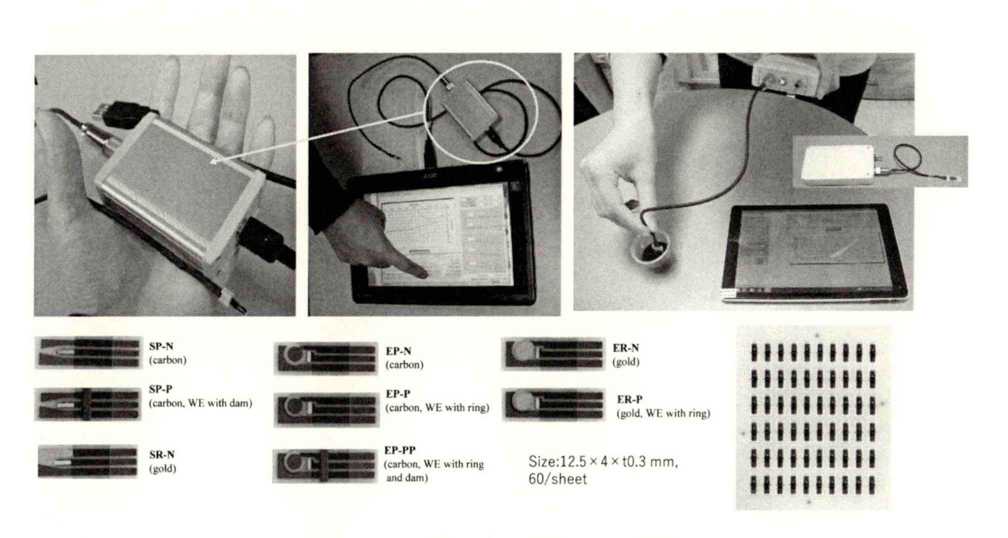

図1　小型電気化学測定装置と印刷電極
上段：左　小型電気化学測定装置（BDTminiSTAT100），中　使用例，右　ワイヤレス接続タイプの小型電気化学測定装置（BDTminiSTAT100BT-S）
下段：印刷電極の種類と電極シート例（1シートに60個の電極が印刷されている）

＊　Hiromi Ushijima　㈱バイオデバイステクノロジー　取締役・企画部長

が挙げられる。私どもは手のひらサイズのポータブル電気化学測定装置（BDTminiSTAT100 あるいはワイヤレスタイプの BDTminiSTAT100BT）及び簡便に電気化学測定を実施できる印刷電極（図 1）と独自の DNA 測定法を開発しており（特許第 3511596 号[3]），これらを組み合わせると，PCR 後の遺伝子の増幅について数分で判別する遺伝子センサーとして使用することができる。その手法と測定の実例についてご紹介する。また，食品や飲料水中に混入する可能性のある重金属や残留農薬なども有害物質といえる。上記ポータブル電気化学測定装置及び印刷電極を用いて重金属や残留農薬の検出も可能であり，これについても手法と実例をご紹介する。

2 遺伝子センサーの測定原理と方法

電極に特定の DNA（プローブ）を固定することなく，溶液中で DNA と相互作用する電気化学的活性を有するバインダー分子との相互作用を利用して，PCR 等の手法で増幅された特定の DNA を測定することができる。増幅された DNA に結合したバインダー分子は，結合により電極への拡散が阻害され，電極への電子移動が減少する。すなわち減少した電流量が増幅された

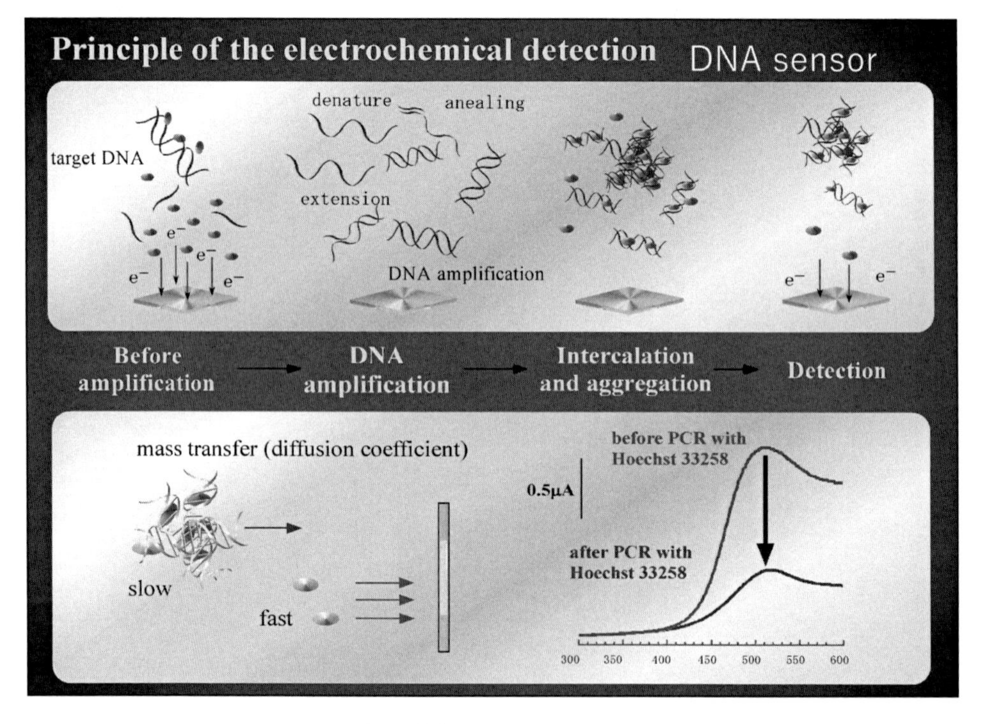

図 2 遺伝子センサーの原理

上段：電気化学活性を持つバインダー分子（濃い灰色の楕円）が PCR 等により増幅された特定の DNA に結合する状態を示した模式図

下段：DNA に結合したバインダー分子は電極表面への拡散が結合しないものに比べて遅くなり，PCR 後の電流値は減少することを示した模式図。

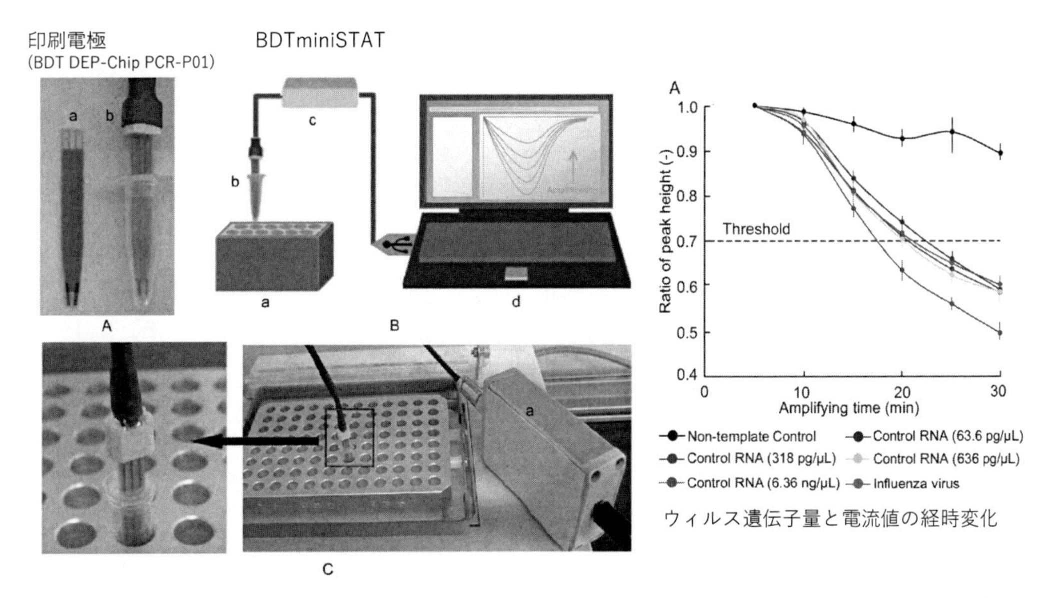

図３　印刷電極を内蔵した等温増幅法を用いたリアルタイム遺伝子診断（インフルエンザウィルス）[6]

DNA量と相関する（図2）[4]。バインダー分子としてはHoechst33258（4-[5-(4-Methyl-1-piperazinyl)-1H,1'H-2,5'-bibenzimidazol-2'-yl] phenol trihydrochloride）[4,5]，methylene blue[6]，hexaammineruthenium(Ⅲ) chloride[7]等が用いられる。これらをPCR等のDNA増幅法の開始前，増幅後の試料に添加し，増幅前後でlinear sweep voltammetry（LSV）やdifferential pulse voltammetry（DPV）によって電流値を測定する。この手法により，PCR終了後数分で増幅を定性的に検出できるだけなく，既知のDNA濃度に対する電流の減少量の検量線を作成すればDNAの増幅量も定量的に測定可能である。あるいは，バインダー分子存在下，PCRやLAMPを行い，経時的にLSVやDPVで測定することで増幅を電気化学的にモニタリングすることも可能である[6,7]（図3）。

3　遺伝子センサーの応用例

代表的な非ハラールである豚について12S rRNA遺伝子を標準遺伝子としてPCRを行い，Hoechst33258を使用した遺伝子センサーを用いて肉類，加工食品から抽出したサンプルから豚を検出できるかを検討した（図4）。肉類として豚肉，牛肉，鶏肉を用いたところ，豚肉のみ陰性対照に比べて有意に電流値が低かった。加工食品としてはロースハム，ウィンナーソーセージ，肉団子，魚肉ソーセージ，カップヌードル全体と具，豚骨スープを比較したところ，肉団子，魚肉ソーセージ以外は陰性対照と比較して電流値が有意に低かった。

ただし，豚骨スープについてはPCRのサイクル数30では検出できず，40に増やして検出することができた。これらの結果はゲル電気泳動の結果と一致し，この遺伝子センサーによって

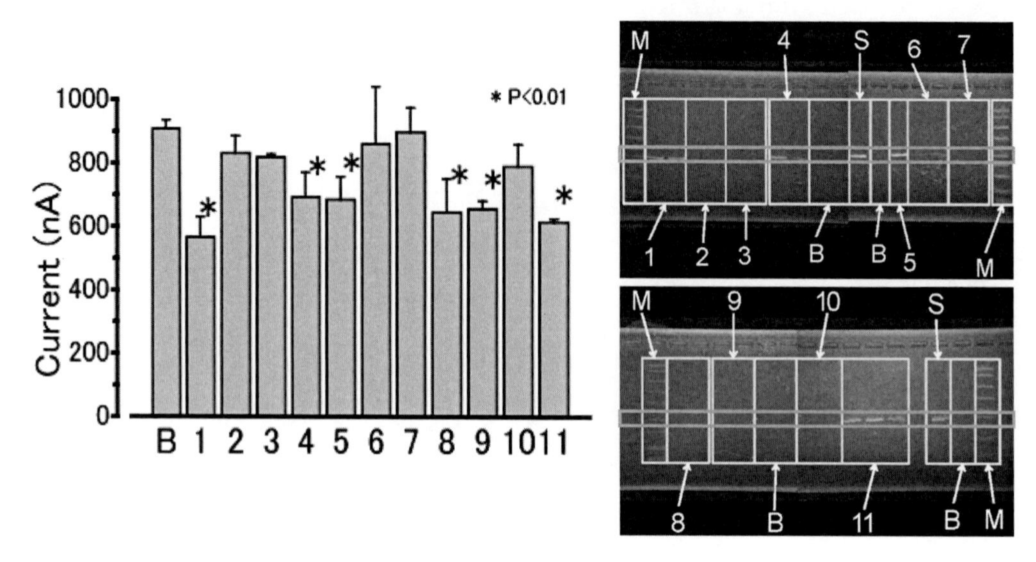

図４　遺伝子センサーによるブタ遺伝子の検出

B：陰性対照，M：分子量マーカー，S：豚血液由来標準 DNA，1：豚肉，2：牛肉，3：鶏肉，4：豚ロースハム，5：ウィンナーソーセージ，6：肉団子，7：魚肉ソーセージ，8：カップヌードル，9：カップヌードルの具，10：豚骨スープ（PCR 30 cycle），11：豚骨スープ（PCR 40 cycle）

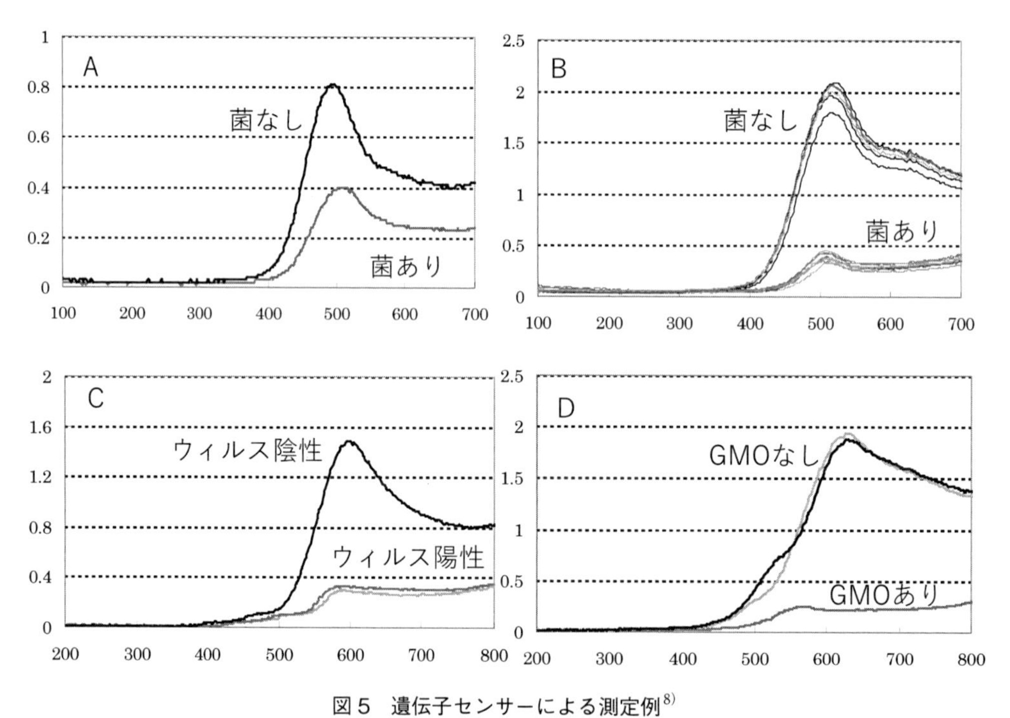

図５　遺伝子センサーによる測定例[8)]

A：サルモネラ菌，B：大腸菌（O157），C：B 型肝炎ウィルス，D：遺伝子組換え（GMO）トウモロコシ

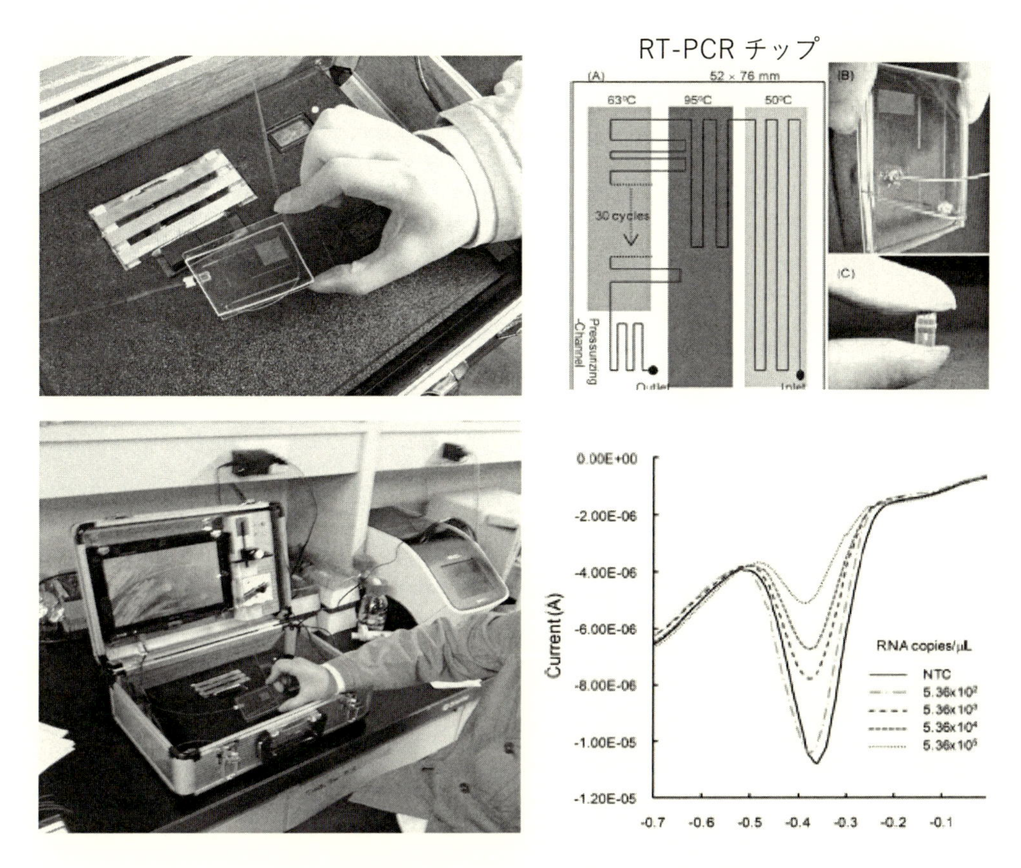

図6　携帯型迅速インフルエンザウィルス検出装置

PCR後数分で豚の混入検出が可能であることが示された。

その他にも病原性微生物であるサルモネラ菌，病原性大腸菌（O-157）から抽出したDNAをテンプレートとしてPCRを行ったところ，陰性対照に比べ明らかに電流値は減少した（図5 A, B)。また，B型肝炎患者の血液と健常人の血液をB型肝炎ウィルスのプライマーを用いたRT-PCRで比較したとき，健常人に比べて患者由来のサンプルでは電流値が顕著に小さかった[8)]。前項で記したようにインフルエンザウィルスの検出も可能であった（図3）[6)]。この遺伝子センサーとマイクロ流路を使用したRT-PCRチップを組み合わせて携帯型の迅速ウィルス検出装置が作成されている（図6）[9)]。

また，遺伝子組換えトウモロコシについても組み替えていないトウモロコシと比較して電流値は顕著に抑制されており（図5），遺伝子組み換え作物混入の検出に利用可能と考えられる[8)]。

4 その他の測定方法

今回使用したポータブル電気化学測定装置（BDTminiSTAT100）と印刷電極を用いたシステムは遺伝子センサーとしてだけではなく，生菌数センサーとしての使用や重金属や残留農薬等の定量，検出も可能である。

衛生指標である生菌数は通常培養法により測定されるが，培養に1日以上かかるため，迅速な測定法が求められている。好気性菌のように酸素を要求する細菌の数であるため，培養液中で酸素を消費する。溶存酸素の還元ピークは電気化学的に容易に測定できるため，これを指標とすれば，生菌数が多ければ多いほど酸素ピークは減少する（図7左上）。牛乳を用いて菌数をいろいろ変えて酸素ピークを測定したところ，10^2～10^{11} CFU/mL の間でほぼ直線的にピーク電流値の大きさの変化を検出することができた（図7左下）。これを用いて日本とインドで販売されてい

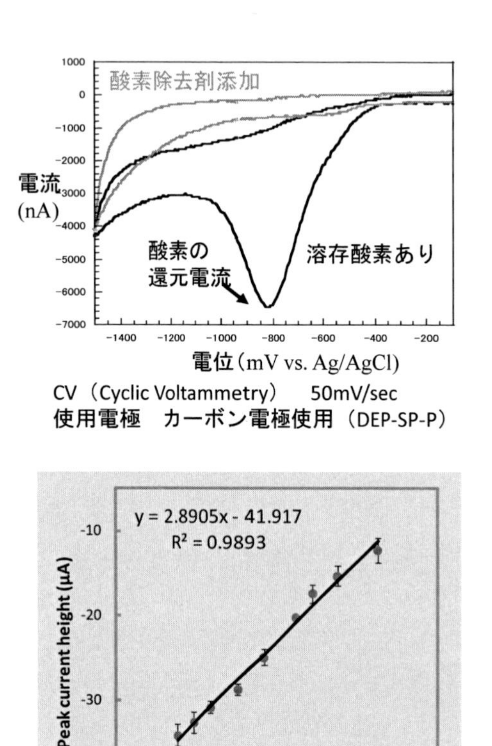

No.	Pasteurized Packed Milk Sample	Peak Current, μA (mean ± SD)	TVC (log_{10} cfu/mL)
Packed milk from Nomi city, Ishikawa, Japan			
1	Nomi-A-0621	-14.67 ± 0.8	2.80
2	Nomi-B-0621	-15.46 ± 0.9	2.02
3	Nomi-C-0621	-13.85 ± 0.9	3.50
4	Nomi-D-0621	-15.74 ± 0.8	1.70
5	Nomi-E-0621	-13.37 ± 0.3	3.80
6	Nomi-F-0621	-14.86 ± 0.3	2.67
Packed milk from Jaipur city, India			
7	Jai-A1-0620	-11.07 ± 0.3	5.10
8	Jai-A2-0630	-10.01 ± 0.2	5.50
9	Jai-A3-0710	-12.33 ± 0.8	4.50
10	Jai-B1-0710	-11.8 ± 0.5	4.70
11	Jai-C1-0620	-11.13 ± 0.3	5.00
12	Jai-C2-0630	-7.32 ± 0.5	7.10
13	Jai-C3-0710	-14.57 ± 0.1	2.90
14	Jai-C4-0802	-11.69 ± 0.5	4.80
15	Jai-D1-0620	-11.04 ± 0.6	5.10
16	Jai-D2-0802	-9.65 ± 0.7	5.80
17	Jai-D3-0812	-8.64 ± 0.2	6.30
18	Jai-E1-0620	-11.35 ± 1.1	4.90
19	Jai-E2-0630	-9.82 ± 0.8	5.70
20	Jai-F1-0620	-10.36 ± 0.7	5.50
21	Jai-G1-0620	-10.96 ± 0.3	5.20
22	Jai-G2-0630	-9.43 ± 0.5	5.90
23	Jai-G3-0812	-12.61 ± 0.7	4.30
24	Jai-J1-0630	-11.65 ± 0.3	4.80
Raw milk (after boiling) from Jaipur city, India			
25	Jai-H1-0802	-10.32 ± 0.6	5.50
26	Jai-I1-0620	-8.94 ± 0.2	6.20
27	Jai-I2-0630	-9.14 ± 0.5	6.10
28	Jai-I3-0710	-11.25 ± 1.1	5.00
29	Jai-I4-0812	-11.82 ± 0.6	4.70

図7 生菌数センサー[10)]

左上：酸素の還元電流例，左下：牛乳中の生菌数に対するピーク電流値（検量線）

右表：日本とインドのスーパーマーケットで購入した牛乳の測定結果。中央のカラムはピーク電流値，右は検量線から生菌数に換算したもの

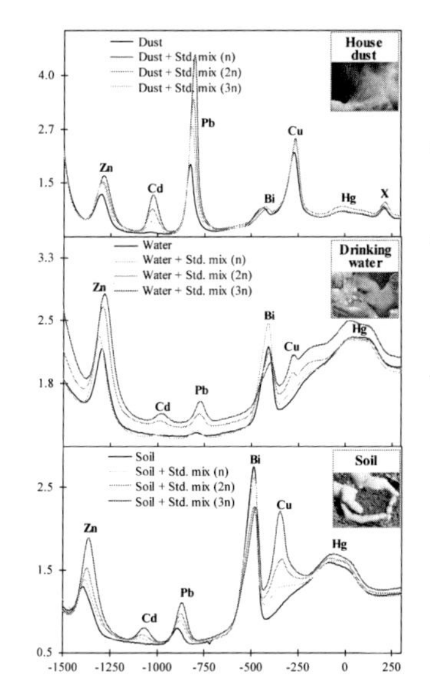

Table 1. Detectable efficiency and the found values of heavy metals in environmental samples using the DEP-On-Go system against quality guidelines from several environmental protection organizations.

	Limit of Detection	Drinking Water		Air Dust		Soil	
		PEL [a]	Sample [d]	PEL [b]	Sample [e]	PEL [c]	Sample [f]
	(μg·L^{-1})	(μg·L^{-1})		(μg·m^{-3})	(μg·g^{-1})	(μg·g^{-1})	
Cd	2.6	3	1.73	5	0.22	85	0.016
Pb	4.0	10	6.5	50	27.4	420	0.24
As	5.0	10	2.3	10	0.034	75	0.025
Hg	1.5	6	4.1 *	25	27.2 *	840	0.045 *
Cu	15.5	2000	14.7	1000	8.14	4300	0.175
Zn	14.4	3000	1240	10,000	75.6	7500	1.4

[a] WHO (World Health Organization) [25]; [b] OSHA (Occupational Safety and Health Administration of United States, Department of Labor) [26]; [c] US-EPA (United States Environmental Protection Agency) [27]; [d] Drinking groundwater sample from central Jaipur city, India; [e] Room dust from an educational campus in central Jaipur city, India; [f] Soil from a garden area in Nomi city, Japan; * combined values of mercury with iron. PEL: Permissible Exposure Limit.

図８　重金属センサーを用いたフィールドテストと実サンプル測定結果[11)]
左：上から家の中の埃，地下水（飲料水），土について標準添加法で測定した結果の例。カーボン電極を使用。亜鉛，カドミウム，鉛，銅，水銀のピークを同時に測定できる。
右：地下水（飲料水），埃，土の安全基準値と測定結果の表。

たパック牛乳中の生菌数を測定したところ，日本では食品衛生法で定められている50,000 CFU/mLを大きく下回ったが，牛乳を必ず煮沸して飲むというインドでは上回っており1,000,000 CFU/mLを超えるものも認められた（図7右表）[10)]。

BDTminiSTATと印刷電極（カーボン電極または金電極）を組み合わせて，複数の重金属の同時測定が可能であった[11)]。Biを含む酢酸緩衝液とサンプルを1：1で混合し，DPVで測定するとカーボン電極では亜鉛（Zn），カドミウム（Cd），鉛（Pb），銅（Cu），水銀（Hg）のピークが観測された。ただし，カーボン電極でHgに相当する位置には鉄も含まれている可能性がある。金電極を使用し，同様にDPVで測定すると砒素（As）とHgのピークを観測することができる。図8左に埃，飲料水，土をサンプルとした測定例を示した。この例ではカーボン電極を使用しており，標準添加法によってサンプル中の各重金属濃度を測定した（図8右Table 1）。今回の測定では基準値を超える重金属は検出されていない[11)]。

農作物の残留農薬も健康被害をもたらすことがある。農薬のうち，殺虫効果を示す有機リン系やカルバメート系のものはアセチルコリンエステラーゼ（AChE）活性を阻害する。これを利用してこれらの農薬を検出することができる。基質としてアセチルチオコリンを使用するとAChEはこれをチオコリンと酢酸に分解する。チオコリンは電気化学活性を示すため，AChE活性がある場合，基質添加後時間とともにcyclic voltammetryで電流値が増加する。もしサンプル中に農薬が残留している場合，AChE活性が阻害されチオコリンは生成せず，電流値の増加は認めら

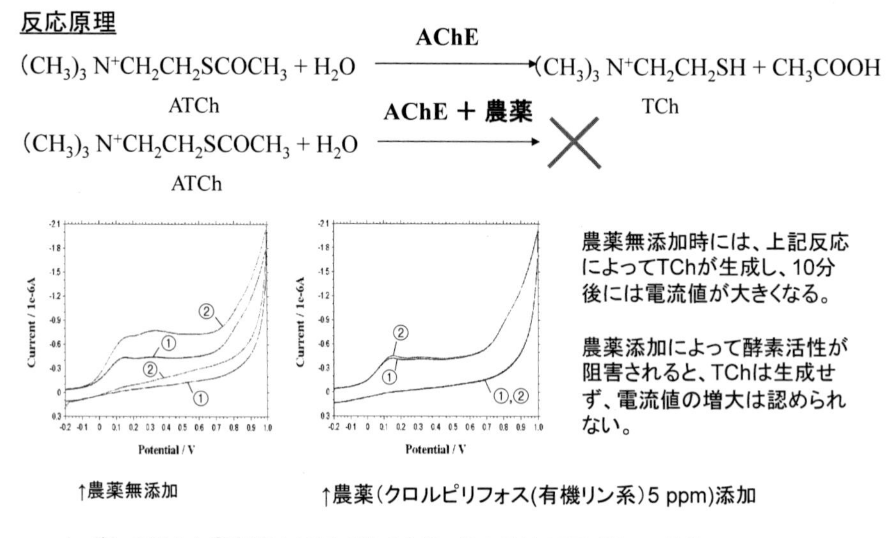

図９　アセチルコリンエステラーゼ阻害反応を利用した残留農薬検出（電極法）

れない（図９)。今回測定した有機リン系農薬やカルバメート系農薬は基質添加10分でその存在を検出することができた。

5　おわりに

ポータブル電気化学測定装置を用いた遺伝子センサーやその他の応用による非ハラール測定の事例について紹介した。遺伝子増幅方法も各種開発されており，時間の短縮や装置の小型化が進んでいる。今回紹介したポータブル電気化学測定装置と組み合わせ，遺伝子増幅の有無は増幅操作後2，3分で判定することができる。標準DNAにより検量線を作成できる場合，定量も可能である。また，増幅を阻害しないバインダー分子を利用することでリアルタイムに増幅をモニタリングすることも可能である。遺伝子センサーとしてだけでなく，病原性微生物や重金属，残留農薬など様々な対象の測定を共通のシステムで実施でき，食品・農業分野のみならず，環境分野の安心安全，臨床診断・ヘルスケアへの幅広い応用が可能となる（図10）[8]。

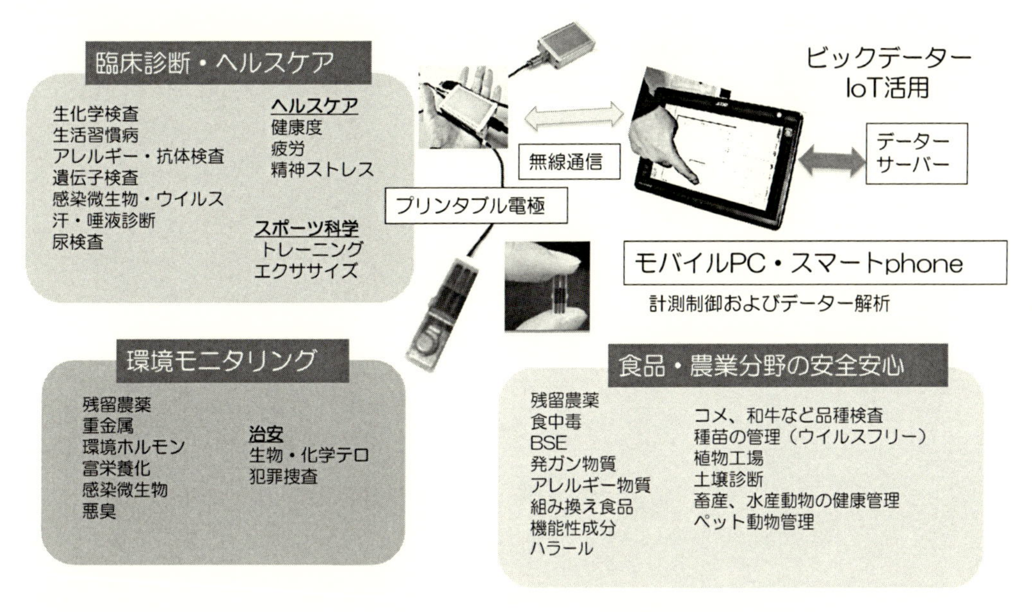

図10　モバイルバイオセンサーとその応用分野[8]

文　献

1) 田中章雄，拡大するハラル市場と現状，ハラル食専門セミナー（仙台），ブランド総合研究所 (2014)
2) K. Ahmad，ハラル・コンセプトの原理，Halal Industry Development Corporation (2010)
3) 特許公報，特許第3511596号明細 (2004)
4) M. Kobayashi *et al.*, *Electrochemistry Communications*, **6**, 337 (2004)
5) K. Yamanaka *et al.*, *Electroanalysis*, **26**, 2686 (2014)
6) N. Nagatani *et al.*, *Analyst*, **136**, 5143 (2011)
7) M. U. Ahmed *et al.*, *Analyst*, **138**, 907 (2013)
8) 民谷栄一，IoTを指向するバイオセンシング・デバイス技術，29，シーエムシー出版 (2016)
9) K. Yamanaka *et al.*, *Analyst*, **136**, 2064 (2011)
10) M. Biyani *et al.*, *Anal. Methods*, **10**, 1585 (2018)
11) M. Biyani *et al.*, *Sensors*, **17**, 45 (2017)

ハラール産業の将来展望 編

第13章　ハラール食品開発

二宮伸介*

1　はじめに

2002年よりインドネシアのハラール食品（インスタントラーメン，調味料，チリソース等）の輸入販売を開始し，日本国内在住のインドネシア人を中心に外国人ムスリムに販売を開始した。当時は新大久保に2店舗，他全国に数店舗のハラールショップしかない時代で，毎週日曜日に上野公園西郷像前の広場に関東近県のインドネシア人が1,000人以上集まり，大使館ローカルスタッフや奥さん達が料理を作り，ハンドキャリーで持ち込んだインドネシア食品，国際通話カードなどの販売，また旅行代理店がエアチケットの案内などしており，毎週リトルインドネシアを作っていた。当社も毎週日曜に大量のインドネシア食品を配達し，大使館のローカルスタッフ達に販売を委託していた。ハラールに関しては，ここで多くのインドネシアムスリムから聞き，日本国内で我々が普通に食している食品が食べられない事実を知り，国内でのハラール食品の開発を決意した。当時国内でハラール加工最終製品を製造している会社は無く，原材料（穀物など）を輸出する為のハラール認証を行っているだけだった。当社は国内で初のハラール加工食品に挑む事となった。まず何を作るかで悩んだ。日本の和食ハラール食品なのか，東南アジア系のハラール食品なのか，中東向けの食品なのか，色々と考えがあったが，各国のムスリムが同じ様に食べられる食品は？と考え「パン（ブレッド）」の製造を検討した。また，パンは日本人であろうが中国人，欧米人，東南アジア人，中東人であれ，どこの国でも普通に存在し，普通に食されている食品である。まずはユニバーサルな食品でないとムスリムだけでなく幅広く販売出来ないと考えた。また上野公園でのインドネシア人の声も日本製のパンはショートニング（豚由来）の使用が多く食べられないとの意見もあった。ハラール製品はムスリム専用の食品ではなく，どなたが食べてもよい食品である。またハラールと言う言葉は必ずタイエブ（Tayeb）と言う言葉が連なっている。タイエブは「良い」と言う意味と「清潔・清浄・衛生的・健康的・環境保全の上での良い」と言う意味なので，当然人類すべてが食するに値する食品である。

2004年にジャカルタでインドネシア・ウラマー評議会（Majelis Ulama Indonesia：MUI）のハラール講習に2日間参加した。これはこれからインドネシアでハラール認証を取得したい企業が参加する講習で，ハラールの詳細，認証の手続きについての勉強会である。参加者約200名，外国人は私しか居ない様子だった（写真1）。

---

*　Nobusuke Ninomiya　㈱二宮　代表取締役社長

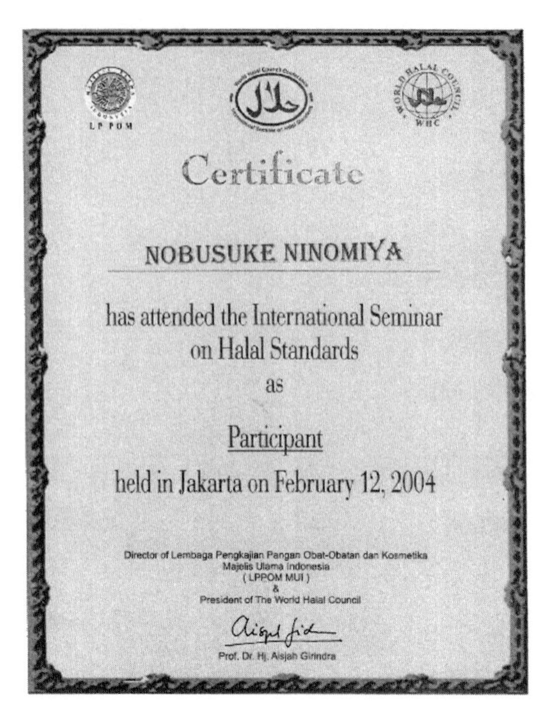

LP POM

WHC

Certificate

NOBUSUKE NINOMIYA

has attended the International Seminar
on Halal Standards
as

Participant

held in Jakarta on February 12, 2004

Director of Lembaga Pengkajian Pangan Obat-Obatan dan Kosmetika
Majelis Ulama Indonesia
(LPPOM MUI)
&
President of The World Halal Council

Prof. Dr. Hj. Aisjah Girindra

写真1　MUI研修証明書

2　パンの製造

帰国後パン原材料探しが始まり，当時の日本にはハラール原材料がほとんど無く，材料集めに苦労した。小麦粉，イースト，改良剤，ショートニング，バター，砂糖，塩など合計で約20種類の原材料を何とか集めた。

製造にあたり本来はムスリムパン職人を雇うべきだが，国内では居らず，日本人パン職人を雇った。営業兼ドライバーのインドネシアムスリム社員を採用し，「ハラール委員会」を設置。彼を委員長として，月に1度のハラール委員会では，原材料の搬入・保管，製造器具，ハラール製品以外のコンタミなどのチェック，毎回のクルアーンの解説，イスラームのイベントの参加（断食，犠牲祭）など行い，ハラール性の担保を行ってきた。

資金不足の為，中古機械の購入～イスラーム洗浄などを経て国内で初のパンでのハラール最終製品製造で宗教法人日本ムスリム協会（拓殖大学イスラーム研究所）の認証取得した。

パンの種類に関しては，食パン，バンズ，ホットドッグ，ナン，ピタパンなどを中心に開発（写真2）。

やはり一番多い注文は「食パン」となっている。食パンは世界共通のパンで広く需要がある。次にナンはインドレストランが国内でも多く存在し，よく食べられている。その他ピタパン，バンズなどの製造を始めた。当初これらのパンはハラールショップ，マスジド（モスク）に中心に

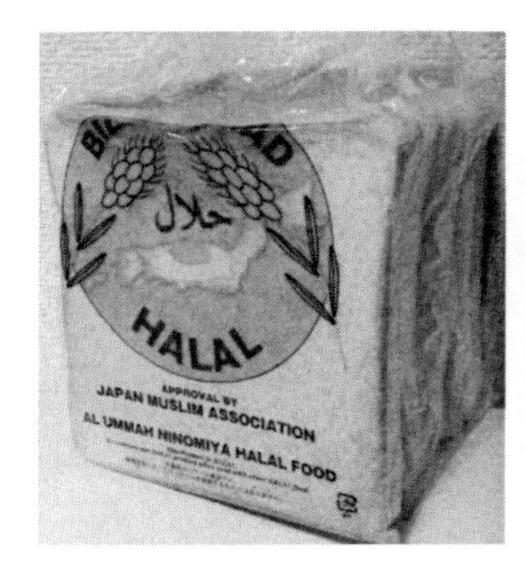

写真2-1　食パン

写真2-2　ナン（5枚入り）

写真2-3　バンズ（6個入）

販売していた。

モスクに週2回配達又は宅急便にて送付をし，段ボール内には値札付けのパンを置き，貯金箱に自主的にお金を入れて貰う方式で販売した。販売数量はかなり多かったが，納品金額と集金額に大きな差が生じその方式は中止した。また，一部モスクでは毎週金曜礼拝時にパンの移動販売を行い，短時間で多くの数量を販売していた。

現在はモスク内での販売は殆どなく，モスク近隣のハラールショップ，ホテル，食堂，病院向けの販売となっている。

3　冷凍カレーの製造（写真3）

こちらはインドネシアでどこでもあるメニューのスマトラのパダン料理のビーフココナッツ煮込み風のルンダンカレー（Rendang Curry）とジャワ地方のスープカレー風のグライアヤム（Glai Ayam）の2種類を製造し，対象マーケットは国内在住のインドネシア研修生，マレーシア学生，及び企業・団体の食堂向けに製造した。

当時（現在でも）日本ではあまり知られていない料理だったが，インドネシア，マレーシアでは知らない人は居ない美味しい料理である。

当社は毎月インドネシアから数コンテナを輸入しており，現在約300アイテムのインスタントラーメン，調味料，ソースなどのハラール食品を輸入している。ハラール食品の製造は基本ハラール原材料を使用するのが原則なので，自社輸入品の素材を使用しインドネシアやマレーシア系の冷凍カレーの製造に挑んだ。また，2007年よりハラールミート（写真4）の取り扱いを開始し，チキン，ビーフ，ラム，マトンなど約50アイテムの肉製品を加工しており，ほぼ全原材料は自社で調達できる状況でいた。パンと違い原材料調達に苦労はなかった。

当社社員のムスリムインドネシアシェフが現地の味を再現しているが，現在はこちらのカレーは残念ながら日本在住のムスリムにはあまり販売出来ず，ホテル，レストラン，食堂向けの販売がメインとなっている。「カレー」と言うメニューは日本国内は元より海外でもその国によって

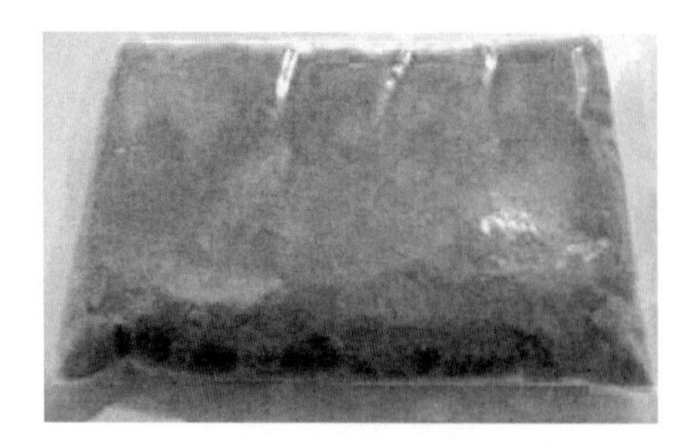

写真 3-1　冷凍ビーフカレー

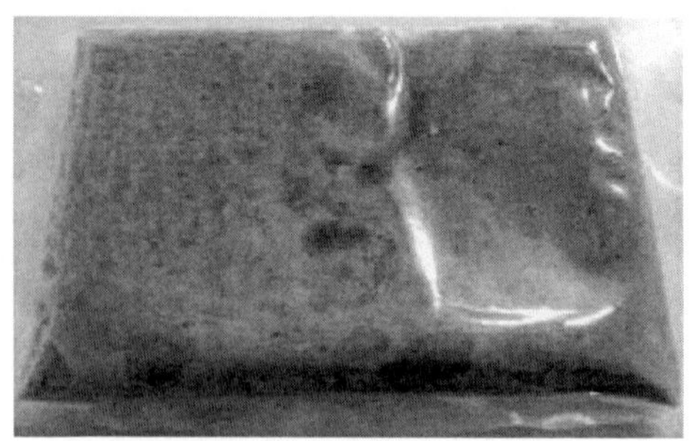

写真 3-2　冷凍チキンカレー

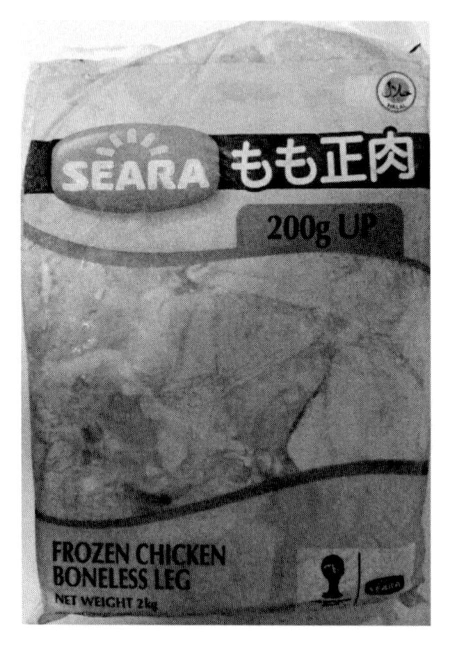

写真 4-1　Seara チキンもも

写真 4-2　アウトサイド

色々なカレーメニューがあるが,「カレー」と言う言葉は世界共通でよく知られている為，裾野が広いと思う。

現在の販売先は個人向けハラールショップとレストランはほとんどない。その理由は当社が輸入して使用している調味料やシーズニングを使って手軽に調理ができ，個人によって組合せや辛さの違いがあり，冷凍カレーを温めて食べるのとあまり変わらず調理が出来るからである。現在でもインドネシアの小売店にはあまりレトルトのカレーの販売は見かけない。こちらの主な販売先は業務用としてホテル，食堂向けが殆どとなっている。日本人がこれらの現地の味の「カレー」を調理するには数種類の調味料やハーブ野菜が必要で，これらは専門的で調達は結構面倒である。それなら当社の本格的な現地の味の冷凍カレーを仕入れた方が簡便である理由だと思う。

4　ドレッシング（写真5）

数年前にある大規模な国際会議が東北地方であり，某ホテルにて開催されたが，トルコの団体が朝食にホテルのブッフェに来たものの，中々食べられるメニューがなく最後にサラダコーナーで「ドレッシングはハラールですか」と聞いたところ「違う」と言われると何も食べずに朝食会場を後にし，その後朝食をホテルで食べなかったという。この話をホテルより聞き，ハラールのドレッシングの製造をはじめた。

種類は「フレンチドレッシング」と「和風ドレッシング」の2種類となっている。フレンチドレッシングは世界各地で特に，朝食ブッフェにはある為，まずはユニバーサルなメニューの製造，併せて醤油ベースの和風の2種類を設定した。その後機内食としてノンオイルタイプのドレッシングの要望があり製造している。

日本ではスーパーに様々なドレッシングがありどれもおいしい。ただ海外ではそれ程ドレッシング文化がまだ無いように思う。また，東南アジアでは生野菜をサラダとして食べる食文化もあまりなく，高級ホテルの朝のブッフェに出るくらいであまり現地のレストランでサラダにお目にかかった事はない。こちらの製品も国内在住ムスリム向けと言うよりは，インバウンド向けのホ

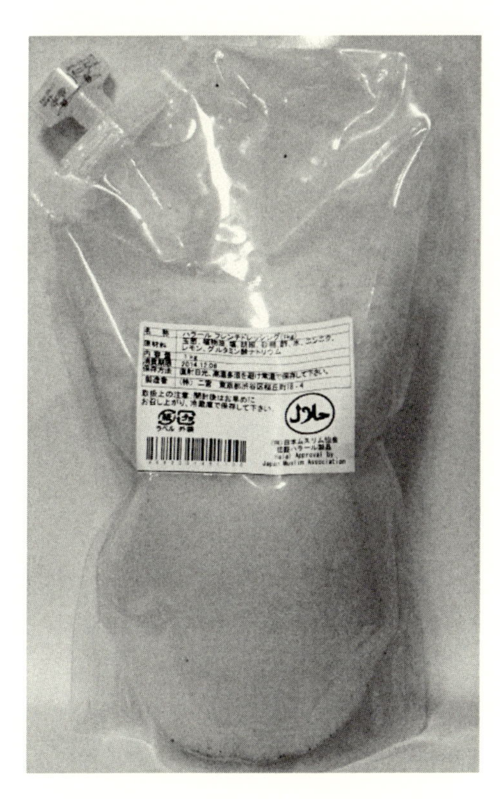

写真5-1　フレンチドレッシング

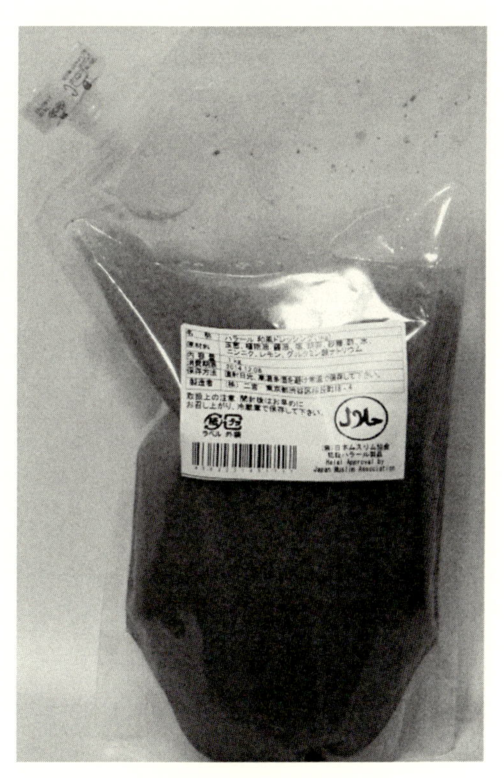

写真5-2　和風ドレッシング

テル，レストラン，機内食向けの製品である。

原材料の調達はそれ程難しくなく，当社が輸入しているハラール調味料，ヒマワリオイル，野菜と果物，一部国内他社メーカーのハラール製品を使用し製造している。

5 ピッツァの開発（写真6）

現在インドネシア，マレーシアなどへ行ってもPIZZA HUTなどのファーストフード店は大人気で，特にここ数年若者を中心にピッツァは大人気である。また，このところジャカルタではチーズブームで富裕層が増えたのと同時に食の西洋化が進んでいる。パスタ，パスタソースなど数年前ではスーパーに無かった商品が現在はかなり並んでいる。それによりチーズ系のメニューはファーストフード店でも人気となっている。

原材料はピッツァに必要なハラールチーズが国内には無く，チーズを凝固させるには「レンネット」と言う子牛の胃の成分である凝乳酵素を抽出して牛乳を固める方法があるが，これ以外に植物由来のレンネットがある。当初国内にはハラールレンネットを使用しているチーズが無く，海外の食品展示会などに探していたが，輸入となると数量などが中々厳しく断念していた。数年後国内メーカーがハラール認証を取得しピッツァの開発が出来るようになった。

原材料はそれ程難しくなく，ピッツァ生地はパン製造を行っている為それを応用，ピッツァソースはトマトケチャップは新たにインドネシアより輸入，チリソース，お酢，オリーブオイル，香辛料，チキンソーセージなどは既に販売用として取扱いがあった。また既に認証を取得していた自社製造の照焼チキンもピッツァの具材として使用した。これらのピッツァは大手企業内のレ

写真 6-1　チキンソーセージピザ

写真 6-2　チキン照り焼きピザ

ストラン，大学食堂，ホテルなどに発注頂いている。

6　チキンカツ（写真7）

こちらは某ムスリムフレンドリーレストランのメニューで使用するために開発した商品である。主にチキンカツ丼向けのメニューとして使用して頂いている。その他，ホテルのメニューやムスリムお弁当会社のサンドイッチの具材などとしても使用して頂いている。

カツレツは東南アジアではあまりポピュラーなメニューではないが，日本のカツ丼や洋食として提供すると喜ばれるメニューで主にインバウンドの旅行者向けのメニューとして人気がある。原材料は当初はハラール鶏もも正肉を一定重量に手作業でカットしていたが，数量が増えた為，数年前よりタイのハラール工場でカットしたチキンを輸入している。パン粉に関しては国内パン粉製品の原材料をチェックした結果使用せず，インドネシアよりハラールパン粉を輸入し使用している。こちらのパン粉は10 kgの業務用として輸入しているが，当社で1 kgに詰替えて多く販売している。

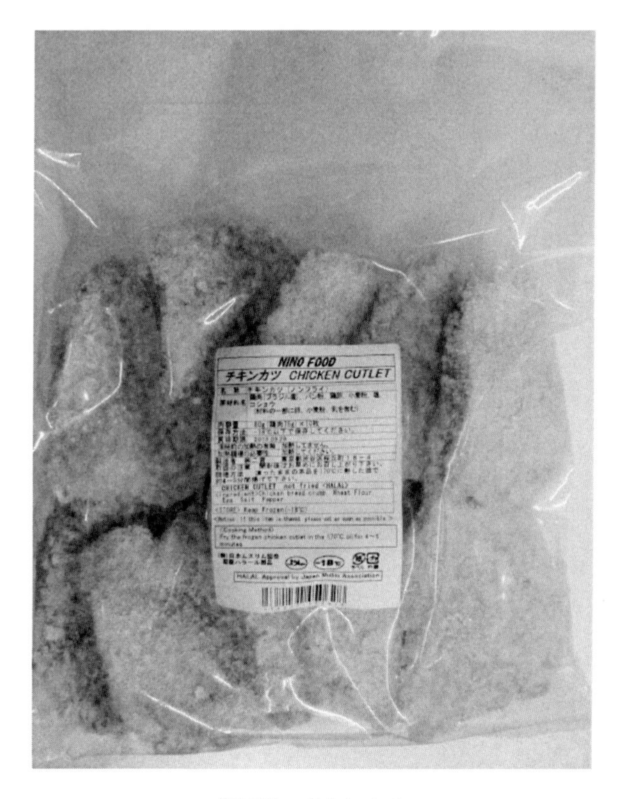

写真7　チキンカツ

7　ハラールメニュー開発のポイント

以上「パン製品」,「カレー製品」,「ドレッシング」,「ピッツァ」,「チキンカツ」を紹介した。現在当社はメニューとしては約100種類のハラール製品の認証を得ているが，その開発に関しては日頃よりムスリムとのコミュニケーションをとても大切にしている。当社のムスリム社員は，4名の正社員と1名のパートが居り，彼らを通じて，または直接色々な所に出向き話を聞いて開発のヒントを得ている。その結果が約100種類のメニューの開発に繋がったと考えている。もちろんこの中にはカタログに載せてない特別メニューやあまり発注がないメニューもある。当社はハラール製品と言っても食事のメニューが主体であり，原材料の製造はない。原材料は国内に無ければ自社で輸入調達している。

国内では和食調味料のメーカーがインバウンド向け，イスラーム圏への輸出など目的にハラール認証を取得している。認証取得にはかなりの労力と時間，費用もかかる。よく言われているのは事前のマーケティングが大切ということだが，1種類の製品や同じカテゴリーの製品だけでは中々思うように販売できない。この製品と他の他社製品を併せて何かを作る，その背景にはムスリムが困っている，食べてみたいと思っている等を把握するのが重要である。それには1社だけでは中々難しく，各企業が連携を行わないと売れる製品（メニュー）が出来上がらない。

下記幾つか製品開発のポイントを挙げてみる。

〈販売マーケットは国内，輸出か〉

⑴輸出の場合，現地製造の方がコスト安の事が多々ある。

ムスリム国への輸出で既に現地での要請があるのであれば認証取得は必須だが，これから認証を取得して売り込むとなるとやはりハードルが高いと思われる。また，輸出に関しては相手国の輸入枠やレギュレーションなどの諸問題をよく聞く。

⑵国内向けの場合

対象は国内在住ムスリム向け，インバウンド向けか。

①　国内在住ムスリム向け小売り製品

ユニバーサルな製品でデイリー製品でないと難しいと思われる。この場合も下記が問題となる。

(A)　規格・容量→販売価格，発注単位――ホテル，食堂など中々ケース単位では購入しない事を前提にこれらを検討。

(B)　小売用も容量が大きい物は中々売れない傾向がある。

(C)　味は外国人向けに調整するか。

(D)　製品ラインアップ

(E)　日本在住の外国人モニタリングはあてにならない。

アルバイト学生などは本音は言わずよっぽどでないといつも美味しいと言う。これらを十分検討しないと実際認証取得しただけでは思うような販売は難しいと思われる。

② 土産用

中国人同様，東南アジアの方もお土産の購入は大好きである。現在お土産に関しては厳密にハラールかどうかあまり気にせず，原材料を自分達でチェックし購入しているケースが多いと思われる。それは逆にハラール若しくはノンポーク（NO動物性）のお土産製品が少ないため，自己責任で購入しているからである。現在人気のスイーツ（和菓子だけでなくて洋菓子も）のハラール対応が進めばもっと多くのムスリムが購入する事は間違いないと思われる。

③ インバウンド向け，外食向け

東南アジアの方にとって，寿司，天ぷら，懐石料理などはもちろん大事だが，日本人が日頃食べ慣れている人気のB級グルメ，C級グルメ（ラーメン，そば，うどん，天丼，親子丼，たこ焼き，お好み焼き，焼き鳥，タイ焼き，甘い団子やお餅，アイスクリーム，ケーキ，和菓子等々）も是非食べたいメニューである。これらの対応が一番必要だと思う。ハラール対応にあたっては多少難しい事もあるが，ほぼ対応可能だと思う。

ハラール以外のメニュー，厨房管理，原材料管理など対応する事は多くあると思うが，一番の課題はお店としてどの様にハラールを対応しているか正直にアナウンスする事である。それによりムスリムのお客様自身が考えてこのレストランで食べるか判断してもらう。

8　おわりに

上記色々と述べたが，原材料メーカー，最終製品メーカー，ホテル，レストラン，店舗など総合的に連携していく事が大切になる。それにより各メーカーのハラール製品が製造・販売出来る事につながる。

逆に負の連鎖で，1つの材料が無くなるとそれを使用している製品・メニューが出来なくなる事もあり，特にハラール原材料はまだ国内では多くの種類があるとは言えず，代替品が無いケースが多い。例えばマヨネーズは，当社はインドネシアから長年現地で有名なブランドを輸入していた。元々インドネシアではマヨネーズ文化はそれ程なく，国内在住ムスリムにはあまり売れず，販売先はホテル，レストランのみで数量も伸びず，最低輸入数量をこなすので精一杯だった。数年前よりキユーピーがマレーシア製造のハラールマヨネーズを逆輸入していたが，こちらも販売が順調ではないようだった。そこで当社はインドネシアからの輸入を止め，キユーピーマヨネーズを販売する事とした。全体である程度数量が確保できれば負の連鎖は無くなると考えた。

まだまだ国内（インバウンド向け）のマーケットは小さいが，オリンピック・パラリンピック，大阪万博，観光立国を目指している日本は徐々にではあるが，ムスリム対応が広がってきている。必要な製品，メニューを十分検討し，連携してハラール製品の開発を行う事が大切だと考える。

第 14 章　管理栄養士のハラール対応

大谷幸子[*1]，笠岡誠一[*2]

1　はじめに

訪日観光客は増加し続けている。また日本に居留する外国人も増加している。彼らが病気や事故のときには当然ながら病院に行き，場合によっては入院することになる。病院内で献立を作り食事を提供するのが管理栄養士である。その臨床現場でのハラール対応の実際を紹介し今後について考察する。

2　臨床での実践例
～管理栄養士がかかわるムスリム患者食のマネジメント（大谷幸子）

筆者が前任のキリスト教病院では，『全ての人に愛の心をもって奉仕すること』を基本方針としており，イスラーム教徒（ムスリム）を含む全ての患者が安心して喫食できる食事提供を目指している。2012 年の病院新築時にはハラール認証取得の専用キッチンを設置した。ハラール認証は，ムスリムにとって「安心・安全な食事の象徴」であり，正しい行為の保証となるものである。認証は，マレーシア基準[1)]による認証団体より取得して以降，毎年更新している。筆者は管理栄養士としてハラール専用キッチンの立ち上げから，日々のムスリム患者の栄養・食事管理の運営に携わってきた経験から，病院におけるハラール食提供の実際について述べる。

インフラ面では，一般の患者食厨房の中にわずか 10 m^2 足らずではあるが，専用の独立したキッチンを設けている（図 1）。認証基準では，調理・加工の全工程において，不浄とされているナジスと分離されていなければならない。従って，食材納入から保管，下処理を経て調理・盛り付け，配膳，下膳および食器洗浄等の全プロセスにおいて，ノンハラールと交差しないインフラ整備が求められる。各作業エリアは専用室であることが望まれるが，不可能ならば一般厨房の一部を専用として利用できる。当院でも，調理室以外は厨房エリアの一部を専用で使用している。このように同じ建屋内の厨房では，特に交差を防止する細心の注意が必要となる。従って，食器および調理器具も全て専用とし，ハラールの象徴カラーとされる緑色を多用している。専用コーナーでも至る所に目立つ緑のステッカーを貼付することが推奨され実施しているが（写真 1），実際の作業中にはリスク対策面で大きな効果を発揮している。

＊1　Sachiko Otani　大阪樟蔭女子大学　健康栄養学部　健康栄養学科　教授
＊2　Seiichi Kasaoka　文教大学　健康栄養学部　管理栄養学科　教授

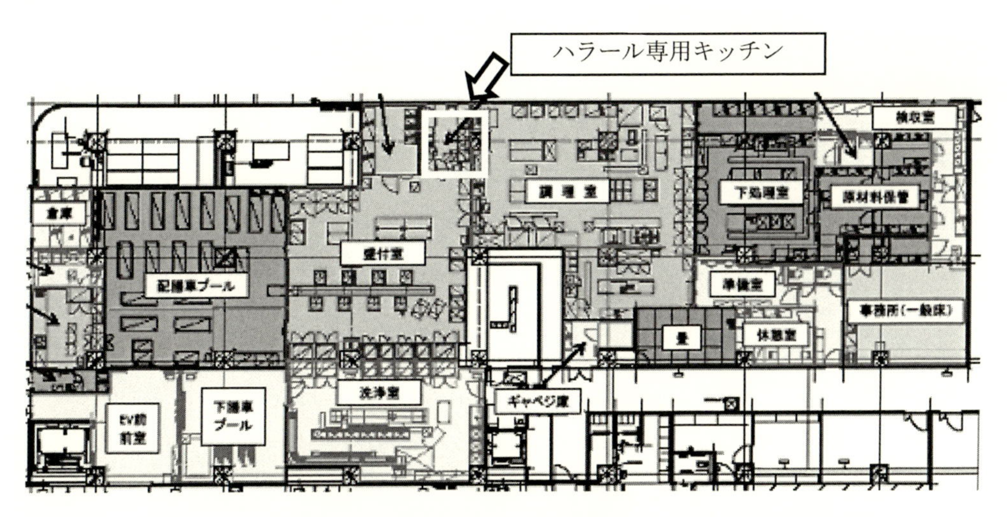

図1　厨房内のハラール専用キッチン

写真1　厨房内のハラール専用キッチン

業務体制としては，給食部門内に“ハラール管理者トレーニング”を修得した者を複数名以上就労させる必要がある。調理担当者は，特別な資格取得や専任である義務付けはないが，当然ながらハラールの専門知識を有することが業務遂行上必須のこととなる。当院では，専門的な知識習得の機会として毎年，認定審査の更新時に研修会を実施している[2)]。この研修会は院内全体の職員を対象としており，全病院的にハラール認識度を高めている。ハラール食のオーダが入ったならば，当日勤務する調理師から担当者をあてる。調理師は専任ではないが，同時にハラール食と一般の食事とを扱ってはならない。このため，ハラール食の調理が完了した後に一般の調理業務を担当する体制をとっている。基本的に一食目は予約制とすることで，計画的な調理体制が可能となる。同様に，食器洗浄業務においても同時進行は不可となる。

食材で用いてもよいものは“シャリーア法”で定められており，例えば代表例としてカギ爪や鋭い牙などで獲物をとる鳥獣類，害虫や毒性を持つ動物，イスラーム教徒の作法に従って屠畜されていない食肉およびアルコールを含むものなどが禁じられている（図2）。日常，特に注意を要するものは肉類と調味料および加工品で，当院ではハラール認証マークのある精肉と調味料およびパンやオイルなどを利用している。魚介類，乳製品，穀類，果物，野菜，芋類などは基本的にハラール食品なので，国内で通常に流通しているもので問題はない。献立は1週間サイクルとし，やわらかさの程度や分量，栄養成分の制限がある場合には個別に対応している。ある日のハラール食献立としては，パン・エビチリ・レンズ豆のパテ・春雨サラダ・季節のフルーツ・紅茶などとなる（写真2）。

以上，病院におけるムスリム患者の食事マネジメントの概要を述べたが，今後の展望としては，“世界の和食”をハラールで提供したい。もともと，和食は魚や植物性の食材を多用するのでハラールに馴染みやすいといわれており，グローバルなメニュー開発が可能である。無論，好みが合わずに患者が食べなければ病院食としての意味を成さず，ムスリム患者の嗜好に合うことを最重視したい。そのために，管理栄養士が積極的なベッドサイドでのコミュニケーションに努め，他の患者と同様に適正な栄養ケアを実施している。例えば，よく似た「アレルゲン除去食と同じように豚肉を除去すればムスリム対応したとは言えない」[3]のであり，信仰への理解が重要であ

【ハラール食品】

- 食肉（羊、牛、鶏などで、イスラム教徒の作法に従って屠畜されたもの）
- 野菜、果物
- 米などの穀類
- 乳製品、卵
- 海産物（一部不可、宗派によって異なる）

【ノンハラール食品】

- 食肉（羊、牛、鶏などで、イスラム教徒の作法に従って屠畜されていないもの）
- アルコールを含んだもの
- 豚及びそれにまつわるもの（豚由来のゼラチンなど）
- カギ爪や鋭い牙を持ち、その牙で獲物を得る動物（トラ、クマなど）
- 害虫、毒性を持つ動物

図2　ハラールとノンハラール食品の例

写真２　ハラール食献立の一例

る。

待ったなしの2020年の東京オリンピック，さらには2025年の大阪万博開催も決定し，現在すでにムスリムの日本訪問者が急増している。病院においてもムスリムをはじめとする多様な食習慣を持つ万国の入院患者に対して，最善の栄養ケアサービスが必要となるであろう。それには，管理栄養士ならではの専門的な視点に立ち，各国の文化や宗教による食事の違いや制約をも許容できる「知識」と「誠意」がカギとなろう。

3　食の教育と今後（笠岡誠一）

3.1　はじめに

医療と信仰を分断しないため知っておくべきことは何か。個々の具体的事例の背景にある宗教観とは何か。問題点と解決策を提言する。

3.2　医療行為と信仰～糖尿病と断食を例に

イスラーム教徒（ムスリム）が行う五行の１つに断食（サウム）がある。イスラーム暦の９番目の月（ラマダン月）の1ヶ月間，夜明けから日没まで飲食を控える。自制心を強くし貧困や飢えに苦しむ人々の苦境を感じる機会になる。罹患者はサウムにどう対応したら良いのだろう。クルアーン第185節では，“・・・されば汝ら，誰でもラマザン月に家におる者は断食せよ。但し丁度そのとき病気か旅行中ならば，いつか別の時にそれだけの日数。アッラーは汝らになるたけ楽なことを要求なさる，無理を求めはなさらない。・・・”とのこと。無理をしなくて良いのだろう，である。

ところが，興味深い論文が発表された。“糖尿病を患っているムスリムはラマダン期間中に特別な医療的配慮が必要である”。糖尿病患者が長時間食事を制限すれば低血糖や脱水症など急性の合併症を起こす危険性がある。また，日没後にまとめて食事をすれば急激な血糖の上昇が起こり膵臓への負担も大きい。これを1ヶ月間続けることは決して体に良いとは言えない。しかし，糖尿病であることは外見で判断できない。かかりつけ医に相談することなくコミュニティとの関わりのなかでサウムを行うのである。

サウムのほかに食事で困ることはないのだろうか。日本で入院した場合を考えてみよう。ヘモグロビン A1c などの血液生化学指標や体重から摂取上限エネルギー値が設定され，炭水化物，たんぱく質，脂質，ビタミン・ミネラルがバランスよく摂取できるような献立いわゆる糖尿病食が提供される。ある特定の食物にアレルギーがあれば献立から除去される。ムスリムにとって食べてよい物（ハラール）だけで献立作成は容易でない。日本のムスリム人口は約13万人，人口比率はわずか0.1%でしかない。

クルアーン第145節では，“・・・わしに啓示されたものの中には，死肉，流れ出た血，豚の肉－これは全くの穢れもの－それにアッラー以外に捧げられた不浄物，これを除いては何を食べても禁忌ということにはなっていない。そればかりか，別に自分で食気を起こしたとか，ただやたらに規則に叛きたくてするのではなしに，やむを得ずの場合には，神様はよくお赦しになる情深いお方だから。”とのこと。入院時はやむを得ない状況であろう。しかし，できることならばハラール食を食べたいと願うものだ。「もし入院してもハラールでない肉は食べないね。それを食べないと死んでしまう状況なら，しかたないけどね」。日本に滞在経験のあるアメリカンムスリムの言葉である。

では自由の国アメリカではどうだろう。アメリカでは糖尿病食などの疾病別メニューは存在しない。ルームサービスシステムを採用している。メニュー表に書かれたサラダ，メインディッシュ，デザートなどから患者自身が自由に選びオフィスに電話する。オフィサーはオーダをコンピューターに入力する。糖尿病患者で“1日1600 kcalまで”といった摂取上限値はコンピューターで共有管理されている。上限を超えたオーダを入力するとアラートが表示される仕組みである。アメリカのムスリム人口は約500万人，人口比率で1.6%とけっして多くはないが，入院中もベジタリアンメニューやハラールミートを自由に注文できる。

3.3 管理栄養士（食の専門家）教育の現状

管理栄養士の資格取得には国家試験を受験する必要がある。その出題基準（ガイドライン）に準拠した教育を管理栄養士養成施設では行っている。ガイドラインには重要な内容がわかりやすく大項目，中項目，小項目に分類されそれぞれにキーワードが記載されている。臨床栄養の領域では，「1. 臨床栄養の概念」から始まり「6. 薬と栄養・食事の相互作用」，「9. 疾患・病態別栄養ケア・マネジメント」など充実しており，「L. 免疫・アレルギー疾患」の小項目には「a. 食物アレルギー」の項目がしっかり記載されている。

ところが，ガイドラインのなかに「宗教」という文言はない。「ムスリムへの対応」に関する問題が過去に出題されたこともない。もちろん，各養成施設では，ガイドラインを超えて時代に沿った教育を行っている。「宗教と食」を扱っている教科書もある。また，「宗教と食」に関連する項目の 1 つに，栄養教育論の「3. 栄養教育マネジメント－A. 健康・食物摂取に影響を及ぼす要因のアセスメント－d. 環境要因（家庭，組織，地域）のアセスメント」がある。イスラームを信仰している地域や国では宗教が環境要因として食事に影響を与えるはずだ。また，公衆栄養学の「2. 健康・栄養問題の現状と課題－F. 諸外国の健康・栄養問題の現状と課題」も関連領域であろう。

臨床現場では必要に応じて研修会を開催しハラール食の勉強を行っている。今後は更に宗教なども考慮した食の設計もできるよう教育内容が変わっていくことを期待したい。

3. 4　宗教観教育の必要性（第 3 の融合）

ハラール性の判断をするにはイスラーム教を知る必要がある。イスラーム教を知るために，現在の我々が持っているであろう宗教観はどのように醸成されたのかをイスラームを含めた一神教との違いから考えてみたい（表 1）。

イスラーム教はキリスト教およびユダヤ教と兄弟宗教ともいわれる。発祥起源の古い順に，ユ

表 1　宗教上の主要項目とおおよその年代

西暦（年頃）	人物	書かれた時代と事柄
-6000	アダムとイブ	
-4000	ノア	
-2000	アブラハム	
-1500		
-1000	モーセ	
	イザナギ，イザナミ	
-500	神武天皇，釈迦	
0	イエス	
200		旧約聖書（ユダヤ教）
400		新約聖書（キリスト教）
500	雄略天皇，聖徳太子	①仏教が日本へ→神仏習合
600	ムハンマド	クルアーン（イスラーム教）
	天武天皇	古事記・日本書紀，肉食禁止
1000		
1500	徳川家康	②キリスト教が日本へ→新渡戸稲造「武士道」
1900		日本国憲法→政教分離
2000		③イスラーム教が日本へ

ダヤ教，キリスト教，イスラーム教。いずれも単一の神を信仰する一神教である。ユダヤ教は神のみをあがめ神からの言葉をさずかった者（預言者）としてモーセを重要視し，信者が従うべき基準として聖書（旧約聖書）がある。キリスト教は神と神の子とされるイエスキリストを信仰し，聖書（新約聖書）を基準と考える。イスラーム教は神をあがめ，時代的にはモーセやキリストに続くムハンマドを預言者として信仰し，クルアーンを聖典としている。

日本は神道の国である。神の子「神武天皇」を初代とし平成の現在，第125代明仁天皇へと繋がっている。そのあいだ西暦500年頃インドの釈迦を開祖とする仏教が伝来した。日本固有の神道との間でそうすみやかでないものの融合がはかられ神仏習合が行われた。宗教戦争を起こさず2つの宗教が融合していった日本は世界的にみて稀有な国である。その後，天武天皇による肉食禁止令にて牛，馬，犬，猿，鶏の五畜の摂取を禁じ，その後1000年続いた。その影響もあってか現在でも犬を食べることはあまりない。宗教観が食文化へ与えた影響の一例である。

西暦1500年頃，日本にキリスト教が伝来した。豊臣秀吉による弾圧があったが，明治維新により政府は信仰の自由を保証した。日本の宗教における第2の融合である。

1946年に日本国憲法が公布された。そこには国家（政府）と教会（宗教団体）の分離を示す「政教分離の原則」が記された。2020年オリンピック開催に向け東南アジア諸国からのイスラーム教徒のおもてなしに礼拝室を設置したい地方自治体が二の足を踏むのはこのためであったと思われる。しかし，宗教の第1の融合（神仏習合），第2の融合（クリスマスを祝うほどまでに浸透したキリスト教）と同様に，すんなりとではないもののイスラーム教が日本国内で独特な変化を受け浸透していく第3の融合が起こるものと期待している。

3.5　アレルギーでない食の禁忌

「何でも食べなさい」と多くの日本人が教育されてきた。食物アレルギーでないムスリムが「豚が食べられない」と言うと違和感を覚えるかもしれない。しかし，グローバル化，観光立国を目指す日本では他国の人の考え方を尊重することは必須である。禁忌食品を知るうえで，なぜ食べられないのかを理解する必要がある。アレルギーを「化学的」な言葉で語るのと同様に，食の禁忌を「宗教の言葉」で理解することが望まれている。表2に宗教上の食の禁忌をまとめた。

上記の宗教を超えた食嗜好として，今後注目されるであろうベジタリアンについて述べる。

ベジタリアンにも多種多様な目的，思想，宗教に基づいた人達がおり，単に野菜を提供すればよいものではない。Vegetarianは，ラテン語の「uesere」（～に生命を与える・活気づける）を語源としvegetus（活発な・力強い）と変化し，ギリシャ語のvegetalis・vegetal（成長する）となり，1847年に設立した「ベジタリアン協会」が使い始めた。健康・元気を意味するvegetusと野菜のvegetableをかけた，イギリス人特有のウィットある言葉である。主として野菜を食べる人とか，肉・魚・鳥肉などの動物性食品を避ける人と解釈される。近年は，健康・動物愛・倫理（血を流さない・殺さない）・地球環境・食糧問題などを理由にベジタリアンとなる人が増加している。

表2　宗教的教義による食に対する禁止事項

宗教	食に対する禁止事項
イスラム教	豚，アルコール，血液，宗教上の適切な処理（zabiha）が施されていない肉，一部のムスリムではあるが，うなぎ，イカ，タコ，貝類，漬物などの発酵食品等
ユダヤ教	豚，血液，イカ，タコ，エビ，カニ，ウナギ，馬，宗教上の適切な処理が施されていない肉，乳製品と肉料理の組み合わせ等
ヒンドゥー教	肉全般，牛，豚，魚介類全般，卵，生もの，五葷（ニンニク，ニラ，ラッキョウ，玉ねぎ，アサツキ）等
ジャイナ教	肉全般，魚介類全般，卵，根菜・球根類などの地中の野菜類，ハチミツ等
仏教	一部ではあるが肉全般，一部ではあるが牛肉，一部ではあるが五葷（ニンニク，ニラ，ラッキョウ，玉ねぎ，アサツキ）等 ＊食に関する禁止事項がみられるのは，一部の僧侶と厳格な信者に限定される
キリスト教	一部ではあるが肉全般，一部ではあるがアルコール類，コーヒー，紅茶，お茶，タバコ等 ＊少数派ではあるが，一部の分派では，色を含めた様々な禁止事項を規定している。

Academy of Nutrition and Dietetics（AND; アメリカ栄養士協会）はベジタリアンを，動物食品を一切食べない「Total vegetarians 又は vegans」，乳製品及び卵を食す「Lacto-ovo-vegetarians」，動物性食品のうち乳製品しか食べない「Lacto-vegetarians」，限られた肉類を食す「Semi-vegetarians 又は Partial vegetarians」に分類している。アメリカのメーヨークリニックは AND の分類に加え，魚を食べる「Fish または Pesco vegetarians」，鶏肉を食べる「Pollo vegetarians」，疑似・自称ベジタリアン「Pseudo vegetarians」と分類し，個々人の求めに応じた病院食を提供している。

栄養面については，AND が 1975 年に公式見解として，Position Paper（PP）で「Vegetarian Diets」を"適切に準備されたベジタリアン食は栄養的に適切である"とし，その後に，"ある種の疾患の予防効果がある"と言及した。この PP は 5 年ごとに更新され，最新版（2009）では，"幼児・妊産婦，アスリートなどの特別に栄養を必要とする人たちにも栄養的に適正であり，生活習慣病の治療効果・予防効果がある"としている。

文　献

1）福島康博，「ハラールとノンハラールの線引き—マレーシアの基準」，臨床栄養，**126**（3），3-4（2015）
2）大谷幸子，「ハラール食—病院での対応—」，臨床栄養，**126**（4），451-456（2015）
3）笠岡誠一，「ハラールを理解する意味」，臨床栄養，**126**（1），81-82（2015）
4）笠岡誠一，日本栄養士会雑誌，**11**，33（2012）

5） 笠岡誠一，岩井達，臨床栄養，**123**(1)，14-15 (2013)
6） 笠岡誠一，早稲田大学アジアムスリム研究所，リサーチペーパーシリーズ **3**，70-71 (2014)
7） 笠岡(坪山)宜代，食生活，**102** (11)，90-94 (2008)
8） American Dietetic Association, “Position of the American Dietetic Association (2009)”, *J. Am. Diet. Assoc.*, **109** (7), 1266-82 (2009)
9） Patel NR, Kennedy A, Blickem C, Rogers A, Reeves D, Chew-Graham C (2014), *Health Expectations*, Article first published online: 20 JAN 2014.
10） 厚生労働省，管理栄養士国家試験 出題基準（ガイドライン）改定検討会 報告書（案）(2010)
11） アスマ・グル・ハサン，私はアメリカのイスラム教徒，明石書店 (2002)
12） 橋爪大三郎，世界は宗教で動いている，光文社 (2013)
13） 山内昌之，大川玲子，イスラーム基本練習帳，大和書房 (2013)
14） 阿刀田高，コーランを知っていますか？，新潮文庫 (2004)
15） 井筒俊彦，「牝牛－メディナ啓示，全 287 節」，コーラン（上），岩波文庫，48P (1964)
16） 井筒俊彦，「食卓－メディナ啓示，全 120 節」，コーラン（上），岩波文庫，172P (1964)
17） 国土交通省 総合政策局 観光事業課，多様な食文化・食習慣を有する外国人客への対応マニュアル，平成 20 年 2 月
18） 鶴田静，ベジタリアンの文化誌，晶文社 (1988)
19） 蒲原聖可，ベジタリアンの健康学，丸善ライブラリー (1999)
20） 末次勲，菜食主義，丸の内出版 (1983)

第15章　食品のハラール化と開発の重要点

伊藤　健*

1　ハラール食品とは

① 犬（イヌ科），豚（イノシシ科）基原の全ての部材（血液，骨，肉）が使用できない。
② 豚以外の動物でもイスラーム法に則った屠畜（ハラール屠畜）でないものは使用できない。使用にはハラール屠畜証明書が必要になる。
③ イスラーム法で不浄とされる基原を持つものは使用できない。
④ 不浄の基原とは，犬，豚，酒，ハラール屠畜未処理動物，人体である。
⑤ 原料～加工～包装～保管～物流～陳列まで通常品と混在しないようにハラール専用であることを求めている。

2　日本において食品をハラール化する上での注意点

2010年頃から日本国内においてハラール認証取得を希望する食品企業，飲食サービス企業が次第に増加してきた。そこで，ハラール認証取得する上で，原料の基原を確認することが必須になる。調査していくと食材，食品添加物に極めて多くの問題があることが判明した。先ず，「使用できない基原原料」と「使用できる基原原料」を表にして見ていく。

国内において「使用できない基原原料」の中で，豚を基原とする食材，食品添加物には特に注意が必要である。多くの問題は脂肪酸とグリセリンにあり，豚基原が判明すると一切の使用ができなくなる。従って，不浄（動物）の基原以外の脂肪酸とグリセリン，植物基原の脂肪酸とグリセリンを探し，変更していくことになる。日本国内は，豚の飼育頭数が多く，無駄のない使用法

表1　使用できない基原原料

基原名称	利用状況
犬	素材はない
豚	食材，食品添加物
酒	食材，飲料
ハラール屠畜未処理動物	食材，食品添加物
人体	素材はない

表2　使用できる基原原料

基原名称	利用状況
植物	食材，食品添加物
ハラール屠畜処理動物	食材過少
化学合成物質	食品添加物
鉱物・海水	食材，食品添加物
微生物	食材，食品添加物
魚	食材

* Ibrahim Takeshi Itoh　㈱フードテクニカル・ラボ　代表取締役

が確立されたことで，多くの食品に豚基原の食材，食品添加物が絡む。また，国内にハラール屠畜処理した動物が非常に少なく，動物基原の食材，食品添加物は使用できないことが多くある。しかし，牛乳，卵など屠畜が絡まない場合は，全てハラール原料として認めている。屠畜が絡む動物基原は基本的に使用できないと判断することが賢明な判断になる。

3 ハラール化する上での食品別の注意点

以下に注意点を詳細解説する。

3.1 鶏

3.1.1 飼育

「意図的かつ継続的に不浄物質を与えて飼育されたハラール動物はハラール食品加工では除く」という要求事項がある。国内の鶏の餌に豚脂が熱量調整として添加されており，鶏の生体が不浄そのもので使用不可である。

鶏の生体が豚に汚染されているとの判断で，その後，ハラール屠畜をしたとしてもハラール品にはならない判定になる。豚脂添加は，九州地方に多く，北海道では鶏脂を添加する傾向があり，地域差は脂肪の融点が関係している。北海道では，鶏だから良いかと言えば，そうではなく，ハラール屠畜証明がないとハラール品にはならない。国内の動物は一部牛にはハラール品があるが，餌までハラール化した鶏は，現時点，ほぼ存在していないのが現実である。このようなことを書くと，全く希望がないかと言えばそうではなく，現在，福岡県で餌までハラール化した鶏の準備をしている状況である。

3.1.2 屠畜

鶏の生体がハラールであれば，次に屠畜に問題が移る。食肉にする上での注意点は，鶏の生命を奪うには，ムスリムであり，嘴をメッカの方向へ向け，祈りの言葉を唱えながら，頸動脈，頸静脈，気管，食道を同時に切除することが求められる。その後，完全に死亡したことを確認した上で，湯漬け槽に入れれば完了になる。湯漬け槽とは，鶏の羽を容易に抜くための処理工程で60±1℃90秒程度の軽い湯通しになる。これ以降は，ムスリム以外の人間が関わっても原則として問題はない。生命を奪うところに全ての問題が集中している。先述したように詳細を書くと，日本ではとても難しく，鶏肉でハラール化するなど無理だと言われることもある。しかし，仏教国のタイでは全ての鶏肉が，ハラール品で流通している。タイの鶏肉産業は，30年以上前からハラール品として生産されており，筆者が鶏肉加工品の技術指導で訪問した企業では，バングラデシュのムスリム女性が屠畜作業を淡々と行っていたことが印象に残っている。当時，不思議に思い，黒いベールを被った女性が屠畜作業を実施しているのは何故かと質問したところ，ムスリムはそれでないと食べないからだと言っていたことを思い出す。また，ブラジルの鶏肉産業も，タイ同様全てハラール品で生産されている。

3.1.3　副生物

通常，動物をハラール屠畜することに目が向いて，その後の優位性に余り気付かないことが多くある。事例でいくと，ハラール屠畜すると多くの副生物が発生する。ハラール認証では，食肉のみならず，副生物も認証することが可能である。また，副生物の認証では，多くの優位性を見出すことができる。一つの事例として骨がある。骨からはエキス成分が抽出され，代表的なものとして，ラーメンスープの基本的調味液としての活用がある。また，国内では余り利用されていないが，羽からは，メチオニン，システインなどの鶏を成長させるための必須アミノ酸が生産される。当該事例は，食肉鶏（ブロイラー）だが，採卵鶏（レイヤー）では，鶏冠にも認証が付与され，ヒアルロン酸の認証品生産が役立つ。化粧品，健康食品の素材として，認証品の要求が多くあり，非常に価値あるものになる。

3.2　砂糖

3.2.1　製造工程：さとうきび原料糖～精製糖

原料糖　⇒　原糖ビン　⇒　マグマミングラー　⇒　洗糖分離機　⇒　メルター　⇒　炭酸飽充槽　⇒　オートフィルター　⇒　**骨炭槽**　⇒　**イオン交換**　⇒　セラミックフィルター　⇒　真空結晶缶　⇒　ミキサー　⇒　遠心分離機　⇒　乾燥機　⇒　冷却機　⇒　シフター　⇒　シュガービン　⇒　包装　⇒　製品

3.2.2　骨炭：さとうきび原糖

以前，インドネシア留学生が，日本の砂糖はハラールではないことを知って絶句していた。インドネシアを含むイスラーム圏のアジア諸国において，砂糖はハラール品が主流である。日本ではさとうきび基原の砂糖は脱色工程において，牛脚骨の活性炭，通常，骨炭と言われるものを使用している。注意点は，骨炭にハラール屠畜証明がないため，成分には影響ないが，食品に接触する部材もハラールを要求される。国内大手製糖企業の大半が脱色工程に骨炭を使用している。従って，国内の砂糖ではハラールの菓子が作れなかった。しかし最近，骨炭から植物由来活性炭への転換をした大手製糖企業があり，この先相当量の砂糖のハラール品が出回ることが予測される。

3.2.3　製造工程：ビート大根～原糖

ビート受入　⇒　**洗浄**　⇒　裁断　⇒　滲出　⇒　石灰混和　⇒　炭酸飽充槽　⇒　沈殿槽　～　原糖

3.2.4　消泡剤

ビート大根基原では，脱色工程で骨炭を使用しない。しかし，原料ビートの洗浄で原料成分であるサポニンが多量の泡を発生させることで作業に支障が発生する。消泡剤を使用するが，動物基原の脂肪酸から作られる乳化剤の絡みもあり，ハラール証明を求められる。シリコーン系消泡剤のハラール品が出てきたので，これで問題も解消していくと推察する。

3. 2. 5　上白糖

砂糖は国内消費だけかと思いきや，実は，輸出もされている。意外なのは，上白糖の規格は日本独自のもので蔗糖に転化糖が添加され，非常に甘味が高くなる。特に菓子，菓子パンのクリームは，グラニュー糖では出せない甘味で，シンガポールでは同じ菓子パンの製造希望があり，小麦粉と上白糖が輸出されている。日本の菓子類には，上白糖が欠かせず，同じ品質の上白糖を現地生産することができない現在，輸出が継続すると推察している。

3. 3　精製塩

3. 3. 1　製造工程

海水取水　⇒　砂濾過　⇒　膜濃縮　⇒　かん水貯蔵　⇒　**蒸発結晶缶**　⇒　遠心分離機
⇒　乾燥機　⇒　包装　⇒　製品

3. 3. 2　消泡剤

塩もハラール品の対象となる。特に国内の塩は精製塩で工業的に生産されており，食品添加物規格の塩酸，消泡剤も使用されている。消泡剤は，せんごう釜と言われる，蒸発結晶缶の中で発生する泡に使用される。そのままでは，突沸し釜を傷めるので消泡剤が使用される。動物基原の消泡剤があり，基原確認が注意点になる。先述したシリコーン系消泡剤を代替使用することも可能である。

3. 3. 3　副生物

精製塩を生産すると，一番の副生物は蒸留水になる。水なので認証はしなかったが，一日に数千トンの蒸留水が発生し，一部ではミネラル分を再度添加してミネラルウォーターの生産，島内生産の場合，島への水道供給の価値も生み出している。これ以外の価値生産では，海水由来なので，塩化化合物が認証対象の副生物になる。塩化カリウム，塩化マグネシウム，苦汁も副生物として生産され，医薬品原料，食品添加物原料としての価値を生み出している。苦汁は，豆腐の凝固剤として知られているが，それ以外に飲料に数滴添加すると便秘改善になる。EU では，食肉文化で便秘に悩まされている人が多く，輸出品目である。精製塩に再度，成分調整した人工海水がある。陸上養殖，水族館などの需要がある。

3. 4　味噌

3. 4. 1　製造工程

大豆　⇒　洗浄　⇒　浸漬　⇒　蒸煮　⇒　冷却　⇒　麹・塩混合　⇒　**発酵熟成**　⇒　火入れ　⇒　冷却　⇒　包装　⇒　製品

3. 4. 2　アルコール残留基準

マレーシアのハラール基準では，発酵食品でアルコール発生したとしても自生のアルコール残留は，特に問題としないことになっている。これは，飲酒により酩酊を目的としているアルコールではないこと，あくまで自然の保存性付与目的で認めている。但し，自生アルコールの残留不足の場合でもアルコールの添加は認めていない。従って，十分時間をかけて発酵させてアルコール度数を上昇させることが必要になる。当該内容は，マレーシアに限ってのアルコール残留値不問であり，他国では，アルコール残留値に基準が設定されている。アジア諸国では0.1％以下が多く設定されており，中東では0.5％以下など，アルコール残留値の基準は，国によって異なるので，輸出する際は，十分に注意する必要がある。インドネシア生産の味噌の場合は，アルコール発酵しないように止めて出している企業もあるようだ。

3.5　醤油

3.5.1　製造工程

大豆　⇒　蒸煮　⇒　麹混合　⇒　塩水混合　⇒　**発酵熟成**　⇒　圧搾　⇒　火入れ　⇒　充填　⇒　製品

3.5.2　アルコール残留基準

同じく，マレーシアでは醤油も酩酊目的ではないことから，自生アルコールの残留値は特に問題としていない。味噌同様でマレーシア以外ではアルコール残留値が低く設定されている。

3.5.3　発酵調味料の優位性

アジアでもタイまでは，魚醤を含むアミノ酸調味料があらゆる料理に使用されている。しかし，中東までいくと，塩，チーズ，ヨーグルト，香辛料などで味付けされる料理に変化していく。旨味をもったアミノ酸調味料がなく，今後伸長していくと見ている。現地で拡販するには，アルコール残留値を，現地基準である0.5％以下に調整していくことが，現時点では必須となる。筆者の個人的意見として，インドネシアの発酵食品であるタパイのように推定アルコール度数が0.5％以上あるにも関わらず，ハラール品として使用されている現状を見ると，不公平感が募る。インドネシア，マレーシアはイスラーム国家であり，元来，発酵食品を昔から食していたこともあって，文化的配慮の上でハラール品になっている。しかし，日本の発酵食品である味噌，醤油の基準を今すぐに変更させることは，無理であり，時間も掛かることなので，目の前の需要拡大を先行させるのであれば，アルコール残留値を0.5％以下に設定し，煮込み料理，ドレッシングで使用できる商品開発をした方が，基準値変更待つよりも企業によってより良い選択ではないかと考える次第である。使用方法についても米国で醤油の拡販に成功した方法，醤油をオレンジジュースで割り，バーベキューソースとしての利用法が定着したように，日本での使用法にこだわるのではなく，現地の人に基本的な使用法を教えていけば，現地人の発想で利用法が拡大していくと考える。味噌，醤油は，火入れしなければ蛋白分解酵素，プロテアーゼがあり，中東の固い肉を浸漬して軟化，旨味付与で喜ばれるであろうと推察する次第である。

3.6 酢

3.6.1 製造工程

米 ⇒ 洗米・浸漬 ⇒ 蒸米 ⇒ 放冷 ⇒ 製麹 ⇒ **アルコール醗酵** ⇒ **酒粕添加** ⇒ 圧搾 ⇒ **酢酸発酵** ⇒ 濾過 ⇒ 殺菌 ⇒ 充填 ⇒ 製品

3.6.2 アルコール残留基準

酢はアルコール発酵で一度酒を造る工程がある。但し，酩酊目的でないことを明確にしておけば特に問題はない。次に酒粕を添加する場合もある。本来，酒粕は不浄物質に当たるが，次の酢酸発酵で物性が変換し，元の性質とは異なるものに変化することでハラール化する。現在の酢の基本製造法は，工業用エチルアルコールからの製造が主流で，アルコール発酵を省略した方法になる。ここでも，アルコール残留基準があり，一般的基準では0.5％以下であれば良いことになっている。

3.7 チーズ・ホエイ

3.7.1 製造工程

生乳 ⇒ 加熱殺菌 ⇒ **凝固（乳酸菌・レンネット添加）** ⇒ 型詰 ⇒
圧搾（固形分） ⇒ 加塩 ⇒ 熟成 ⇒ ナチュラルチーズ
⇓
圧搾（液体）⇒ スプレードライ ⇒ ホエイ

3.7.2 レンネット（凝乳酵素）

乳，及び乳製品は，豚以外の動物由来であり，屠畜せずとも得られる生産物によりハラール判定される。但し，唯一例外の製品がある。それがチーズ，ホエイ（乳清）である。チーズを製造するには乳酸菌とレンネットを使用する。問題はレンネットにある。レンネットは，生まれたての人間を含む動物の胃に分泌され，乳を飲むと自然にレンネットと混合され，凝乳，液体の乳を豆腐のような固形物にして消化しやすくする。生体の中で行われる化学反応であり，生体の外で行うには，仔牛などを屠畜，胃からレンネットを採取することになる。従って，ハラール屠畜証明書が必要になる。但し，現在のチーズ製造において，レンネット使用は5％ほどしかなく，95％は微生物由来レンネットを使用している。それでも後述するが，微生物由来製品の場合，培地のハラール性確認が必要であり，微生物由来レンネットであってもハラール認証書が必要になる。従って，チーズ，ホエイに関しては，食肉同様，ハラール認証品を購入することになる。そのような理由により，乳製品の最大輸出国であるニュージーランド，オーストラリアでは，チーズ，ホエイはハラール認証書を大半の企業が所持している状況である。

3. 8　みりん風調味料

3. 8. 1　製造工程（みりん）

米（うるち，もち）⇒ 洗米 ⇒ 浸漬 ⇒ 蒸米 ⇒ 冷却 ⇒ 製麹 ⇒ 麹混合 ⇒ **仕込み（アルコール添加）** ⇒ 圧搾 ⇒ 濾過 ⇒ 追熱 ⇒ 充填

3. 8. 2　製造工程（みりん風調味料）

みりん自体は，アルコールが14％程度含まれるため酒類扱いとなり，不浄物質扱いとなる。しかし，アルコールを含まないみりん風調味料の場合，原料は糖類，米，米麹，酸味料，アミノ酸，有機酸，核酸などの旨味成分を混合して製造する。この場合，アルコールを含まないので，第一関門は通過することになる。次の問題は，酵母菌から生産されるアミノ酸などの旨味調味料のハラール性確認が必須となる。ここでのハラール性確認とは，微生物由来であり，培地成分に動物由来，特に豚由来物質が含まれていないことを確認することは必須となる。豚以外の動物でもハラール屠畜証明書がないものは，成分として使用することは不可である。従って，培地成分には，動物由来物質を一切使用しないことが必須となる。次に，糖類も注意すべき点がある。糖類に含まれる，ブドウ糖，水あめ類は，原料自体はコーンスターチ，キャッサバなどの澱粉が主原料となるが，βアミラーゼなど酵素を使用する。酵素の基原原料は，酵母菌だが，アミノ酸同様の培地確認が必須となる。

3. 9　酵素糖化製品（水あめ等）

3. 9. 1　製造工程

デンプン ⇒ **酵素添加** ⇒ 加熱 ⇒ 糖化 ⇒ 脱色 ⇒ 濾過 ⇒ **イオン交換** ⇒ 濃縮 ⇒ 製品

3. 9. 2　糖化製品

水あめを含む糖化製品も微生物由来製品なので，ハラール認証においては厳格に判定する。判断の重要点は，酵素のハラール性にある。微生物由来製品全般に言えることだが，培地成分に動物由来成分を含まないことを求める。また，国内では完全実施まではいかないが，イオン交換樹脂を含む樹脂のハラール性確認も厳格に適用しつつある。樹脂製品には，脂肪酸誘導添加物，ゼラチンなどを添加剤として使用する。従って，脂肪酸であれば，動物基原を避けて植物基原を選択する。ゼラチンも豚由来は使用不可だが，フィッシュゼラチン，牛ゼラチン（インド産ハラール認証品）で代替することも考えられる。先述したように動物基原は余り推奨しないが，インド産の牛ゼラチンは比較的アジアでは安定剤としての需要が旺盛で多岐に使用されている。

3. 10　香料

3. 10. 1　製造工程

原料香料（基原：植物・合成品） ⇒ **調合** ⇒ 充填 ⇒ 製品

香料の重要点は，アルコール残留になる。原料の基原は，ほとんど植物，石油でありアルコー

ルの残留がないものを選択する。但し，ブドウ由来の濃縮品にはアルコールとして検出されるフェニルエチルアルコールが存在するが，当該物質は酩酊目的ではないことで問題とはしない。また，原料香料の抽出で使用するアルコールも加工助剤で使用する場合，アルコール残留がないことを確認すれば使用することは問題ない。次に調合だが，通常香料の場合，溶媒としてアルコールを30～40％を使用している。誤解が良くあるのだが，香料としての添加量は非常に微量であり，飲料の場合の添加量でも0.1～0.01％添加でありアルコール残留値が飲料として0.1％以下であるのだから，問題ないはずだという意見がある。しかし，イスラーム法の考え方で，ハラーム（不法）で始まるものは，どこまでもハラームであるという原則論がある。物質としての化学反応はなく，単なる希釈でアルコールの残留値が下がるだけなので，原則論から，香料でも最初の時点でアルコールの残留があってはならないことになる。従って，溶媒として使用する物質は，プロピレングリコール，グリセリン（植物基原）をアルコールの代替として使用する。

3.11　ハラール食品における素材・食品添加物選択の重要性

これまで食品のハラール化の重要点を解説してきた。一番注意すべき点は，豚を基原した素材，食品添加物は一切使用不可になる。次に豚以外の動物基原の素材，食品添加物を説明する。素材としての食肉は，ブラジル，豪州産の場合，大半がハラール認証書を所持している。これらの国の販売先は，アジアから中東地域が大半であり，ハラール認証なくして商売が成立しない。現在，国産食肉で正規のハラール認証品を入手することは困難だが，以前と比較すると容易になりつつある。但し，動物基原の食品添加物でハラール認証品，或いはハラール性担保した製品入手は非常に困難である。世界の中でも動物基原の食品添加物は，非常に限られている。従って，ハラール性担保の上で確実な基原を考えるのであれば，動物基原の食品添加物を避けることが賢明な策となる。

参考資料（次ページ）
①動物製品に関する重要点の特定
②植物製品に関する重要点の特定
③微生物製品に関する重要点の特定
④その他の原料に関する重要点の特定

① 動物性製品に関する重要点の特定

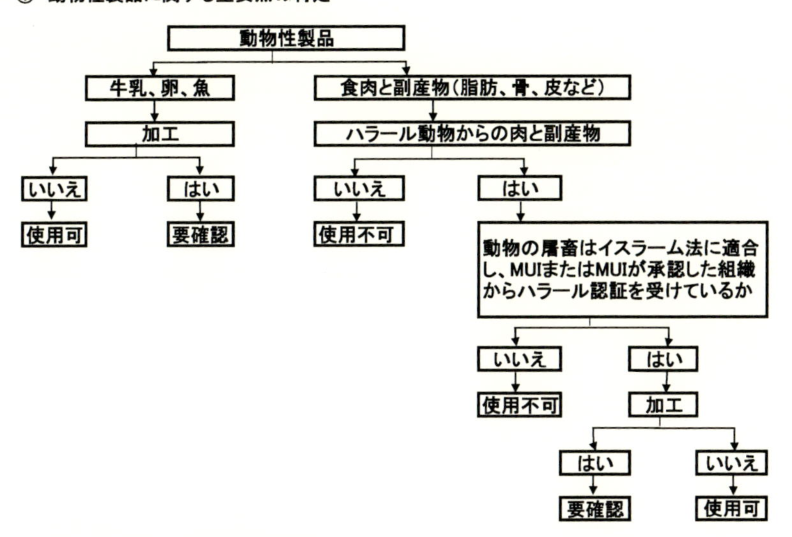

② 植物性製品に関する重要点の特定

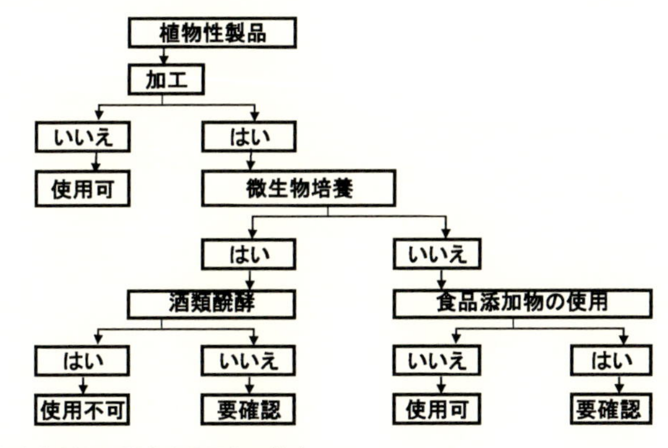

③ 微生物製品に関する重要点の特定

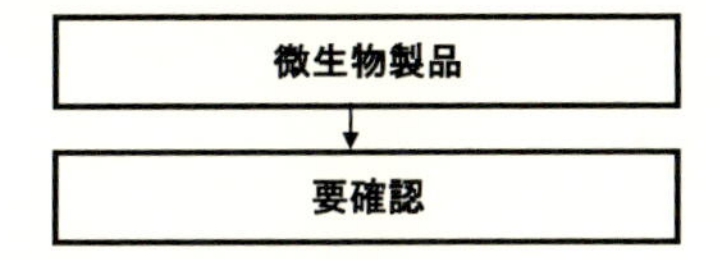

④ その他の製品に関する重要点の特定

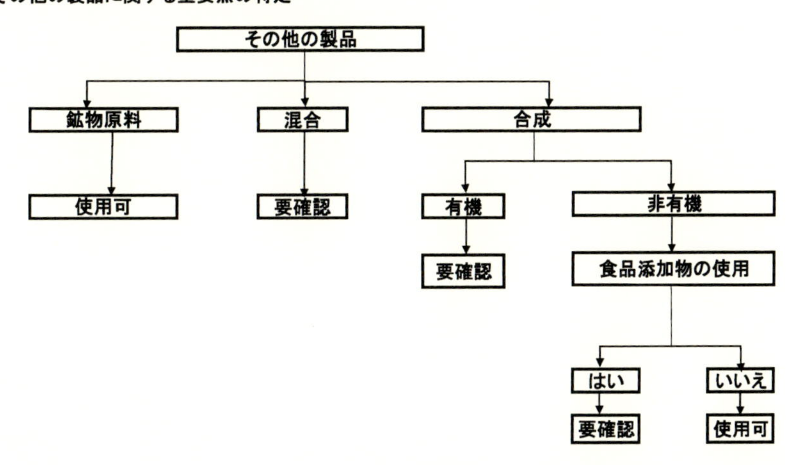

文　献

1)　食品技術士センター編，食品加工技術・工程図集，三琇書房，296-297, 582-583, 588-589, 602-603, 622-623, 626-627, 630〜631, 636-637 (1990年)

2)　"Lembaga Pengkajian Pangan obat-obatan dan Kosmetika Majelis Ulama Indonesia", *Indonesia Halal Directory*, 34-38 (2012-2013)

第16章　ハラール医薬品

中田雄一郎*

1　はじめに

国際競争力のある産業の育成，あるいは来日する外国人の増加に代表される国内消費動向の変化に対応した施策が必要な時代に突入している。医薬品は研究開発・製造・供給の各ステージにおいて図1に示すレギュレーション要因，文化・宗教的要因，経済的要因の各環境因子を考えることが重要である。この中でレギュレーションあるいは薬価制度に代表される経済的な要因についてはこれまで数多くの議論があり精査されてきたが，文化・宗教的要因についての議論は国内でほとんど行われてこなかった。

本章は現在，世界の人口の約1/4を占め，2050年には約1/3を占めると予想されているイスラム教徒に関わる医薬品のハラール制度について，著者の調査資料[1~4]をまとめたものである。

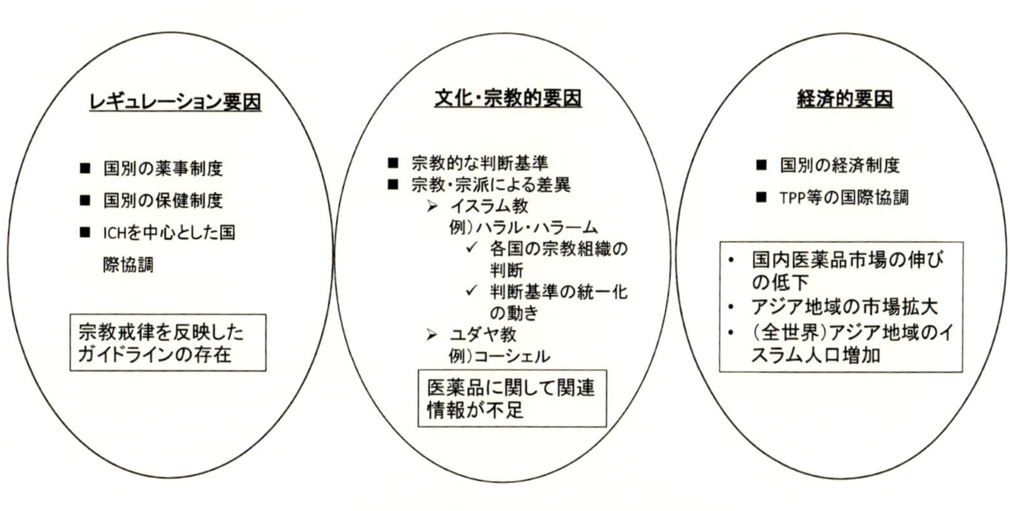

図1　医薬品産業育成に関わる環境因子の研究

*　Yuichiro Nakada　大阪大谷大学　薬学部　医薬品開発学講座　教授

2 ハラールとは

ハラール制度はイスラム教徒にとって重要な制度である。ハラールとは，イスラム法によって許されている，合法であるということを指し，反対語のハラーム（Haram）はイスラム教によって禁じられていることを指す。ここで注意しなければならないのは，「イスラム法」とは「アッラーから預言者ムハンマドに啓示された教え」と「法」の複合語体で属人法であり[5]，日本の法（国家が制定した法令・法律）と異なる点である。

イスラム教徒は，ハラールでないものを不浄と考えており，例えば食品であれば，ブタ，イノシシ，イヌ，ヘビ，サル，ロバ，ラバ，かぎ爪，牙を有する肉食獣，猛禽類，アリ，ハチ，キツツキ，カエル，ワニ等の動物，イスラム法に基づかず屠殺された動物，血液，アルコール飲料，さらにこれらに由来する物をハラールと認めておらず，これらが含まれるものを口にできない。

各国のハラール制度はイスラム法を基盤とするため共通性があるが，制度の詳細，適用範囲，運用の厳しさなどは国により学派により差があり，成文化されていない国も多い。しかし，一方でASEAN内の規制や手続きの調和に向けた働きかけもある[6]。この取り組みを中心的に担うのはASEAN経済大臣会合（AEM）の下に設置されたASEAN標準化・品質管理諮問評議会（ACCSQ）で，ACCSQの主な目標は，①重点産業分野における規模の統一，②相互認証（MRA），③基準調和である。9つある重点産業分野の中に医薬品・医療機器も含まれている。

その中で後述する様にハラール制度を積極的に活用し，国の戦略に取り組んでいるマレーシアのガイドラインの一覧を表1に示す。MS1500は食品のハラールに関する基準書であるが，ハラール制度全般に関わる重要な基準書である。MS1500はHACCP（Hazard Analysis and Critical Control Point）等の国際的な食品衛生基準を引用しているほか，国際標準化機構規格（ISO），国際食品規格（CODEX）のような国際規格との整合性にも配慮している。

マレーシア政府は2006年に首相府の傘下にハラール産業振興公社（HDC: Halal Industry Development Corporation）を設立し，国の重点分野であるハラール産業振興施策を推進している。またマレーシア首相府の直轄の組織にJAKIMがあり，そこでハラール認証やロゴを発行している。これらを基盤としたマレーシアの厳密なハラール制度は他国のイスラム教徒にも安心感を与えており，マレーシアのハラール規格をクリアした食品は他国でもハラール製品として受けられている。

3 ハラール認証と手続き

イスラム教で摂取を禁じられているものを使用しておらず，またイスラム法に適合した製品，サービスであることを証明することがハラール認証である。ハラール認証組織である各国のイスラム教の宗教団体がISOやHACCPの管理手法を用い，同時にハラール・ハラームの視点で材料や工程を直接チェックしている。食品の例だが，表2に実際のハラール認証プロセスにおける

表1　The published Malaysian Standards (MS) on Halal

Malaysian Standards (MS)	Description
MS 2594:2015 Halal chemicals for use in potable water treatment-General guidelines	This MS specifies requirements for halal chemicals used in the treatment of potable water. Processed chemicals used in treating the raw water during the production of potable water, fulfill the necessary requirements that are in line with the Shariah law and the relevant regulations or law in force in Malaysia
MS 2610:2015 Muslim friendly hospitality services-Requirements	This MS specifies guidelines and requirements for managing tourism facilities, products and services for Muslim travelers in accommodation premises, tour packages and tourist guides. This standard are generic and are intended to be applicable to all organizations and individuals managing Muslim friendly tourism products and services and not applicable for health and beauty facilities such as spa and massage or any balneoteraphy facilities, products and services
MS 1500:2009 Halal Food-Production, preparation, handling and storage-General guidelines (Second revision)	This MS provides practical guidance for the food industry on the preparation and handling of halal food (including nutrient supplements) and to serve as a basic requirement for Halal food product and food trade or business in Malaysia. Note: This standard also available in Bahasa Malaysia version.
MS 2200: Part 1: 2008 Islamic Consumer Goods - Part 1: Cosmetic and personal care -General guidelines	This MS prescribes practical guidelines for halal cosmetic and personal care industry. It serves as a basic requirement for cosmetic and personal care industry and trade or business in Malaysia. This standard should be used together with the Guidelines for Control of Cosmetic Products in Malaysia and Guidelines on Cosmetic Good Manufacturing Practice, by National Pharmaceutical Control Bureau, Ministry of Health (MOH). Note: This standard also available in Bahasa Malaysia version.
MS 1900:2005 Quality management systems-Requirements from Islamic perspectives	This MS specifies requirements for a quality management system where an organization 1. needs to demonstrate its ability to consistently provide product that meets customer and applicable regulatory requirements, and 2. aims to enhance customer satisfaction through the effective application of the system, including processes for continual improvement of the system and the assurance of conformity to customer and applicable regulatory requirements.
MS 2300: 2009 Value-based management system-Requirements from an Islamic perspective	This MS consists of a guideline and a certifiable requirements standard which prescribes the framework for an organization to establish a management system based on Islamic values
MS 2424: 2012 Halal Pharmaceuticals-General Guidelines	This MS prescribes practical guidelines for the pharmaceutical industry on the preparation and handling of halal pharmaceutical products including health supplements and to serve as a basic requirement for pharmaceutical products and pharmaceutical trade or business in Malaysia. 2018 First Revision was drafted.
MS 2400 series on Halalan-Toyyiban Assurance Pipeline	1. MS 2400-1: 2010, Halalan-Toyyiban Assurance Pipeline Management system requirements for transportation of goods and/or cargo chain services This MS prescribes management system requirements for assurance of the halalan-toyyiban integrity of goods and/or cargo being handled through various mode of transportation. 2. MS 2400-2:2010, Halalan-Toyyiban Assurance Pipeline-Management System Requirements For Warehousing And Related Activities This MS prescribes management system requirements for assurance of the halalan-toyyiban integrity of products, goods and/or cargo during the warehousing and related activities through the entire process from receiving to delivery 3. MS 2400-3:2010, Halalan-Toyyiban Assurance Pipeline-Management System Requirements For Retailing This MS prescribes management system requirements for assurance of the halalan-toyyiban integrity of products and/or goods at the retailing stage of the Halalan-Toyyiban Assurance Pipeline.
MS 2393: 2010 (P) Islamic and Halal-Definition and Explanation of Terms	MS outlines the meaning and explanation of terms used in the standard related to Islam and halal mainly derived from the Arabic term. Standard Malaysia also aims to reflect the principles in the context of Islam. It provided for the purpose of uniformity understanding of the use of the words included in the promotion and use of standards activities related to Islam and halal.
MS 2200-2: 2012 Islamic Consumer Goods-Part 2: Use of Bones, Leather and Fur Animals-General Guidelines	MS contains practical guidelines for the use of bone, skin and fur of animals in related industries in line with the requirements of Islam.
MS 2627: 2017 Detection of Porcine DNA-Test method-Food and Food Product	MS for detection of Porcine DNA in Food and Food Product. Although it was publicly announced, it is currently not posted on Malaysian Standards Online. It is not possible to obtain detailed information at present.

表2 Example of Halal certification process and check points in food

Step	Compliance matters
Raw materials	Being Halal
Meat treatment	Muslims who understand Halal's concept, to slaughter according to the Shari'a Act
Intermediate input material	Even if it is not detected from the final product, you can not use Haram
Factory	It is desighned to not come in contact with Haram Keep away from pig farms and sewage treatment facilities
Manufacturing machine	Do not touch Nagis (unclean) things Must be set for easy cleaning Halal dedicated line
Factory operation	Maintain good sanitation
Packaging	The packaging material is not Nagis (unclean) Designs, symbols, logos etc. should not be misleading Use display on registration
Storage and storage Sale	Do not mix with / close to Haram In retail, there is a non-Muslim corner displaying only non-Halal products, or Haral corners displaying only halal merchandise

チェックポイントを示す。

ハラール認証の手続きは大きく書類審査，現地監査，サンプリング品の分析，シャリア・ハスル（認証のための会議）の4ステップに分かれる[7)]。マレーシアのJAKIMの場合，ハラール認証後も原則として毎年現地監査が行われ，認証の有効期間は2年である。また，生産プロセスや原料を変更する場合にもJAKIMに届け出て，必要に応じて現地監査を受けることになる。現在，57ヶ国の加盟国からなるイスラム協力機構（OIC：The Organization of Islamic Cooperation）で世界基準のハラール規格の制定を検討している。

4 ハラール医薬品市場規模

世界のイスラム教徒の数は18.5億人で，シンクタンクの予測によるとムスリムの人口は2030年にキリスト教徒を抜いて世界一となり，2050年には世界人口の約3分の1を占めるという予測もある[8)]。ほとんどのOIC加盟国で，イスラム教徒が人口の過半数を占めている。OIC加盟国以外でも，インドに1億4000万人，中国に4000万人，米国に800万人，フィリピンに600万人，フランスに600万人，ドイツに300万人のイスラム教徒が居住しており[9)]，EU各国におけるイスラム教徒の移民問題は，2016年のイギリスのEU離脱問題の直接的な原因になったことは記憶に新しい。

ハラール製品の現在のマーケットは約1兆ドル（約100兆円）で，その中で食料品，飲料（以下，飲食品）が67%，医薬品が22%，化粧品が10%を占め，単純に医薬品は20兆円強のマーケットがあるとの分析結果もある[10]。すでに日本の医薬品市場の約2倍のハラール医薬品市場が存在することになる。

参考までに現在のイスラム教国の医薬品市場規模を表3に，アジアの代表的なイスラム教の国の経済指標等を表4にそれぞれ示す。主要なイスラム教の国の経済成長率は，日本に較べ高いこ

表3　Pharmaceutical market

		2006年	2011年	2017年
アジアの主要イスラム教国	シンガポール	509	951	880
	マレーシア	922	1,631	2,120
	インドネシア	3,624	6,789	6,960
	パキスタン	1,773	2,535	2,880
イスラム教徒の多い国	タイ	2,872	4,984	4,920
	インド	17,507	27,495	19,590
	フィリピン	2,388	4,458	3,230
中東他の産油国の主要イスラム教国	イラン	832	1,857	2,330
	イラク	—	—	1,880
	バーレーン	—	—	410
	サウジアラビア	2,088	3,702	7,520
	クウェート	—	—	1,050
	カタール	—	—	590
	オマーン	143	137	710
	アラブ首長国連邦	896	2,085	2,840

Million US$

出典：The World Pharmaceutical Markets Fact Book 2017（Espicom Business Intelligence, UK）

表4　アジアの代表的なイスラム教の国の経済指標等

	人口	イスラム教徒の割合	1人当たりの名目GDP（米ドル）	実質GDP成長率	イスラム教の位置づけ
マレーシア	2,995万人 (2012)	61%	10,548（2013）	4.7%（2013）	連邦の宗教
インドネシア	約2.55億人 (2015)	88.1%	3,377.1（2015）	4.8%（2015）	
シンガポール	約554万人 (2015)	14.7%	52,888（2015）	2.0%（2015）	
ブルネイ	41.2万人 (2014)	78.8%	40,472（2014）	−2.3%（2014）	国教
パキスタン	1.88億人 (2013−2014)	96.1%	1,398（GNI） (2014−2015)	4.2% (2014−2015)	国教
（参考）日本	1.27億人 (2015)	0.14%	32,486ドル (2015)	0.8%（2015）	

データ入手先：外務省HP（http://www.mofa.go.jp/）
非営利機関 Pew Research Center HP（http://www.pewforum.org/）

とが理解できる。イスラム教の国の一部は石油産出国・輸出国であり，アラブ首長国連邦，カタール，クウェート，バーレーン，ブルネイのように，日本を超える，あるいは日本に匹敵する豊かな国も多い。

5　医薬品の輸出

財務省の貿易統計資料[11]から，日本からの対象国に対する医薬品の輸出額を調査，整理したものが図2である。貿易統計資料の輸出データはカテゴリー別に細分化されており，その中から非ハラール対象になる可能性の高い「人または動物を利用した医薬品および抗生物質の医薬品」のみを抽出したデータを図3に示す。

国別に医薬品の日本からの輸出額を見ても，2016年で100億円を超える国はないことがわかる。しかし，2012年から2016年の医薬品輸出増加率は，パキスタン除き，アジアの主要イスラム教国で124～127%，イスラム教徒の多い国で136～149%，産油国の主要イスラム教国で140～360%と高い。今回の調査対象国向けの医薬品総輸出額は，2012年で145.8億円，2016年で206.8億円と41.8%の増加率を示した。

一方，非ハラール医薬品になる可能性の高い「人または動物を利用した医薬品および抗生物質の医薬品」の日本からの輸出額は，国別でも2016年で15億円を超える国がなく，2012年と比較してもほとんど増加していないことが分かった。

日本の医薬品の総生産高から考えてみると，調査対象国への輸出額（2016年）206.8億円は2015年の日本医薬品国内生産金額の6兆8204億円（内，医療用医薬品国内生産金額5兆9969億円）の約0.3%に該当するに過ぎない[12]。「人または動物を利用した医薬品および抗生物質の医

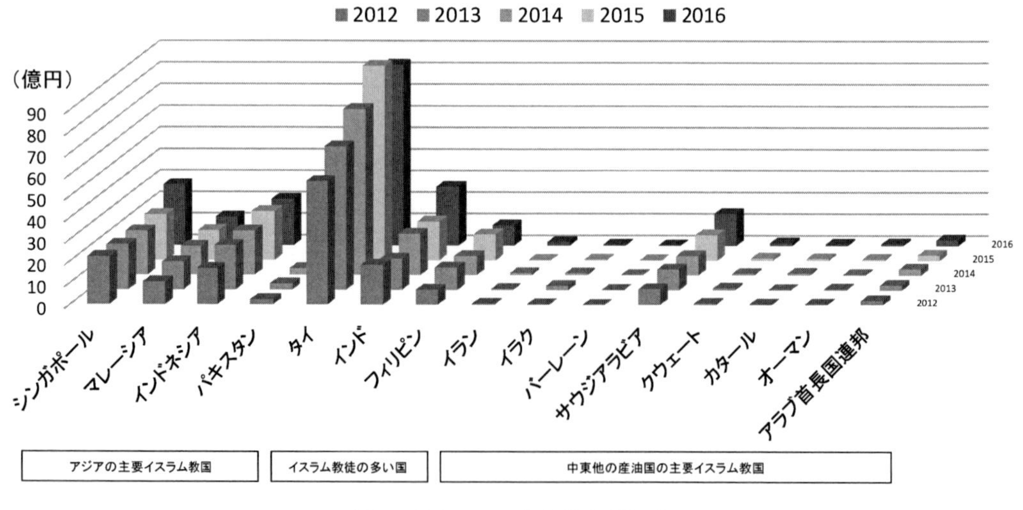

図2　日本からの輸出額（医薬品）

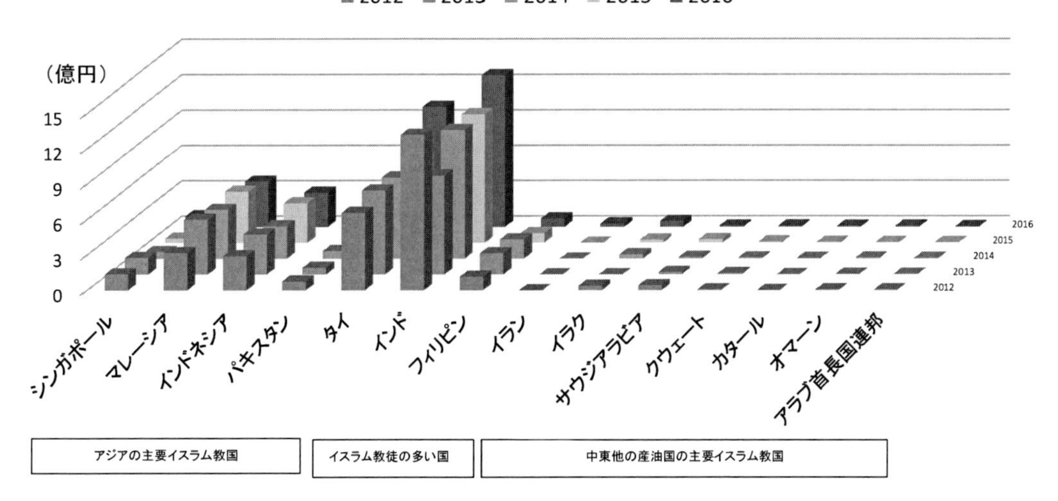

図３　日本からの輸出額（人または動物を利用した医薬品および抗生物質の医薬品）

薬品」はさらに輸出額は少ないため，仮に対象国への日本からの輸出が完全になくなっても金額的に日本側が大きな影響を受けることはないと考えられる。但し，日本からの輸出額には，海外の自社工場あるいは委託先からの輸出が含まれないことに注意が必要である。またハラール対応が難しいという理由で，対象国への輸出を停止することのないように医薬品の持つ人道的な見地も十分配慮すべき事項である。

6　医薬品の現状

現状，医薬品の原料あるいは添加物をハラール・ハラームの視点で分類したものを表5に示す。

合成品，植物や微生物はハラールであるが，豚由来のすべてはハラームに分類され，イスラム法に基づかず屠殺された動物や人体由来のもの等はMasboohとなり，判断が必要となる。この中で今まで大きく取り上げられた問題は，医薬品製造に用いられるゼラチンとアルコールである[13,14]。

ゼラチンの多くは豚由来である。しかし，医薬品の持つ意味と現状を踏まえ，マレーシアは2010年のMalaysia Standardで「病気は緊急事態なのでゼラチンの医薬品への配合は，現在のところ許容範囲である。但し，ゼラチンに替わる良い代替品が見つかれば，現行のゼラチンの使用は禁止される」と取り決めている[14]。さらに近年，ワクチンに含まれるゼラチンの問題が表面化し[15]，インドネシアで風疹ワクチン接種率低下による公衆衛生上の危惧が論じられ，2018年にハラール認証を担うインドネシア・ウラマ評議会（MUI）が風疹ワクチン接種を大々的に呼びかけている[16]。メガファーマもハラール対応ワクチンの開発を目指している[17]。

表５　医薬品原料のハラール・ハラーム分類

ハラール （合法）	Masbooh （グレイゾーン）	ハラーム （非合法）
・合成品 ・植物 ・半合成品 ・微生物 ・リコンビナント DNA	・イスラム法に従い屠殺されていない動物 ・人由来* ・昆虫 ・他	・豚由来の ・ゼラチン ・インシュリン ・酵素 ・ホルモン ・他

*MS2424 の 2018 年 First revision（draft）にハラール医薬品の定義が記載されており，以下の表記がある。“do not contain any human parts or its derivatives that are not permitted by Shariah law and fatwa”

次にアルコールだが，イスラム教ではアルコール飲料（ハラーム）の摂取を固く禁じている。但し，インドネシアの場合，香料の抽出に合成エタノールを用いることができる。また生産ラインや道具の殺菌に合成エタノールを用いることも可能である。またアルコール含量が 0.1％以下であれば問題ないという見解も聞かれる。酢のように発酵の一段階としてアルコールを生じるものの，完全に性質が変化してアルコールでなくなれば問題がないという考えもあり，アルコールについては取り扱いが難しく[18]，ハラールサイエンスの分野でも，測定方法を含め，アルコールに関しての議論が盛んに行なわれている。

マレーシアのハラール産業開発公社（HDC）はハラール認証申請者全員に対して GMP と HACCP の要求事項に準拠するように強く勧告している[14]。イスラム教徒以外にとって，ハラール製品は純粋に「ハラールトイバン（ハラールであり，健全である）」の概念に基づく高品質製品となる。その前提として「インフォームド・コンセント」が重要で，ラベルにハラールの有無を明示し，その表示内容を厳守するとともに関連法整備も重要となる。

インドネシアもマレーシアを追従するようにハラール認証制度のハブ化に向け動き始めている。もともとインドネシアは資本投資に関する大統領令（Presidental Decree No.36/2010 on Capital Investment）で外資系の投資割合は最大 75％までに制限するなど，国内産業の保護育成を目指している。医薬品メーカーの多くが原材料を輸入しているが，原材料の起源まで遡って調査の上，購入することは難しく，2016 年時点でインドネシア政府は医薬品に関するハラール法の制定に関する決定を保留していたが，2019 年から医薬品に関するハラール法が施行されるとの一部情報もある。

タイは世界有数の食糧輸出国のため，世界初のハラール科学機関として知られるチュラロンコン大学ハラール科学センターがある。センターでは脂肪，ゼラチン，アルコールなどの検査を実施しており，DNA レベルの確認ができる[19]。

欧州は歴史的な背景からイスラム教の国々との繋がりが強く，また自国内にもイスラム教徒を多く抱えるため，欧州企業は必然的にハラール制度に関心が高い。

エーザイ㈱はインドネシアの工場で1987年から認知症薬や胃潰瘍薬などを生産しているが，イスラム教徒向けと銘打って医薬品の製造を検討中である[20]。また医薬品ではないが，石田香粧㈱が2016年7月21日，日本イスラーム文化センターからハラール認証を取得し，女性イスラム教徒向けのハラール化粧品を製造販売している[21]。大正製薬も，マレーシア工場で生産する清涼飲料水（リポビタン）のハラール認証を取得し，マレーシア製の製品を中東各国の市場へ輸出している[22]。

7　まとめと展望

医薬品産業を国の基盤産業として育成するためには市場の拡大を考え，世界を主戦場にしなければならない。そのためにはPIC/S（医薬品査察協定及び医薬品査察共同スキーム）などの世界共通の仕組み作りに参画し，共通のルールで世界と戦える体制を作ることが重要である。一方，民族の多様性，宗教を含む異文化に対応した製品作りも大切である。

ハラールを規定するイスラム法が属人法であり，宗教組織がハラール認証の判断に大きな影響力をもつことを理解しなければならない。クルアーン（コーラン）には「必要に迫られ，故意に違反せず，また法を越えぬ場合は罪にならぬ」という一節があり[23]，またマレーシアの当局者は「現段階では病気という緊急時に動物由来のゼラチンを用いた非ハラール医薬品の使用を明確に禁じているわけではない」とコメントしている[24]。一方，患者の知る権利に対して必要な情報の提示は医療従事者にとって義務であり，ハラールに関する情報提供も今後，重要になると考える。

ハラール製品に関心を持つ人々はイスラム教徒だけでなく，とりわけ欧州の人々は，ハラールをオーガニックと同じように「安心，安全，健康」ととらえる傾向にあり，中・高所得者層を中心に関心が高まってきている事実[10]にも注目すべきであろう。国内製薬産業の技術貿易収支の黒字額は自動車などの輸送用機械に次ぐ位置であり[25]，日本の医薬品市場の数倍の規模を持つハラール医薬品市場は魅力的な市場と言える。さらに観光立国を唱える日本において，訪日イスラム教徒に対するハラール医薬品などの提供，あるいはハラール情報の提供などの宗教的な側面のサポートも今後，ますます必要になると考える。

文　　献

1）　中田雄一郎，「医薬品とハラル制度」，大阪大谷大学紀要，**51**，1-14 (2017)
2）　中田雄一郎，「医薬品産業におけるハラル制度」，PHARM STAGE，**17** (8)，52-58 (2017)
3）　中田雄一郎，「経済活動から見た医薬品のハラル制度」，大阪大谷大学紀要，**52**，15-22 (2018)

4) Yuichiro NAKADA, "Halal Pharmaceuticals: Opportunities and Challenge", Joint Conference of The 1st International Conference on Halal Pharmaceuticals and Cosmetics and The 7th Conference of Asia Pacific Pharmacy Education Network 要旨集, pp.50 (2018)
5) 中田考，イスラーム法とは何か？，pp.2－3 および pp.249－250，作品社（2015）
6) 安藤利華，「基準・認証の調和に働きかける」，ジェトロセンサー，4 月号，70-71 (2016)
7) （報告書）マレーシアハラル制度の基礎と応用，財団法人 食品産業センター，平成 23 年 3 月
8) 宗教と経済 2013，週刊エコノミスト，10 月 22 日号，25 (2013)
9) （資料）ハラール市場とその展望（Halal Industry Development Corporation；http://www.shokusan-sien.jp/sys/upload/166pdf32.pdf)
10) シンガポールから「ハラールビジネス」のマーケットと進め方，FFG 調査月報（6 月），60，38-43 (2013)
11) 財務省の貿易統計資料，http://www.customs.go.jp/toukei/info/tsdl.htm
12) 産業レポート 2017 年度業界見通し，三菱 UFJ 銀行，2017 年 2 月，pp4
13) Norazlina Abdul Aziz, *et al.*, "The Need for Legal Intervention within the Halal Pharmaceutical Industry", *Procedia-Social and Behavioral Sciences*, **121**, 124-132 (2014)
14) Mustafa Afifi B. *et al.*, *Halal Pharmaceuticals, The Social Science*, **10**, 490-498 (2015)
15) 日経 BP ネット，第 24 回アジアで需要の高まるハラール医薬品市場，2014 年 11 月 12 日
16) 風疹ワクチン接種へ「死より豚を」，朝日新聞朝刊，2018 年 9 月 21 日
17) Mohd Nor Norazmi, *et al.*, "Halal pharmaceutical industry: opportuniyies and challenges", *Trends in Pharmacological Sciences*, **36**, 496-497 (2015)
18) 阿良田麻里子，「インドネシアにおける食のハラールの現状」，食品工業 3 月 15 日，30-37 (2014)
19) 笠間順子ほか，「東南アジアのハラール産業」，自治体国際フォーラム 8 月号，2－9 (2008)
20) 「ハラール」医薬品 エーザイが検討，日本経済新聞電子版，2016 年 5 月 30 日
21) http://www.ishidakosho.co.jp/index.html
22) 並河良一，「食品のハラール制度の技術的性格と対策」，日本食品工学会誌，**12**，17-146 (2011)
23) クルアーン（コーラン第 2 章 アル・バガラ章 第 173 節）
24) 「第 1 回 日本－マレーシアシンポジウム」開催の経緯，JPMA NEWS LETTER 5 月号，**167**，1-5 (2016)
25) 長澤優，「日本の医薬品の輸入超過と創薬の基盤整備の課題」，医薬品産業政策研究所 リサーチペーパー・シリーズ，No.58，2013 年 4 月

第17章　ハラール化粧品

1　ハラール化粧品の現状

大川真由子*

1.1　はじめに

ハラール産業のなかでもハラール化粧品は比較的新しく登場し，現在のところ経済規模も最小だが，今後の急成長が期待されている分野でもある。本節では，ハラール化粧品の現状と特徴を検討したうえで，今後の展望を示したい。ここでいうハラール化粧品には，基礎（スキンケア）化粧品やメイクアップ化粧品，香水やマニキュアのほか，トイレタリー（toiletry / personal care）と呼ばれるボディケアやヘアケア製品なども含まれる。

Thomson Reuterのデータ[1)]によると，ムスリムの化粧品市場規模は，2012年で260億米ドル，2013年で460億ドル，2014年で540億ドルと急成長した。2015年は560億ドル，2016年は570億ドル，2017年は610億ドルと近年は微増にとどまっているが，2023年には900億ドルの市場規模が見込まれている。国別にみると，インド，インドネシア，ロシア，トルコ，マレーシアの化粧品消費額が高い。ハラール化粧品だけに限定してみると，その市場規模は126億ドルで，これは世界全体の化粧品市場の2.3%に相当する。インドネシア，マレーシア，韓国，シンガポール，タイといったアジア諸国で大きな伸びを示している。

1.2　ハラール化粧品の認証規格とハラール性の問題

もっとも早くにハラール化粧品業界向けの一般指針（MS2200-1:2008）を定めたのはマレーシアだが[2)]，これに対抗すべく，中東でもUAEの連邦基準化計測庁（Emirates Authority for Standardization & Metrology，以下，ESMA）が2014年にハラール化粧品認証の指針（UAE.S 2055-4:2014）を発表した。ブルネイも2016年に指針（PBD 26:2016）を発表している。インドネシアでは，従来はハラール対象ではなかった製品・サービスにもハラール認証取得を義務づける「ハラール製品保証法」が2014年に公布されたが，対象とする範囲が定まらず，実現可能性を懸念する声も上がっている。当初は2019年10月までの施行が予定されていたが，2018年12月現在で実施細則も制定されていないことから，運用の目処は立っていない。

このように，ハラール食品と同様，ハラール化粧品にもグローバルな認証機関や基準は存在せず，各国が必要に応じて独自の規格を採用していた。こうした状況に鑑み，国際標準統一化に向けた動きがイスラーム協力機構（OIC）主導で進められ，2010年にOICの外郭団体であるイスラーム諸国標準計量機構（The Standards and Metrology Institute for Islamic Countries，以下，

*　Mayuko Okawa　神奈川大学　外国語学部　国際文化交流学科　准教授

SMIIC）が設立された。トルコ主導で設立されたこの機構には，当初，ハラール認証制度をそれまで牽引してきたマレーシアが加盟していなかった一方で，SMIICの本部がトルコに置かれたり，2012年，ハラール食品とハラール化粧品の統一基準のための技術委員会の議長国にUAEが選出されたりするなど，ハラール認証の国際標準統一化の主導権を中東に移そうとする動きを見せていた。そしてついに，2018年2月，SMIICからハラール化粧品分野の一般要件（OIC/SMIIC4:2018）が発行された。多くのイスラーム諸国が加盟するOIC母体の機関によるハラール化粧品の国際規格化は，大きな成果であるといえよう。ただし，すでに存在しているハラール食品のOIC/SMIIC規格も国際的にそれほど浸透していないのが現状であるように，ハラール化粧品のそれも実用的な国際統一規格化に向けて，まずは知名度の向上をはかるなど，今後とも注視が必要である。

ここでは，すでに国際的に普及しているマレーシア政府機関JAKIMによるハラール化粧品の認証規格をベースに，UAE規格とSMIIC規格との比較もまじえながらその特徴をみていこう。

マレーシア規格でのハラール化粧品は，以下の要件を満たしていることが求められる[3)]。

a）人間の身体の一部またはそれに由来する成分を包含または含有していない。

b）イスラーム法によりムスリムが使用または摂取することを禁じられている動物，またはイスラーム法に従って食肉処理されていないハラール動物に由来する肉体の一部または物質を包含または含有していない。

c）イスラーム法により「不浄（*najs*）」と定められている材料または遺伝子組み換え生物（GMO）を含有していない。

d）イスラーム法による不浄なものに汚染されている設備機器を使用して調合・調理，加工，製造，または貯蔵していない。

e）調合・調理，加工または製造中に，上記の要件を満たしていない材料と接触しておらず，物理的に隔離されている。

f）消費者や使用者に害を与えない。

上記の条件は基本的にハラール食品のそれと変わらないといえよう。ハラール化粧品の供給源について，とくに問題となる原材料や成分はアルコールとブタ由来成分である。アルコール（化粧品に使われるのはおもにエタノール）は清浄・殺菌効果のほかに，水や油に溶けにくい成分の可溶化を目的に化粧品や香水に配合される。アルコールはハラーム（禁止）であるという理解が一般的だが，ここでいうアルコールとは，酩酊作用のあるハムル（*khamr*：アラビア語）を指す。つまり，工業用途のアルコールであれば合法であり，マレーシア規格（4.1.4），UAE規格（6.1.5），SMIIC規格（4.1.4）いずれにおいても，アルコール飲料以外のアルコールを含む化粧品の原料は許容されている[4)]。実際，アルコール入りの香水を合法とするファトワー（イスラーム法学者が出す見解）は枚挙にいとまなく，スンナ派の最高権威機関であるアズハルのファトワー委員会からも出されている。ハラール化粧品の場合，ハラールの規定はまずはマーケットありきのご都合主義的な側面も指摘できるが，より興味深いのは，飲用目的でなければアルコールは化粧品に使われてもよいという知識や条件が消費者側に共有されていないことに加え，生産者側もその要件を鵜呑みにすることなく，誤解を避けるためにアルコール使用を避けている点である。

コラーゲンについてはどうだろうか。コラーゲンは保水保湿の効果が期待されるタンパク質の一種で，保湿クリームや美容液に配合される。動物性（おもにブタ）と海洋性があり，前者は加工容易で低価格である。コラーゲンは，マレーシア規格によると「ハラールの陸生動物や水生動物に由来する供給源はハラール」(4.1.1) とされていることから，植物性由来成分である必要性は必ずしもない。他の規格でも同様のことが述べられている。難しいのは，海洋性のコラーゲンといっても魚由来のものだけでなく，魚の骨や皮，鱗が供給源の場合があり，法学派によって解釈が分かれる点である。たとえば，スンナ派シャーフィイー法学派では海洋性であればハラールだが，ハナフィー法学派では魚由来はハラールであるものの，それ以外は「疑わしい（マシュブーフ)」とされている。このほかにも，アルブミン，プラセンタ，ケラチンといった，従来の化粧品にはよく使われている原料も，ヒト由来のものはハラールではないので使用することができない。それぞれ，ヒトの血清，胎盤，髪の成分を原料にしている可能性があるからである。

消費者は飲用目的以外のアルコール使用がハラールであることや，動物性成分にもハラールであるものは多いということを知らない。つまりハラール基準を正しくは理解していない。だからこそ，消費者はアルコールや動物性成分不使用の商品を求めるし，生産者も疑わしい成分は使用しない姿勢をとっている。「アルコール不使用，動物由来成分不使用」を明示しているハラール化粧品が多いのはそのためである。こうした事態が続くと，化粧品に使用されているいかなるアルコールも動物由来成分もハラームであるという「誤解」を誘発することにならないだろうか。

ここまでくると，ハラール認証をめぐる状況は，イスラーム法で明確に禁止（ハラーム）されているもの以外はハラールであるという，本来のイスラーム法学の判断から乖離していることはあきらかである。それを端的に示しているのが，2014 年 UAE 計測庁 ESMA から発表されたハラール化粧品の要件書にみられる「ハラール化粧品のコンセプト」である。ハラール化粧品を構成する 4 つの要素として，「合法（ハラール）性」「非不浄性」「安全性」「質」が挙げられている。マレーシア規格においても合法性や不浄物については明確に述べられているが，安全性と質についてはUAE 規格ほど強調されていない。化粧品成分の場合，何が有害で何がそうでないかはバイオテクノロジーの発達によって刻々と変化するから，それに応じてハラール規格も変更させていくことが必要ということだろう[5)]。

安全で高品質という要素が求められていることはハラール食品にもハラール化粧品にもいえるが，化粧品に特徴的なのは，ハラール化粧品が，エシカル／ナチュラル／オーガニック化粧品との親和性をもつということである（図 1)。エシカル（倫理的）化粧品とは，有機栽培など植物性成分を主原料とし，地球環境への配慮や社会貢献（労働者の人権配慮や収益金の一部を社会事業団体に寄付）の面での倫理性を信条とする，オーガニック化粧品よりも新しい概念である。近年，

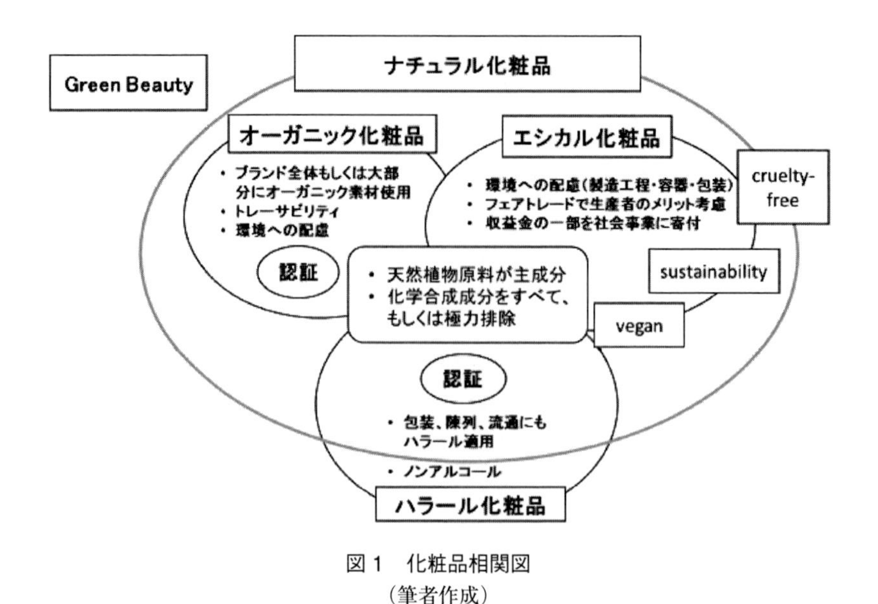

図１　化粧品相関図
（筆者作成）

世界的にエシカル活動や商品がブームとなり，商品の安全性志向が高まりつつある。ハラール化粧品が非ムスリムからの注目も集めうるのは，オーガニックやナチュラル，エシカルな化粧品と共通点が多い，つまり清浄さ，安全性，高品質の象徴として認識されているからなのである。オーガニック製品やインドの伝統医学であるアーユルヴェーダの製品の売り上げは，近年，堅調な伸びを示しており，ナチュラルなアーユルヴェーダ化粧品はインドで化粧品全体の３分の１を占めるという[6)]。ここにハラール化粧品のビジネスチャンス，ポテンシャルがある。

1.3　東南アジアにおけるハラール化粧品

実際のところ，ハラール化粧品はどの程度認知・使用されているのだろうか。まずは東南アジアからみていこう。筆者が2014年12月にマレーシアを訪れた際に確認したところ，デパートでの販売はみかけなかったが，街中のドラッグストアでは手頃な価格で数種類のハラール化粧品（おもにスキンケア製品）が大量に陳列されていた。マレーシアの大学生573人を対象とした調査[7)]では，９割がハラール化粧品を認知しているという結果が提示されている。マレーシアには1985年からすでにハラール化粧品（Unza社のSafiというブランド）が存在し，現在も化粧品の1～2割をハラール製品が占めるなど[8)]，マレーシアはハラール化粧品の先進国といってよい。被調査者の内訳はマレー人が95％を占めるが，ハラール化粧品を使おうという意思は，社会的属性（性別，学年，民族，宗教学校での学習経験など）のなかでも民族による差が大きく，実際の使用度は宗教学校での学習経験によるものがもっとも大きいという。つまり，ムスリムであるマレー人がよりハラール化粧品を使おうという意思が強く，宗教学校での学習経験のある人が実際にハラール化粧品を使っているということである。同様に，埼玉県が20代～50代のマレーシア人ムスリム女性250名を対象におこなったアンケート調査[9)]でも，ハラール化粧品に対する意識の高さが示されている。染毛料，歯磨き粉，石けんでは7割以上が，洗顔料，リンス，シェービングローション，化粧オイル，おしろい，シャンプーでは6割以上が，ハラール認証のついている製品しか使用しないという。ただし，いずれの調査でも，対象者が商品購入時に重視している点は，1位が価格であり，2位がハラールロゴの有無となっている。

インドネシアでも，2000年代になってハラール化粧品が急激に認知されるようになり，都市部の若い女性を中心に人気が高まっている。中東より遅れて始まった東南アジアでのイスラーム復興の潮流を受け，イスラームに覚醒したムスリムが商品のハラール性に意識的になる現象と解釈されている。インドネシアを調査している野中によれば，ファッション誌やSNSなどメディアの影響を受けたこうした女性たちは，以前は海外コスメを使っていた比較的購買力のある層と，イスラーム的理由からメイクを好まなかったが，「ハラールであればイスラーム的によいのだ」という意識をもつようになった層の2つに分けられるという[10)]。

近年は働く女性が増え，女性の可処分所得が増加したことが化粧品購入につながっている。彼女たちは流行に敏感で，商品に関する知識もあり，ムスリムとしての意識も高く，かつその入手方法も熟知しているような，近代的かつイスラーム的な人びとである。と同時に，ナチュラルあるいはエシカルな商品を選択することは環境や社会に対しても意識が高いことを意味し，ブルジョアの指標のひとつである「教養や洗練」の提示でもある。「健康で安全」というだけでなく，従来のハラール概念にはなかった「上品さや洗練」という要素が入ることで，ハラール化粧品の消費者はこうした都市在住の新興ブルジョアであるという階級的記号となったのである。

1.4　中東におけるハラール化粧品

これに対し，中東ではハラール化粧品の認知度が低い。その要因として筆者は3つ考えている。第一にハラールという概念と化粧品が結びつかないことが挙げられる。これまで「ハラール」といえば食品に対して使われるのが一般的で，「ハラール化粧品」自体が現地の人びとにとって新しい言葉である。第二の要因は，ハラール化粧品がほとんど流通していないという点である。UAEの化粧品関係見本市Beauty World Middle Eastの主催者によると，中東では2016年，ハラール化粧品のマーケットシェアは7.91%であった[11)]。筆者の調査地であるオマーンの首都マスカットでは，2018年3月の段階でもハラール化粧品は未確認である。第三に，中東ではそもそもハラール以外のものが売られていないという「常識＝思い込み」が挙げられる。UAEの計測庁ESMAの幹部が「美容製品の原料はすべてハラールであるべきだが，UAEではすべての製品がそもそもハラールだ」と述べているように[12)]，外国人の割合が高い湾岸諸国においても商品がハラールではないということを疑う消費者は少ない。認知度が低いのは一般市民だけではない。ドバイに店舗をもつ194の化粧品販売店のうち，64%が非ムスリムの販売員で運営されており，43.3%がハラール化粧品に関する知識がないか，乏しいという結果[13)]も出ている。

そうした状況下でも，世界的な食の安全や健康志向を受け，近年UAEでは商品のハラール性に対する関心が高まっている。Ireland & Rajabzadehは，300人のUAE在住ムスリムを対象に，

28品目に対して「関心なし」「ある程度関心あり」「かなり関心あり」の3段階評価をつけてもらったうえで，どのような関心をもっているのかという調査をおこなった。ハラール製品のなかで消費者がもっとも高い関心をもっているのは肉加工品で，化粧関連製品に対する関心は，化粧品18%，香水18%，歯磨き粉11.6%とそれほど高くはない。だが，男性よりも女性の方がより多い品目に対して関心をもっているのは，女性が化粧品に関心があるからだと著者らは指摘している。とくに化粧品に含まれる不浄物やブタ由来成分，香水に含まれるアルコールに関心を寄せているという[14)]。先述のBeauty World Middle Eastによれば，7.91%という中東全体のハラール化粧品のマーケットシェアは，湾岸諸国に限定すると17.97%に倍増する。Thomson Reutersが公表しているイスラーム経済の発展度合いや持続性を示す指標（GIE指標）によると，ハラール産業全体ではマレーシアが第1位であるが，ハラール化粧品および医薬品部門では，1位はUAE，2位はシンガポール，3位がマレーシアである[15)]。

今後，ハラール化粧品についての情報が浸透し，商品へのアクセスが容易になれば，UAEとサウジを中心に湾岸諸国でもハラール化粧品が普及する可能性はあるだろう。東南アジアで登場している新しいタイプの近代的かつイスラーム的消費者はUAEやサウジにも多い。湾岸諸国は6か国全体で人口約4000万人と少なく，そのうち半分を外国人が占めるが，国民の平均年齢が30歳という若さと高い購買力が魅力的な市場である。化粧品購入の特徴としてはサウジやUAEで香水の売り上げがとくに大きいことが挙げられる。これは世界の香水市場の20%を湾岸諸国が占めていることからもあきらかで[16)]，近年ではハラールの香水も発売されている。

1.5　今後の展望

スキンケア製品やシャンプーなどのバス製品の商品化から始まったハラール化粧品だが，現在は対象も香水や一部メイクアップ製品に広がり（ただし，アイライナー，マスカラ，ファンデーションは未開発），近年は，ハラール・マニキュアが相次いで発売されている[17)]。こうしたハラール化粧品は現在のところ，大手のグローバル企業というよりは，中小の化粧品メーカーがしのぎを削って生産・販売している状態である。2017年にはハラール化粧品専門の複合通販サイトPretty Suciがスタートするなど[18)]，ネット通販を通じて，商品へのアクセスは広がりつつある。

今後，ハラール化粧品産業が発展していくためには，3つの条件が挙げられる。第一に，ハラール化粧品に対する認知度を上げるための啓発活動を展開すること。第二に，ハラール化粧品の流通を活性化させること。とりわけ，購買力の高い湾岸諸国での充実が望まれる。第三に，オーガニックやビーガン，エシカル商品と関連づけること。現在，世界的に持続可能性（サステイナビリティ）やエシカルへの関心が高まるなか，それらとの親和性の高いハラール化粧品は，複数認証を取れる可能性をもっている。たとえば，オーストラリアの化粧品ブランドINIKAは，オーガニック認証とハラール認証双方を取得し，ビーガンとcruelty freeも謳っている。動物愛護の観点からも，動物性成分を排除したハラール化粧品は「好ましい」といえる。本来，ハラール製品には環境への配慮やサステイナビリティという含意はない。だが，ハラール化粧品に限っていえば，オーガニックやエシカル化粧品などとの親和性が高いために（あるいは，親和性が高いという「誤認」ともいえるのだが)，世界的なサステイナビリティ・ブームがハラール化粧品の浸透の後押しになる。近年では，こうしたサステイナビリティを意識した美容のことを指して「グリーン・ビューティー（green beauty)」と呼ぶこともある。ハラール化粧品がこの範疇に入っていけるかは，販売側の戦略によるだろう。元来，イスラームはエコ・フレンドリーな宗教ともいわれ[19]，近年では「エコ・イスラーム」や「グリーン・イスラーム」といった用語をインターネット上で目にするようになった。そうした意味で，ハラール化粧品とエコを結びつける戦略は，実はイスラーム的に「正しい」のであり，かつ大きなポテンシャルを秘めている。

文献および注釈

1) Thomson Reuters, *State of the Global Islamic Economy Report 2018/19*, p.96-101, Thomson Reuters (2018)

2) マレーシアは2018年末の段階で改訂版を準備中で，「ハラール化粧品――一般要件」として発表される予定である。草稿によれば，本稿で紹介した基本的要件に大きな変更点はないが，従来は「イスラーム法」と書かれていたところが，「イスラーム法およびファトワー」という具合に，ファトワーという文言が追加された点，「ファトワー」や「sertu（儀礼的洗浄)」，「ノンハラール」など，いくつかの用語の定義が加えられた点，管理体制に関する要件が追加された点が主要な修正点である。Department of Standards Malaysia, *Draft Malaysian Standard: Halal Cosmetics-General Requirements* (2018)

3) マレーシアにおける化粧品および美容関連商品の市場調査，p.156，ジェトロ（2012)

4) UAE規格では，製品に直接加えるのではなく，「製品の加工を補助する溶剤や添加剤としてはその使用が認められる」としている。UAEにおける化粧品の輸入制度，p.9，ジェトロ（2015)

5) 比較的最近にできたUAE規格（6.1.8）とSMIIC規格（4.1.5）では，ナノ物質も完全なる安全性が確認できなければ使用が禁止されると規定されるなど，マレーシア規格には規定のなかった要件も登場した。

6) A. T. Kearny, *Demystifying the Future of Beauty and Personal Care*, p.15, A. T. Kearny (2017)

7) P. K. Teng & W. Jusoh, Paper presented at 4th International Conference on Business and Economic Research, 372 (2013)

8) S. Mohezar, S. Zailani & Z. Zainuddin, *Global Journal Al-Thaqafah*., **6** (1), 49 (2016)

9) 埼玉県，マレーシア国内等におけるハラル化粧品に関する市場調査結果，p.38，埼玉県（2015)

10) 野中葉，*CIRAS Discussion Papers*，**80**，32-34 (2018)

11) Trends and Developments in MEA's Women's Cosmetics Market (2017/12/18)

https://www.beautyworldme.com/blog/trends-and-developments-in-mea-s-women-s-cosmetics-market (2018年11月18日閲覧)

12) All Cosmetics Sold in UAE are 'Halal' by Default: Esma (2015/5/20), *Emirates24/7* http://www.emirates247.com/business/corporate/all-cosmetics-sold-in-uae-are-halal-by-default-esma-2015-05-20-1.591298 (2016年2月5日閲覧)

13) B. M. Hajipour *et al., International Journal of Academic Research in Business and Social Sciences,* **5** (7), 346 (2015)

14) J. Ireland & S. A. Rajabzadeh, *Journal of Islamic Marketing,* **2** (3), 278-279 (2011)

15) Thomson Reuters, *State of the Global Islamic Economy Report 2018/19,* p.10, Thomson Reuters (2018)

16) ジェトロセンサー, **725**, 46, ジェトロ (2011)

17) マニキュアは，原料のハラール性はもちろんのこと，マニキュアをしたままでもウドゥが有効になるような透水性が求められる。マニキュアを塗ったままでのウドゥの有効性については，複数のファトワーが出ており，無効とする見解が多い。

18) Thomson Reuters, *State of the Global Islamic Economy Report 2017/18,* p.158, Thomson Reuters (2017)

19) 大川真由子，自然・人間・神々，御茶の水書房，近刊

2　ハラール化粧品の販売における現状と課題

村松眞智子*

2.1　はじめに

弊社は国内でハラール化粧品が注目を集め始めた2015年から，「インバウンドに続く化粧品業界の大きなムーブメントになるだろう」との視点でハラール化粧品の販売に着手してきた。

現在，弊社が販売しているハラール化粧品は，産学官連携の中で誕生したスキンケア化粧品「Melati（メラティ）」である。2014年，埼玉県保健医療部薬務課，城西大学薬学部，埼玉県化粧品工業会が「ハラール化粧品原材料等研究開発コンソーシアム」を組織。そこに化粧品製造会社である石田香粧㈱が参画し，「Melati」が誕生した（写真1）。「Melati」は，イスラム教で禁止されている豚由来成分やアルコールを一切排除した処方で作られた自然派化粧品で，埼玉県が定めた「ハラール化粧品GMP〈Good Manufacturing Practice〉リファレンス」を参考に，成分だけでなく成分の製造工程までも厳しくチェックして製品化され，2016年7月21日に「宗教法人 日本イスラーム文化センター」よりハラール認証を取得している（写真2）。

現在私たちは「Melati」を中心に化粧品の販売を行っているが，やはり一般の化粧品とは異なる難しさや改善すべき点，ハラール化粧品の需要を伸ばしていくための課題などが明らかになってきた。

今回は私たちが経験したことを踏まえ，ハラール化粧品販売における現状と販売する上での課題について述べていきたい。また，この書籍がハラール全体について解説していることもあり，

写真1　ハラール化粧品「Melati」の製品アイテム
左からメイクアップリムーバー，ホワイトジェル，UVケアクリーム

*　Machiko Muramatsu　㈱グレート　代表取締役

HALAL CERTIFICATE

Ref. No.: N-0061

The Halal Certification Committee of Japan Islamic Trust (registered as Nihon Islam Bunka Center, Reg. No. 0133-05-000786) has certified

Company Name: *ISHIDA KOSHO CO LTD*
Address: 3-12-1 Shitaya, Taito ku, Tokyo, 110-0004, Japan
Factory/Plant: 1) Ishida Kosho Toda Factory
2) S&A Co.,Ltd.
Address: 1) 2-1 Kawagishi Toda City Saitama ; 335-0015,JAPAN.
2) 5-3-6 Magamoto, MinamiKu,Saitama;336-0033,JAPAN

The following cosmetics & health care products , and the production facility was found fit for Halal, according to requirements of standard UAE s 2055-4:2014, We hereby certify the following products as Halal for Muslim consumption.

- Products list is attached

Initial certification date : 21th Aug 2016
Recertification date : 18th Aug 2018
Expiry Date : 20th Aug 2019

Aqil Siddiqui
Halal Certification Committee

JIT Address and contact details:
Address: 3-42-11 Minami Otsuka, Toshima-ku, Tokyo 170-0005 JAPAN
Tel: +81 3 3971 5631, Fax: +81 3 3971 5631
E-mail: Halal@islam.or.jp or info@islam.or.jp

写真２「宗教法人 日本イスラーム文化センター」より発行されたハラール認証証

化粧品になじみが薄い読者もいることを想定して，化粧品というカテゴリーの中でハラール化粧品がどういう位置付けになるのかも触れていくつもりである。

2. 2 ハラール化粧品の市場動向

既に化粧品業界に身を置く人々には解説するまでもないが，中国を中心としたインバウンドによる売り上げが好調な化粧品業界では，日々異業種からの参入が相次いでおり，この流れは2020年の東京オリンピック・パラリンピック頃まで続くものとされていた。しかし，先日2025年に大阪万国博覧会の誘致が決まったことを考慮すれば，この流れが延伸することも予想される。

そのような中で新たに有望な市場として化粧品業界も注目しているのが世界人口の約30%を占めるといわれているムスリム（イスラム教徒）の存在である。今後，ムスリムが観光やビジネスなどで日本を訪れる，あるいは定住することが確実に増大すると予想され，この市場が拡大すると期待されている。しかし，ムスリムを対象とした化粧品販売は，中国人などの仏教圏や欧米人などのキリスト教圏を対象としたビジネスモデルを簡単にあてはめることができない。なぜなら，そこにはイスラム教の「ハラール」（許されるもの）と「ハラーム」（許されないもの）という厳格な教義が存在しており，商品開発が安易に行えない状況となっているからだ。逆に言えばこの厳格な教義があることでこれほどの巨大な市場が未分化となっており，大きなビジネスチャンスが眠っていると考えることもできる。

2.3　ハラール化粧品とは何か

すでに他の項目でも書かれているとは思うが，ハラール化粧品を考えるうえでやはり，「ハラール」とはいかなるものかについて簡単に述べていきたい。

そもそも「ハラール」とはイスラム教の法律で「許されたもの」を意味する言葉である。対象はモノだけでなく行為に対しても広く定められており，教義に書かれているものは「禁止（ハラーム）」であり，それ以外は「ハラール（合法）」という解釈がなされている。

特に食品の分野で関心が高く，豚（豚由来のものを含む）やアルコール（アルコールを使用したものも含む）は「ハラーム」であり使うことができない。化粧品においても食品同様の考えが取り入れられており，食品で使うことができないものは化粧品でも使うことができないというのが，基本的な考え方になっている。つまりは，豚由来の原料及びアルコールを原料とした成分が入った化粧品は「ハラール化粧品」と呼ぶことができないという考え方である。

「化粧品を販売する」といっても，製造から販売まで自社で行うケースとOEM（納入先企業の販売商品としての受託製造）などで化粧品の製造を専門業者に依頼し，出来上がった化粧品を販売するという2つのケースが考えられる。

特に国内では販売のみを主とした場合，化粧品原料や製造工場（あるいは製造ライン）がハラールであるか否かについてはあまり関心が及ばない。しかし，実際店頭（あるいはインターネットなど）で化粧品を販売する際に，ムスリムの消費者からの質問の中心は「この化粧品はハラールなのか否か」である。そういった意味でムスリムの消費者が一目で判断できるのがハラール認証マークとなる。

国内のムスリム市場は今のところ，「ハラール認証マークが商品選択の基準になっている」ところまでに至っていないが，今後ムスリムが多く国内に流入すれば店舗に立ち寄り，化粧品を購入しようとした際に，このマークの有無が化粧品選択のメルクマールとなる可能性は大いにあり得る。

2.4　一般化粧品とハラール化粧品

一般的に化粧品と呼ばれているものの中には効果・効能をうたえる医薬部外品（医薬品に近い化粧品）と効果・効能の表現に制限がある一般化粧品に分けられている。現在市場に流通しているハラール化粧品は，ほぼ一般化粧品の範疇にあり，一般化粧品として販売する際の宣伝や表現なども限られてしまうことになる。

表1　化粧品で使用可能な効果表現

(1) 頭皮，毛髪を清浄にする。	(29) 肌を柔らげる。
(2) 香りにより毛髪，頭皮の不快臭を抑える。	(30) 肌にはりを与える。
(3) 頭皮，毛髪をすこやかに保つ。	(31) 肌にツヤを与える。
(4) 毛髪にはり，こしを与える。	(32) 肌を滑らかにする。
(5) 頭皮，毛髪にうるおいを与える。	(33) ひげを剃りやすくする。
(6) 頭皮，毛髪のうるおいを保つ。	(34) ひげそり後の肌を整える。
(7) 毛髪をしなやかにする。	(35) あせもを防ぐ（打粉）。
(8) クシどおりをよくする。	(36) 日やけを防ぐ。
(9) 毛髪のつやを保つ。	(37) 日やけによるシミ，ソバカスを防ぐ。
(10) 毛髪につやを与える。	(38) 芳香を与える。
(11) フケ，カユミがとれる。	(39) 爪を保護する。
(12) フケ，カユミを抑える。	(40) 爪をすこやかに保つ。
(13) 毛髪の水分，油分を補い保つ。	(41) 爪にうるおいを与える。
(14) 裂毛，切毛，枝毛を防ぐ。	(42) 口唇の荒れを防ぐ。
(15) 髪型を整え，保持する。	(43) 口唇のキメを整える。
(16) 毛髪の帯電を防止する。	(44) 口唇にうるおいを与える。
(17)（汚れをおとすことにより）皮膚を清浄にする。	(45) 口唇をすこやかにする。
(18)（洗浄により）ニキビ，アセモを防ぐ（洗顔料）。	(46) 口唇を保護する。口唇の乾燥を防ぐ。
(19) 肌を整える。	(47) 口唇の乾燥によるカサツキを防ぐ。
(20) 肌のキメを整える。	(48) 口唇を滑らかにする。
(21) 皮膚をすこやかに保つ。	(49) ムシ歯を防ぐ（使用時にブラッシングを行う歯みがき類）。
(22) 肌荒れを防ぐ。	(50) 歯を白くする（使用時にブラッシングを行う歯みがき類）。
(23) 肌をひきしめる。	(51) 歯垢を除去する（使用時にブラッシングを行う歯みがき類）。
(24) 皮膚にうるおいを与える。	(52) 口中を浄化する（歯みがき類）。
(25) 皮膚の水分，油分を補い保つ。	(53) 口臭を防ぐ（歯みがき類）。
(26) 皮膚の柔軟性を保つ。	(54) 歯のやにを取る（使用時にブラッシングを行う歯みがき類）。
(27) 皮膚を保護する。	(55) 歯石の沈着を防ぐ（使用時にブラッシングを行う歯みがき類）。
(28) 皮膚の乾燥を防ぐ。	(56) 乾燥による小ジワを目立たなくする。

（東京都福祉保健局・医薬品等適正広告基準 広告基準 効能効果編[1]より）

注釈1：例えば，「補い保つ」は「補う」あるいは「保つ」との効能でも可とする。

注釈2：「皮膚」と「肌」の使い分けは可とする。

注釈3：（　）内は，効能には含めないが，使用形態から考慮して，限定するものである。

化粧品に関しては薬機法（医薬品，医療機器等の品質，有効性及び安全性の確保等に関する法律。旧薬事法）において，「人の身体を清潔にし，美化し，魅力を増し，容貌を整え，又は皮膚若しくは毛髪を健やかに保つために，身体に塗布，散布その他これらに類似する方法で使用されている物で，人体に対する作用が緩和なものをいう」と定められている。この法律によって使える原料や配合量も異なり，また化粧品の有効性に関しても大きく変わってくる。端的に言うと，化粧品は医薬品や医薬部外品ではないため，販売時の宣伝や表現も限られてしまうということになる。因みに化粧品で使うことができる表現は（表1）[1)]に示した。

例えば，販売時にハラール化粧品であることは宣伝として使えるが，「豚由来，アルコール由来の原料を使っていないから，肌にとって安全である」といったような宣伝をすることはできない。また肌を白くする成分が入っていたとしても「美白効果が得られるハラール化粧品」といった宣伝もできない。

国内においてハラール化粧品を販売する場合は，どのようなカテゴリーの化粧品（オーガニック化粧品やナチュラル化粧品など）であっても，医薬部外品として登録していない限り，一般的な化粧品として販売していくこととなる。別の意味でいえば，ハラール化粧品といえども，市場に数多く存在する一般化粧品と同じ立場で販売することとなり，その中で「ハラール化粧品であることが消費者にとってどれだけのメリットになるのか」を考えていかなければならない。

2.5　化粧品成分表示とハラール化粧品

化粧品を販売する際は，どのような化粧品であっても配合されている成分すべてをパッケージなどに表示することが義務付けられている（写真3）。例えば，保湿化粧品などに多く配合されているヒアルロン酸，肌の張りを目的として配合されているプラセンタやコラーゲンなど，消費者にもよく知られた原料がある。しかし，化粧品のパッケージに記載されている成分表示の中では豚由来コラーゲン，豚由来ヒアルロン酸などの表記はなされていない。「Melati」でも保湿成分としてヒアルロン酸Naを配合しているが，表示成分を見ただけでは，実際それがハラール原料なのか判断することはできない。したがって，ハラール化粧品か否かを一目で判別できるものとしてハラール認証マークが有効となってくる（写真4）。

さらにハラール化粧品専門店舗での販売ではない限り，一目でハラール化粧品であるとわかる工夫が必要となる。現在は，大手ドラッグストアの一部でハラール化粧品専用の棚を設置し，POPなどでハラール化粧品コーナーであることを表示しているが，多くの店頭では，一般化粧品とハラール化粧品が混在する形で陳列され，ムスリムがすぐに「この商品はハラール化粧品である」と確認することが困難な状態にある。そういった意味で視認性の高いハラール認証マークをつけた化粧品パッケージは，重要なアイキャッチとなっている。

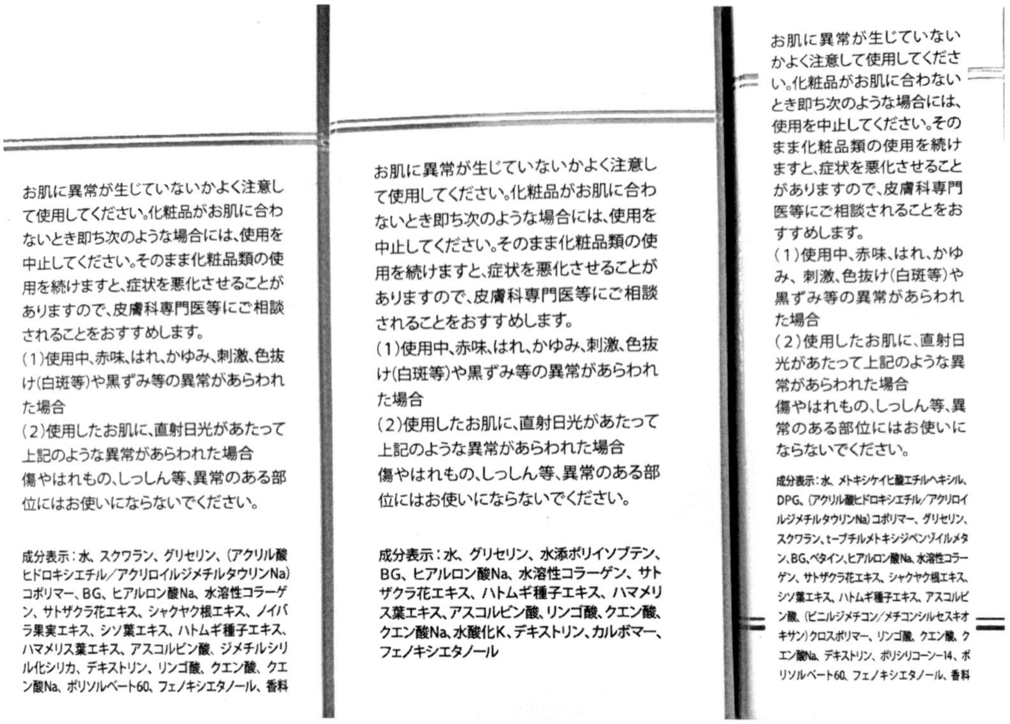

お肌に異常が生じていないかよく注意して使用してください。化粧品がお肌に合わないとき即ち次のような場合には、使用を中止してください。そのまま化粧品類の使用を続けますと、症状を悪化させることがありますので、皮膚科専門医等にご相談されることをおすすめします。
(1)使用中、赤味、はれ、かゆみ、刺激、色抜け(白斑等)や黒ずみ等の異常があらわれた場合
(2)使用したお肌に、直射日光があたって上記のような異常があらわれた場合
傷やはれもの、しっしん等、異常のある部位にはお使いにならないでください。

成分表示：水、スクワラン、グリセリン、(アクリル酸ヒドロキシエチル/アクリロイルジメチルタウリンNa)コポリマー、BG、ヒアルロン酸Na、水溶性コラーゲン、サトザクラ花エキス、シャクヤク根エキス、ノイバラ果実エキス、シソ葉エキス、ハトムギ種子エキス、ハマメリス葉エキス、アスコルビン酸、ジメチルシリル化シリカ、デキストリン、リンゴ酸、クエン酸、クエン酸Na、ポリソルベート60、フェノキシエタノール、香料

お肌に異常が生じていないかよく注意して使用してください。化粧品がお肌に合わないとき即ち次のような場合には、使用を中止してください。そのまま化粧品類の使用を続けますと、症状を悪化させることがありますので、皮膚科専門医等にご相談されることをおすすめします。
(1)使用中、赤味、はれ、かゆみ、刺激、色抜け(白斑等)や黒ずみ等の異常があらわれた場合
(2)使用したお肌に、直射日光があたって上記のような異常があらわれた場合
傷やはれもの、しっしん等、異常のある部位にはお使いにならないでください。

成分表示：水、グリセリン、水添ポリイソブテン、BG、ヒアルロン酸Na、水溶性コラーゲン、サトザクラ花エキス、ハトムギ種子エキス、ハマメリス葉エキス、アスコルビン酸、リンゴ酸、クエン酸、クエン酸Na、水酸化K、デキストリン、カルボマー、フェノキシエタノール

お肌に異常が生じていないかよく注意して使用してください。化粧品がお肌に合わないとき即ち次のような場合には、使用を中止してください。そのまま化粧品類の使用を続けますと、症状を悪化させることがありますので、皮膚科専門医等にご相談されることをおすすめします。
(1)使用中、赤味、はれ、かゆみ、刺激、色抜け(白斑等)や黒ずみ等の異常があらわれた場合
(2)使用したお肌に、直射日光があたって上記のような異常があらわれた場合
傷やはれもの、しっしん等、異常のある部位にはお使いにならないでください。

成分表示：水、メトキシケイヒ酸エチルヘキシル、DPG、(アクリル酸ヒドロキシエチル/アクリロイルジメチルタウリンNa)コポリマー、グリセリン、スクワラン、t-ブチルメトキシジベンゾイルメタン、BG、ベタイン、ヒアルロン酸Na、水溶性コラーゲン、サトザクラ花エキス、シャクヤク根エキス、シソ葉エキス、ハトムギ種子エキス、アスコルビン酸、(ビニルジメチコン/メチコンシルセスキオキサン)クロスポリマー、リンゴ酸、クエン酸、クエン酸Na、デキストリン、ポリシリコーン-14、ポリソルベート60、フェノキシエタノール、香料

写真３「Melati」のパッケージに記載されている成分表示

写真４「宗教法人 日本イスラーム文化センター」のハラール認証マーク

2. 6 化粧品に対するムスリムの意識

ムスリムが多いマレーシアやインドネシアの化粧品売り場に行っても，思ったほどハラール認証マークがついた化粧品が陳列していない。このことは，直接体内に取り込む食品とは異なり，肌に塗るという目的の化粧品において，ハラール化粧品であるか否かはあまり重要視されていな

表2　マレーシア・インドネシア・UAE 3カ国におけるムスリムの化粧行動及び化粧品選択のアンケート調査（埼玉県発行「イスラム諸国における化粧品市場調査結果（3カ国比較）」[2]より一部抜粋）

スキンケア・メイクアップをする頻度	スキンケアに関し「毎日する」割合は，マレーシア82%，インドネシア66.1%，UAE 58.6%
化粧品の購入場所	マレーシア：薬局とハイパーマーケット・スーパーマーケットが大半 インドネシア：ハイパーマーケット・スーパーマーケット・化粧品専門店が主流 UAE：百貨店・ハイパーマーケットが大半
礼拝後のスキンケアとメイク	インドネシア：礼拝後の外出の有無に関わらず，半数近くがスキンケアとメイクを行う マレーシア・UAE：礼拝後の外出予定がなければスキンケアだけしてメイクはしない人が最も多い。
ハラール認証化粧品・トイレタリー製品の使用状況	マレーシア：ハラール認証マークのあるものしか使用していない58.3% インドネシア：ハラール認証マークのあるものしか使用していない84.1% UAE：ハラール認証マークのあるものしか使用していない41.4%

いのかもしれない。そのため，化粧品に対してムスリムがどのように意識しているのか，どのような購入行動をとっているかを知ることは，ハラール化粧品を販売していくうえで大切なデータとなってくる。

埼玉県では，県主導でハラール化粧品の支援に取り組んでおり，その一環として「イスラム諸国における化粧品市場調査結果（3か国比較）」を公表している。その結果を見るとムスリムが普段行っている化粧行動や購買意識が見えてくる（表2）。例えば，マレーシアでは「毎日スキンケアをする」割合が82.0%あるのに対し，UAEでは58.6%しか毎日の習慣にしていない。礼拝後のスキンケアやメイクにしても，マレーシアやUAEでは，「外出の予定がなければメイクはしない」と考えている人が多いなど，同じムスリムでも，その国によってスキンケアやメイクの習慣に大きな違いがあることがわかる。また，「ハラール認証化粧品・トイレタリー製品の使用状況」では，インドネシアのムスリムの84.1%が「ハラール認証マークのあるものしか使用しない」と答えているにもかかわらず，同調査の「化粧品購入時重視視点」[2]の質問では，インドネシアのムスリムは「日焼け止め効果」（61.4%）がトップで，「ハラールロゴの有無」（54.2%）は「使い心地」（60.6%）に続き3番目に重視すると答えている。この結果は，すでにインドネシアのムスリムの間では，「自分が使うのはハラール化粧品である」という大前提があり，その上で「化粧品としての一定の機能や効果」を求めているとも分析できる。

3カ国の調査結果から考えると，同じムスリムでも，国によって化粧行動や購買意識が異なるため，それぞれの国に合わせた「ハラール化粧品」にしていくことが重要となる。しかし，それだけでは解決できない問題もある。

私たちは国内でハラール化粧品を販売しているが，マレーシアやインドネシアなどから「日本製のハラール化粧品を販売したい」といった問い合わせがくる。しかし商談の場に進むと，ハラール原料の価格，ハラール化粧品としての製造コストなど，主に価格面での折り合いが付きにくくなり，なかなか契約まで進めず苦戦を強いられている。しかしながら，その国のムスリムの嗜好・習慣・要望に合わせた日本製ハラール化粧品であることをうまく相手先に提案していくことで,「価格」以外のメリットを感じていただけると確信している。

2.7 ハラール化粧品販売の実際

弊社が販売しているハラール化粧品「Melati」は,先にも述べた通り埼玉県が2014年から埼玉県保険医療部薬務課,城西大学薬学部,埼玉県化粧品工業会によってつくられた「ハラール化粧品原材料等研究開発コンソーシアム」の指導に基づき誕生した製品である。

「Melati」が順調に販売を続けてこられた理由の1つは,開発段階で,製造会社である石田香粧㈱とともにムスリムの習慣や化粧品意識などを検討したことにある。「ムスリムは,1日5回の礼拝時にメイクを落とす,メイク前にはスキンケアが必要,日焼け予防に対する意識が高い(ヒジャブでおおわれていない部分)」ことがわかり,メイクアップ落としと化粧水を合わせた「メイクアップリムーバー」,化粧水・乳液・美容液の3機能をもつオールインワンジェルクリーム「ホワイトジェル」,日焼け止め用クリーム「UVケアクリーム」の3アイテムに絞ったラインアップにした。また,想定する女性の肌ニーズに合わせた処方を検討し,2年以上の歳月をかけて完成させたことにある。

当然,「ハラール化粧品」ではあるものの,ムスリムの人々の宗教上の習慣などの特性にマッチした製品を開発するとともに,肌の弱い女性や化学成分が配合されていないナチュラル化粧品を好む一般の女性たちも顧客ターゲットに置くことができる商品となっており,これまでのハラール化粧品との間の差別化を図ったものとなっている。

現在,弊社の有力な販路である国内大手ドラッグストアでハラール化粧品を購入する多くは,ムスリム以外の女性たちであり,やはり自分の肌に不安を抱いている女性たちである。国内に流入するムスリム人口が少ない,あるいは在日するムスリムがそれほど多くない現状では,ハラール化粧品というカテゴリーの市場を安定的に成長させるためにはムスリム以外の女性からの支持が不可欠になっており,それらを念頭に国内での販売戦略を構築していくことも重要になっている。

2.8 ハラール認証は必要なのか

国内のハラール化粧品販売を見ていくうえでもう一つ重要な視点となるのが,「ハラール認証は必要か」という点である。ハラール認証を取得することでハラール化粧品としての視認性は高まるが,当然取得コストが発生する。製造においても専用のラインを使う,特別な原料を使うなど,ハラール化粧品を標榜するためには,どうしてもコスト高となってしまう。コストは販売価格に転嫁されるため,一般化粧品と比較しても割高感が強くなってしまう。海外に持っていく際も同様で,そこに関税コストなどが入り,他の外国製化粧品と比較しても高価となる。また現地生産のハラール化粧品と比較しても高価格帯の商品になってしまうため,価格競争に勝てない状況である。

一方で，大手ドラッグストアや免税店のように店舗に専門の販売員を配置する場合は，ハラール認証に代わる販売手法をとることも可能である。ハラール認証は取らなくても，実際ハラール原料やハラールに則った製造方法によって作られた化粧品も市場に出回っている。特に最近では，ハラール認証を取得せずに「ムスリムフレンドリー」をうたった化粧品も出てきている。

しかし，どちらにしても特別な化粧品であるからこそ，販売員の力が必要になってくる。例えば，先にも述べたように，全成分表示を見てもハラーム原料が入っているかわからないため，成分の説明やパンフレットなどを使用して，「認証取得はしていないが，実際はハラール化粧品と同じ原料，工程を経て作られている化粧品である」ことを説明し，ムスリムの人々に安心して購入していただくことが可能となる。

2.9　ハラール化粧品市場の拡大に向けて

これまで，国内のドラッグストアを中心にハラール化粧品を販売してきたが，その中で興味深い消費者動向がいくつかわかってきた。

1つは「ハラール＝ムスリム」とのイメージがついているが，実際ドラッグストアでのハラール化粧品の購入者には，ムスリム以外の日本人女性も多くいる。その理由として販売員が購入者に聞き取りした結果，「ハラール化粧品だから，肌に悪い化粧品ではないと思う」という意見がとても多い。現在でも化粧品カテゴリーの中で防腐剤や界面活性剤など肌に悪影響を及ぼす可能性があるとされている成分を使用していないナチュラル化粧品や原料となる植物が無農薬で作られているオーガニック化粧品が注目されている。その流れがハラール化粧品にもつながってきているように感じる。ただし，ハラール化粧品のすべてがナチュラル化粧品やオーガニック化粧品と“イコールで結ばれているわけではない”以上，消費者の認識がそこにあったとしても，表立ってそれをうたい文句にすることはできない。

国内においてハラール化粧品は，ようやく化粧品の1カテゴリーとして登場し始めた段階である。今後この分野に着目した化粧品各社が様々な製品を市場に展開していくことになるだろう。また，世界的な文化交流の伸展によりムスリムの生活習慣の変化やスキンケア意識の高まりなどが起こってくるだろう。当然ながらハラール原料も様々なテクノロジーを活用した新規ハラール原料が登場していくことになろう。

ムスリム向けの化粧品という領域では，ハラールであることは間違いなく重要だが，それ以上に求められるのは，女性（男性も含め）が「きれいな肌を維持すること」であり，「そうなりたいと思う気持ちが叶えられる成分が含まれている化粧品であること」である。そのためには，ハラール化粧品の販売を通じて，ムスリムの人々のスキンケア意識の変化を促していくことが必要になってくる。

1日5回の祈りの時間を変えることはできなくても，就寝前のスキンケア，朝の祈りの後のスキンケア行動を啓発することは可能である。また地球環境の変化の中，紫外線防止のためのスキンケア，乾燥を防ぐためのスキンケア，あるいは思春期の悩みであるニキビ対策としてのスキンケアなど，様々な打ち出しができる。化粧品すべてのアイテムを同時に使わせるのではなく，たとえ1品でもお気に入りのハラール化粧品を使ってもらうこと，そしてハラール化粧品の良さを実感してもらうことも大切な取り組みとなる。

化粧品自体がサイエンスに基づいた製品であると同時に，消費者の五感に訴えかける製品である。ハラール化粧品であることはこれを使用するムスリムの消費者に教義に反していないという安堵感を与える。その上で，ムスリムもムスリム以外の人々も付加価値を見い出せる製品を作り，市場を広げていくことが課題である。ハラール化粧品の販売拡大は，ムスリムをはじめとして，ムスリム以外の人々の宗教，生活習慣及び体質などときめ細やかに向き合い，彼女（彼）らが本当に必要としている化粧品を知り，それを製造し，そして販売していくことではないだろうか。

文　献

1）東京都福祉保健局・医薬品等適正広告基準 広告基準 効能効果編
2）埼玉県「イスラム諸国における化粧品市場調査結果（3か国比較）」（平成28年1月）

第18章　イスラームと金融

福島康博*

1　はじめに

イスラームに基づく商品やサービスを提供するハラール産業には様々な業種が含まれるが，その中でも最大の市場規模をほこるのがイスラーム金融である（写真1）。金融システムから利子などイスラームに反するとみなされる要素を排除したイスラーム金融産業は，ハラール食品産業，ハラール化粧品産業，ハラール観光産業などよりも歴史が古い。すでに20世紀初頭から議論の対象となっており，1970年代には初めての本格的なイスラーム金融機関が登場した。グローバリゼーションと産業化が進展した現代においては，ハラール食品やムスリム観光客などと同様，ムスリムの資金も国境を越え，イスラーム諸国のみならず世界中で投資・融資が活発に行われている。ただ，何をもってより適切なイスラーム化とみなすかという点での合意には至ってお

写真1　マレーシアのイスラーム銀行

* Yasuhiro Fukushima　東京外国語大学　アジア・アフリカ言語文化研究所　フェロー；立教大学　アジア地域研究所　特任研究員

らず，現在まで議論が続いている。

本章は，ハラール産業の一つであるイスラーム金融に注目する。序論に続き2節では，イスラーム金融の歴史と仕組みを概観する。3節では，イスラーム金融を他のハラール産業の市場規模と比較するとともに，銀行・保険・債券などに分類する。4節では，イスラーム金融先進国の一つであるマレーシアの事例を取りあげ，イスラーム銀行から融資を受けている業種と利用目的を分析する。そして5節では，近年の新しい動向として①クラウド・ファンディング，②震災復興債，③中国の一帯一路構想との連携，の三つの事例を紹介する。

2 イスラームと金融

まず，イスラーム金融をハラール食品との比較の中で特徴付ける。ハラール食品の認証制度では，クルアーンやハディースの記述に基づき，豚肉やアルコールなどを食材として使用することが禁じられているが，イスラーム金融もこれと同様に，イスラーム法に則って金融商品が作られている。イスラーム金融の中でももっとも特徴的な点が，利子の禁止である。これは，クルアーンの「リバーを食う人々は，シャイターン[註1]にとりつかれて打ち倒された者のような起き上がり方しかできない。というのは，彼らが，『商売も，リバーをとるのと同じではないか』などと言うからである。神は商売を許し，リバーをとるのを禁じたもうた。主よりの戒めに接してこれをやめる者には，それまでの分はそのまま与えられる。」(2章275節) といった記載に基づいている。イスラーム金融においては，リバー (*Riba*) という概念を金融システムにおける利子を指すものと解釈し，イスラーム地域で伝統的に使用されてきた契約形態に基づいた，利子の発生しない金融商品を考案・採用している。

ただ，リバーの解釈をめぐっては，イスラーム法学者の間でも議論が分かれている。これは，ハラール食品におけるアルコール（ハマル）の解釈と同種の問題である。例えば，飲酒だけではなく調理器具のアルコール消毒を禁じるハラール認証団体もあれば，アルコール消毒後に水洗いしてアルコール成分を流し落とすことを条件に認める団体もある。いずれの主張も，クルアーンやハディースが根拠になっている点は共通しているものの，預言者ムハンマドの存命時には想定されていなかった事象（*Bid'ah*，ビドア）に対し，クルアーンやハディースのどの記述をどのように援用するかで，見解に相違が生まれている。

リバーと利子の解釈においては，リバーは利子全般を指しているとみなすイスラム法学者もいれば，高金利ないしは複利のみを指すと解釈するイスラーム法学者もいる。前者の立場に立脚しているのがイスラーム金融であり，利子のある銀行を従来型銀行（conventional bank）と呼称して自らと区別している。他方後者の立場においては，イスラーム金融の存在は認めつつも，借り手の生活を困窮させるような高金利ではないことなど一定範囲内ならば，従来型金融とその利子を許容している。実際，サウジアラビアにおいては，利子のある従来型銀行も利子のないイスラーム銀行も，同じく銀行と称しており，両者を区別していない。なぜならば，いずれの金融システムともイスラームに適っていると解釈しているからである。

このように利子，ひいては金融システムに対する解釈に多様性が存在するのは，イスラーム金融誕生の歴史的経緯に関係している。近代以前のイスラーム地域においては，利子付きの金銭貸借はイスラームに反するとの共通理解が存在していた。そのため，利子が発生しない形での金銭貸借が実践されてきた。例えば，アラビア半島の隊商（キャラバン）の間では，ムダーラバ（*Mudharabah*）と呼ばれる資金提供者と労働力提供者による共同ビジネスという形態が実践された。また，マレー半島のムスリム農民の間では，パディ・クンチャ（*Padi Kunca*）やジュアル・ジャンジ（*Jual Janji*）と呼ばれるコメを対象とした資金の先渡しと現物の後納の組み合わせによって，実質的な金銭貸借が行われた（Mohammad 1978）。

イスラーム地域に西洋発祥の近代的な金融システムが登場したのは，19世紀におけるヨーロッパの植民地統治を通じてであった。インドでは，1829年に英資本のUnion Bank of Calcuttaが創業，1840年にはイギリスの海峡植民地であるマレー半島のシンガポールに支店を開設している（Hisasue 2014）。エジプトでも，1864年にアレキサンドリアで同じく英資本のAnglo-Egyptian Bankが開業した（Barkley PLC 2018）。ヨーロッパ系資本の銀行の主な業務は，紙幣の発行や貿易金融，外国為替の取扱いで，取引相手は主にカントリー・トレーダーと呼ばれるヨーロッパ人商人であった。

他方，20世紀初頭から世界大恐慌にかけては，華人による銀行の起業が盛んとなった。現存するOCBC Bankをはじめ華人資本銀行は，東アジアから東南アジアにかけて，各地の華人移民や華人商人を相手に，預金や融資など内国業務を中心に行った。いずれの資本の銀行とも，イスラーム地域で支店網を展開したものの，当初は現地のムスリムを顧客としていたわけではなかった。

その後，銀行を利用する現地のムスリムも現れるようになったことで，銀行利子をめぐりイスラーム法学者の間で論争が起きた。まず，エジプトでムフティー（*mufti*）[註2]の職にあったムハンマド・アブドゥフ（Mohammed Abduh，1849～1905年）は，国内のムスリム向け郵便貯金の利子に対して，クルアーンが禁じるリバーに該当すると否定的見解を示した。他方，彼の高弟であるラシッド・リダー（Muhammad Rashid Rida，1865～1935年）は，ムスリムの間で郵便貯金が広く浸透していく状況を鑑み，これを認める立場をとった。こうした議論は，彼らが携わったアラビア語雑誌『灯台』（"*al-Manar*", 1898～1935年，カイロで発行）の誌上で行われたため，彼らの主張と金融制度への認識は同誌を通じて各地のムスリムの間で広く知られるようになった。

第二次世界大戦後，植民地であったイスラーム地域は独立したが，金融制度はそのまま残った。この状況を変えたのが，四度にわたる中東戦争である。具体的には，三つの影響を与えている。一つ目の影響は，イスラエルとアメリカに敗北したイスラーム諸国がイスラームによる連帯を模索し，マレーシアのアブドゥル・ラーマン首相主導の下，イスラーム諸国会議機構（現：イスラーム協力機構，Organization of Islamic Cooperation, OIC）を1969年に結成した。1975年には，傘下にイスラーム開発銀行（Islamic Development Bank, IsDB）を組織し，イスラーム諸国への開発援助を行うようになった。二つ目の影響は，イスラーム復興運動の登場である。一部のムスリムは，中東戦争での敗北の原因を自らの信仰の怠惰に求め，積極的にイスラームを実践する運動を展開した。この一環として，イスラーム金融やハラール食品への希求が高まった。そして三つ目の影響が，オイルマネーの還流である。第三次中東戦争では，外交戦略の一環として1968年に結成されたアラブ石油輸出国機構（Organization of the Arab Petroleum Exporting Countries, OAPEC）が，石油の減産や親イスラエル・アメリカ勢力への不売戦略をとった。このことによってオイルマネーが中東産油国に還流し，イスラーム金融設立の原資となった。

このような背景を基に，初のイスラーム金融機関であるドバイ・イスラーム銀行（Dubai Islamic Bank）が1975年に創業した。同銀行の成功はイスラーム諸国に知られるようになり，1980年以降各国でイスラーム金融の設立が行われている。その際，イスラーム開発銀行が資金や経営ノウハウ，人材育成の方法等を提供しており，イスラーム金融の普及に寄与している。このような経緯をたどってきたため，現代においても多くのイスラーム諸国では，従来型銀行とイスラーム銀行が併存する状態となっている。

イスラーム金融とハラール食品とを比較した際，特徴的な相違点が，イスラーム性の担保の方法である。ハラール食品においては，当該食品のイスラーム性を担保する方法としてハラール認証制度が導入されている。他方，イスラーム金融では認証制度の代わりに，各イスラーム金融機関がシャリーア・ボード（Shari'ah board）[註3]を組織している。これは，イスラーム法やイスラーム金融に関する社外の専門家からなる組織で，いわばイスラームの視点から外部監査を行う企業統治の方法である。シャリーア・ボードの役割は，販売する金融商品・サービスの内容および融資先・投資先がイスラームに適うかの判断や，当該イスラーム金融機関が負担するザカート（*zakat*）[註4]の算出，さらには従業員の服装規定を定めている事例もある。

シャリーア・ボードは，イスラーム金融機関がイスラームに準拠していることを確保する手段であるため，設置は必須とされる。例えばマレーシアでは，中央銀行からイスラーム銀行としてのライセンス発給を受けるためには，シャリーア・ボードを設置することが定款に定められていることを必須条件としている。また，イスラーム金融制度の導入国の中央銀行もシャリーア・ボードを設置し，市中のイスラーム金融に対して金融とイスラームの両面から管理・助言を行っている。

3　イスラーム金融市場

ハラール産業には多様な業種が含まれるが，Thomson Reuters と Dinar Standard による共同レポート "State of the Islamic Economy Report 2017/18" によれば，①ハラール食品，②ファッション，③ハラール観光，④ハラール化粧品，⑤ハラール医薬品，⑥スマートフォンのアプリやSNS・情報サイトなどのメディア・レクリエーション，および⑦イスラーム金融を主要なハラール産業として挙げている。表1は，同レポートによる業種ごとの2016年の実数値と2022年の推計値を示している（Thomson Reuters and Dinar Standard 2018）。これによると，もっとも市場規模が大きいのがイスラーム金融になっており，2016年は2兆2,020億米ドルで，他のハラール産業の総額を上回り，全体の52.3％を占めている。また，年平均で9.4％の成長を続け，2022年には3兆7,820億米ドルになると予想されている。

このようにハラール産業市場からみれば，イスラーム金融は巨大な存在といえる一方，グローバルな金融資産に占めるイスラーム金融の比率は2％に過ぎないとの指摘もある（Nafith 2014）。世界のムスリム人口がおよそ16億人で，総人口に占めるムスリム人口比率がおよそ5分の1から4分の1であることを鑑みれば，イスラーム金融の比率はムスリム人口比率よりも低い水準にとどまっている。

グローバル金融市場に占めるイスラーム金融の比率の低さには，いくつかの原因を指摘できる。一つ目は，先述のようにムスリムであっても従来型イスラーム金融を利用する者がいるという点である。二つ目は，イスラーム諸国における，従来型・イスラーム式を問わず銀行の普及率の低さである。表2は，世界銀行の統計データ“Global Findex Database”による主要なイスラーム諸国と日本における15歳以上の銀行口座保有率を表している（World Bank 2018）。これによると，日本では15歳以上の男女のほぼ100％が銀行口座を保有する一方，イランを除きイスラーム諸国の多くが日本の水準を下回っている。東南アジアのマレーシアと，湾岸諸国の産油国のうち人口規模が小さいバハレーン，クウェート，アラブ首長国連邦（UAE）が80％台で，これにサウジアラビアやトルコが70％前後で追従している。他方，東南アジアのインドネシア，南アジアのバングラデシュやパキスタン，中央アジアの多くの国々，ヨルダンやレバノンといった中東諸国，そしてエジプト，チュニジア，モロッコなどの北アフリカ諸国では，保有率が50％かそれ以下の水準にとどまっている。

そして三つ目が，一つ目とは逆に，イスラームを理由に従来型銀行を避けつつも身近にイスラーム銀行がないため，結果としてどちらの銀行にも口座を開設していない点である。この典型例がアフガニスタンである。同国の中央銀行であるダ・アフガニスタン銀行（Da Afghanistan

表1　主要なイスラーム・ビジネスの市場規模

（単位：1億米ドル）

産業	2016年	2022年
食品	12,450	19,300
ファッション	2,540	3,730
旅行	1,690	2,830
化粧品	570	820
医薬品	830	1,320
メディア・レクリエーション	1,980	2,810
金融	22,020	37,820
合計	42,080	68,630

出典：Thomson Reuters and Dinar Standard (2018), "State of the Islamic Economy Report 2017/18" を基に筆者作成

表２　15歳以上の銀行口座保有率

国名	2011年	2014年	2017年
インドネシア	20%	36%	49%
マレーシア	66%	81%	85%
バングラデシュ	32%	31%	50%
パキスタン	10%	13%	21%
カザフスタン	42%	54%	59%
キルギス	4%	18%	40%
アフガニスタン	9%	10%	15%
ウズベキスタン	23%	41%	37%
イラン	74%	92%	94%
バハレーン	65%	82%	83%
クウェート	87%	73%	80%
アラブ首長国連邦	60%	84%	88%
サウジアラビア	46%	69%	72%
ヨルダン	25%	25%	42%
レバノン	37%	47%	45%
トルコ	58%	57%	69%
エジプト	10%	14%	33%
チュニジア	—	27%	37%
モロッコ	—	—	29%
日本	96%	97%	98%
世界	51%	62%	69%

出典：World Bank (2018), "Global Findex Database" を基に筆者作成

Bank）のイスラーム金融担当部局の幹部は，2018年5月のReutersとのインタビューの中で，同国における銀行の口座保有率が15%と低水準に留まっている原因の一つはイスラームにあると指摘した上で，「イスラーム銀行の普及がこの問題を解決すると期待している」と述べている（Reuters 2018）。

次に，イスラーム金融の内訳をみていく。Thomson Reutersの年次レポート“Islamic Finance Development Report 2018”は，イスラーム金融を業種別に分類している。表3は，2017年と2023年の業種ごとの資産規模を表している（Thomson Reuters 2018）。これによると，イスラーム金融資産のうち最も割合が高いのはイスラーム銀行資産であり，2017年では全体の過半数を大きく上回る70.6%，2023年の推計値でも64.1%を占める。

他方，イスラーム式の保険であるタカフル保険は，460億米ドルとなっている。タカフル保険は，生命保険に相当するファミリー・タカフル（Family Takaful）と，損害保険に相当するゼネラル・タカフル（General Takaful）からなる。その他のイスラーム金融機関の資産とは，フィンテック（fintech）やクラウド・ファンディングなどを扱う金融会社を通じて集められた資産を指す。スクーク資産とは，イスラーム式で起債された債券のことで，国債や地方債，社債などが存在する。そしてイスラーム・ファンド資産とは，年金や各種の基金，投資信託などのうち，イス

表3　イスラーム金融資産

（単位：1億米ドル）

業種	資産規模	
	2017年	2023年
イスラーム銀行資産	17,210	24,410
タカフル保険資産	460	720
その他のイスラーム金融機関の資産	1,350	1,880
スクーク資産	4,260	7,830
イスラーム・ファンド資産	1,100	3,250
合計：イスラーム金融資産	24,380	38,090

出典：Thomson Reuters（2018）, "Islamic Finance Development Report 2018" を基に筆者作成

ラーム式で運用されているファンドを指す。Thomson Reuters によれば，向こう6年間でもっとも成長率が高いと予想されているのが，このイスラーム・ファンド資産である。

4　イスラーム金融の利用者

これまでグローバルなイスラーム金融産業の動向を見てきたが，次にイスラーム銀行の利用者というミクロな分野に視点を向けていく。具体例としてマレーシアのイスラーム銀行の融資の傾向を分析する（写真2）。

表4は，マレーシアにおける業種別の融資残高をイスラーム銀行と従来型銀行ごとにまとめたものである（Bank Negara Malaysia 2018）。これによると，2018年6月末現在の従来型銀行の融資残高は1兆1,117億マレーシア・リンギ（約30兆0,178億円）であるのに対して，イスラーム銀行の融資残高は5,074億マレーシア・リンギ（約13兆7,008億円）であった。同国の銀行部門は，従来型銀行とイスラーム銀行が併存しているため，国内の融資残高の総額は1兆6,192億マレーシア・リンギ（約43兆7,186億円）で，イスラーム銀行と従来型銀行の割合はそれぞれ31.3%と68.7%となる。

イスラーム銀行と従来型銀行それぞれの融資残高と構成比率を比較すると，共通点と相違点があることわかる。まず，最大の融資先は両銀行とも家計部門であり，いずれも過半数を超えている。このことから，企業向けのホールセールよりも個人向けのリテール業務に強みがあるところが，マレーシアの銀行に共通する特徴といえる。

この点を日本と比較すると，日本銀行の『貸出先別貸金』によれば，2018年3月末の国内銀行の貸出融資残高（国内銀行3勘定合算）は493兆7,829億円で，このうち個人向け融資は全体の28.4%に相当する140兆0,084億円であった（日本銀行 2018）。この点からも，家計部門への融資が過半数を上回るのは，マレーシアの銀行市場の特徴的な姿と指摘できよう。

イスラーム銀行と従来型銀行の融資残高上位6業種をみてみると，順位や構成比率は異なるものの，同じ業種が挙がっている。これは銀行側の要因というよりも，イスラーム銀行にせよ従来

写真２　マレーシアの主要な従来型銀行とイスラーム銀行

表４　マレーシアにおけるイスラーム銀行と従来型銀行の利用者別融資残高

（2018 年 6 月末現在）（単位：100 万リンギ）

融資利用者	イスラーム銀行		従来型銀行	
	融資残高	構成比率	融資残高	構成比率
農林水産業	14,557.9	2.9％	21,104.3	1.9％
鉱業・採掘業	5,162.4	1.0％	5,985.1	0.5％
製造業	22,489.3	4.4％	84,087.9	7.6％
電気・ガス・水道業	2,611.6	0.5％	10,856.3	1.0％
貿易業・小売業・ホテル業・レストラン業	23,477.5	4.6％	95,541.7	8.6％
建設業	27,736.6	5.5％	51,672.9	4.6％
不動産業	25,659.8	5.1％	90,573.8	8.1％
運送業・倉庫業・通信業	15,890.0	3.1％	20,923.6	1.9％
金融業・保険業・その他ビジネス業	32,676.6	6.4％	77,493.6	7.0％
教育業・健康業	21,339.9	4.2％	17,230.4	1.5％
家計部門	301,298.7	59.4％	627,050.5	56.4％
その他	14,507.9	2.9％	9,250.6	0.8％
合計	507,408.2	100.0％	1,111,770.7	100％

出典：Bank Negara Malaysia (2018), "Monthly Statistics Bulletin" を基に筆者作成

型銀行にせよ，銀行から融資を積極的に活用するか否の傾向が，業種ごとに異なることを示している。他方，イスラーム銀行と従来型銀行のどちらかをより積極的に活用しているかという点も，業種によって差異がある。製造業においては，融資残高に占めるイスラーム銀行の構成比率は

21.1％にとどまっており，先述の全体に占めるイスラーム銀行の比率である31.3％を下回っている。これに対して教育業・健康業は，イスラーム銀行からの融資残高が従来型銀行からの融資残高を上回っている唯一の業種である。

イスラーム銀行は，酒造業や養豚業といったイスラームに反するビジネスを営む企業への融資は行わない。また，ハラール食品や化粧品のようにイスラームに準拠していることを謳う商品・サービスを提供する企業にとっては，従来型銀行は利用されない[註5]。このことが，ハラール産業に属する企業とイスラーム金融とを強く結び付けている。ハラール産業の伸張が，イスラーム金融の発展を促すことになるといえる。

次に表5は，融資の使用目的別残高である（Bank Negara Malaysia 2018）。このうちイスラーム銀行に注目すると，運転資金や非居住用不動産購入は企業向け融資であるのに対し，居住用不動産購入と二輪車・四輪車購入は家計向け融資である。この他に私的利用とクレジットカード，および大半が教育ローンである「その他」を加えたものが家計部門向け融資であり，これらの合計額は表4で示した家計部門の総額とおおむね一致している。

イスラーム銀行と従来型銀行を比較すると，居住用不動産購入と非居住用不動産購入は従来型銀行の方が構成比率は高くなっている一方，二輪車・四輪車購入についてはイスラーム銀行の構成比率が高い。二輪車・四輪車購入は，融資残高ベースで見れば従来型銀行の方が高いものの，イスラーム銀行利用者にとっては重要な利用目的の一つであると言える。また，証券購入と私的利用は，イスラーム銀行での構成比率はそれぞれ7％ほどで従来型銀行よりも高く，また融資残高ベースでみてもイスラーム銀行の融資残高が従来型銀行よりも高額である。

以上，マレーシアのイスラーム銀行の利用者を総括すると，住宅ローンや教育ローン，バイク・自動車ローンといった家計支出の中でも比較的高価な，一生に一度か二度ほどの高価な買い

表5　マレーシアにおけるイスラーム銀行と従来型銀行の利用目的別融資残高

（2018年6月末現在）（単位：100万リンギ）

融資目的	イスラーム銀行		従来型銀行	
	融資残高	構成比率	融資残高	構成比率
証券購入	36,975.0	7.3％	35,986.9	3.2％
二輪車・四輪車購入	75,166.7	14.8％	93,288.7	8.4％
居住用不動産購入	143,986.7	28.4％	395,266.1	35.6％
非居住用不動産購入	43,760.3	8.6％	172,446.5	15.5％
土地・建物以外の固定資産の購入	2,055.1	0.4％	7,047.1	0.6％
私的利用	36,799.0	7.3％	34,989.1	3.1％
クレジットカード	3,043.2	0.6％	34,197.1	3.1％
耐久消費財購入	18.4	0.0％	93.4	0.0％
建設費用	12,594.3	2.5％	37,891.4	3.4％
運転資金	123,822.4	24.4％	256,752.3	23.1％
その他	29,187.1	5.8％	43,812.1	3.9％
合計	507,408.2	100.0％	1,111,770.7	100.0％

出典：Bank Negara Malaysia（2018），"Monthly Statistics Bulletin" を基に筆者作成

物を行おうとする家庭への融資を得意としていることを指摘できる。

5 近年のイスラーム金融の多様化を示す動向

イスラーム金融は，宗教に立脚している点においては伝統的・守旧的といえるものの，その教義に違反しない限りにおいては，最新の金融技術の導入や非イスラーム諸国・企業との連携は妨げない。またビジネスのみならず，社会貢献の手段としてイスラーム金融の手法が活用される事例も現れている。そこで，イスラーム金融の多様化を示す近年の事例として，シンガポールにおけるクラウド・ファンディングの事例，インドネシアにおける震災復興債にスクークが活用された事例，および中国の一帯一路構想とイスラーム金融の関係構築の事例をみていく。

一番目は，フィンテックを用いたクラウド・ファンディングの事例である。3節でみたようにフィンテックへの関心は高まっているが，中でも注目されているのが，クラウド・ファンディングである。イスラーム式のクラウド・ファンディングとは，対象となる物品やプロジェクトがイスラームに適っていることと，資金調達や利益分配の方法がイスラーム地域の伝統的な形態に基づいているものを指す。

例として，2017年にシンガポールで創業したEthis社が運営するEthis Crowdをみてみたい。同サイトは，「世界初の不動産を対象とするイスラーム式のクラウド・ファンディング」を標榜するプラットフォームである（Ethis Crowd 2018）。ここで募集されている各種の不動産開発プロジェクトは，プロジェクトごとに出資額，出資期間，リターンが開示されており，好みに応じて投資が可能である。例えばクアラルンプール近郊のショッピングモールの商業ユニットの事例をみてみると，募集額は100万シンガポール・ドル（約8,200万円）で，出資期間は10〜18カ月，賃料を基にしたリターンは18%に設定されている。このプラットフォームには，他にも住宅開発や港湾開発など，十数万〜百数十万シンガポール・ドル規模のプロジェクトが登録されている。募集から進捗状況までの情報は，すべてウェブサイト上で公開されているのが特徴である。

二番目は，インドネシアにおける震災復興債としてのスクーク発行の事例である。インドネシアでは，2018年7月以降ロンボク島やスラウェシ島で大規模な地震や火山噴火，津波が頻発し，数百名の死者が発生するとともに，数十万人が住宅を失った。この事態に直面した政府系イスラーム団体が，同年10月14日に震災復興債としてスクークを発行した。発行額は1,000億ルピア（約7億5,623万円）で，償還期間は5年間に設定された。集められた資金は一つのファンドとして扱い，政府発行のスクークなどで運用することで年利7.75%から8%の利益を上げるとしている。

運用益は，出資者に還元する代わりに一棟あたり800万ルピア（約6万500円）の復興住宅の建設資金に充てる。計画によれば，ファンドが年間8%の運用益を上げれば，毎年1,000棟，5年間で5,000棟を建設することができるとしている。発行されたスクークは，最低200万ルピアから最高50億ルピアの範囲で販売され，個人購入も可能であった。出資者にとっては利益が手に入らない資産運用ではあるものの，運用益がそのまま復興財源となり，復興住宅の建設によって住宅を失った人々への直接的な支援となる。イスラームがもつ相互扶助的な発想に基づいた，イスラーム金融の活用方法といえる。

三番目の動向は，イスラーム金融と中国の一帯一路構想との関係構築である。一帯一路構想とは，中国の習近平国家主席が2013年に提唱した広域経済圏構想で，中国版マーシャル・プランとも呼ばれている。資金の出し手となるのが，アジア・インフラ投資銀行（Asian Infrastructure Investment Bank）で，2015年12月に発足した。同構想は，中央アジアを通じてヨーロッパと陸路で直結するシルクロード経済ベルト（絲綢之路經濟帶，一帯）と，南シナ海からインド洋を抜けて同じくヨーロッパへ海路で繋がる21世紀海上シルクロード（21世紀海上絲綢之路，一路）によって構成されている。いずれの経路も，多くのイスラーム諸国が関与するため，イスラーム式ではない方法で資金調達が行われたプロジェクトを実施すると，当該国のムスリムから反発を受けてしまい，プロジェクト遂行に支障が生じる可能性もある。

そこで，アジア・インフラ投資銀行をはじめ一帯一路構想でイスラーム金融がいかなる役割をはたすことが可能かを検討する中国・UAEイスラーム銀行・金融会議（China-UAE Conference on Islamic Banking and Finance, CUCIBF）が，両国間で定期的に開催されている。この会議は，両国を中心に政治家や金融関係者，投資家，貿易実務家，大学教員・研究者などが参加するもので，2016年に北京，2017年に深圳，2018年に上海でそれぞれ開催された。これまでの会議では，スクークの起債による資金調達，仮想通貨の発行，ブロックチェーン技術などの方策が検討されている。また，イスラーム金融の会計基準を制定しているバハレーンの国際機関であるイスラーム金融機関会計・監査機構（Accounting and Auditing Organization for Islamic Financial Institutions, AAOIFI）が2017年の会議に参加し，会計基準を中国語に翻訳する協定を中国の学術団体との間で締結した。このように，イスラーム諸国への進出を狙う中国と，中国主導のプロジェクトで開発を行いたいイスラーム諸国への利害関係が一致した結果，両者の橋渡し役としてイスラーム金融が機能すると期待されている。

6　おわりに

現代的なハラール産業の中でも，最大の市場規模を誇るイスラーム金融は，他のハラール産業に対する資金の出し手として，融資や投資という形で発展に貢献している。また，個人向け融資においては，住宅ローンやバイク・自動車ローンなど，個人の生活を豊かなものにする大きな買い物を支援する役割をはたしている。イスラーム金融は，伝統的・宗教的な規範に基づいている一方，グローバリゼーションの恩恵も受けている。自然災害の被災者への復興支援という社会貢献活動や，非イスラーム諸国・勢力との健全な関係構築など，多様な課題に取り組みつつ今後も発展していくと予想されている。ただ，リバーの解釈についての議論とムスリムによる従来型金融の利用は継続するとみられており，両金融システムの併存は続くであろう。

註　記

註 1）　*Shaitan*，悪魔のこと。サタン（Satan）のアラビア語表記。

註 2）　公的機関によって認められた高位のイスラーム法学者。

註 3）　イスラーム金融機関によっては，Shari'ah committee や Shari'ah council といった名称が用いられている事例もあるが，担っている役割・機能は同じである。

註 4）　ムスリムの義務の一つで，保有する資産に応じて一定割合をザカート管理団体に拠出する。集められた資金は，弱者救済などに用いられる。ザカートは，伝統的にはムスリム（自然人）に課されるものであるが，イスラーム金融が登場して以降は，法人としてのイスラーム金融機関もザカートを負担すべきという考え方が広まっている。

註 5）　例えば，マレーシアのハラール認証機関である JAKIM（首相府イスラーム開発局）は，ハラール認証を取得している企業に対して，融資は従来型銀行ではなくイスラーム銀行から受けることを推奨している。

文　　献

1）　*Bank Negara Malaysia "Monthly Statistics Bulletin"*, Kuala Lumpur: Bank Negara Malaysia (2018)

2）　Barclays PLC (2018), "Egypt",
https://www.archive.barclays.com/items/show/168　(2018 年 12 月 1 日閲覧)

3）　Ethis Crowd (2018), https://www.ethiscrowd.com　(2018 年 12 月 1 日閲覧)

4）　Hisasue, Ryoichi, "Chinese Banking Business in Singapore: Background and Development in the First Half of the Twentieth Century", *Comparative Studies on Regional Powers*, Hokkaido: Slavic-Eurasian Research Center, Hokkaido University, No.14, pp.13-21 (2014)

5）　Mohd Aris Hj. Othman, "Non-Economic Factors which Affect Economic Development of Rural Malays", AKADEMIKA: *Journal of Humanities and Social Sciences*, Selangor: National University of Malaysia, No.13, pp.1-9 (1978)

6）　Nafith Al-Hersh, "The advancement of Islamic Banking and Finance in Global Markets", *International Journal of Interdisciplinary and Multidisciplinary Studies*, Online Journal, Vol. 1, No.8, pp11-18 (2014)

7）　Reuters (2018), "Afghanistan enlists faith-based banks to aid financial inclusion",
https://www.reuters.com/article/islamic-finance-afghanistan/afghanistan-enlists-faith-based-banks-to-aid-financial-inclusion-idUSL8N1S91T3　(2018 年 12 月 1 日閲覧)

8）　Thomson Reuters, *Islamic Finance Development Report 2018*, New York: Thomson Reuters (2018)

9）　Thomson Reuters and Dinar Standard, *State of the Islamic Economy Report 2017/18*, New York: Thomson Reuters (2018)

10）　World Bank (2018), "Global Findex Database",
https://globalfindex.worldbank.org　(2018 年 12 月 1 日閲覧)

11）　日本銀行（2018），『貸出先別貸出金』
https://www.boj.or.jp/statistics/dl/loan/ldo/index.htm (2018 年 12 月 1 日閲覧)

第19章　ハラール観光

1　ハラール・ツーリズムを展望する―情報の非対象性をめぐるソーシャル・イノベーション

安田　慎*

1.1　はじめに

2010年代のイスラーム諸国各地からのムスリム（イスラーム教徒）旅行者の急激な増加は，国際観光市場におけるホットなトピックのひとつとなってきた。シンガポールのクレセントトレーティング社とマスターカードが2015年より毎年発行している *Global Muslim Travel Index* によると，ムスリム旅行者市場は2020年には2200億米ドルの市場規模になり，2026年には3000億米ドルの市場に拡大するとの予測を立てている[1)]。クレセントトレーティング社が独自の調査レポートを発行し始めた2012年時点から比較しても，ムスリム旅行者市場が世界規模で拡大し，今後も国際観光市場のなかでシェアを増やしていくことが期待されている点を見て取ることができる。さらに，イスラーム諸国内外でのさまざまな観光実践の隆盛を通じて，市場に関わるさまざまな知識や経験が蓄積され，ステークホルダーの間で一定のコンセンサスが共有されるようになっている。

これらの2010年代に入っての国際観光市場での急激なシェアの拡大については，いくつかの理由を考えることができる。一つにはイスラーム諸国における個人所得の増大と，可処分所得を旅行・レジャー活動に振り分けるようになった点があげられる[2)]。さらに，ムスリム旅行者の求める旅行・レジャー情報へのアクセスが容易になり，旅行に対するハードルが大幅に下がってきた点も指摘できる。特に，マレーシアやインドネシア，シンガポールを中心とする東南アジア諸国，トルコや湾岸諸国を中心とする中東諸国における経済発展と旅行消費額の拡大は，ムスリム旅行者が国際観光市場の一員として参画するようになった点を示すものと言える。

国際観光市場に新たに参画するようになったムスリム旅行者たちが，従来の旅行客と異なり，自らの信仰や宗教的動機に基づく一定の行動特性や規範を保持していることも，次第に明らかになってきた[3)]。そのなかでも，ムスリム旅行者が旅行先においてもハラール食品や礼拝設備の有無に拘る点が明らかにされ，彼らの需要に合わせた商品やサービス，設備の整備が重要である点が強調されてきた[4)]。そのための市場規範の設定において，イスラームにおいて「許容されたもの」を指す「ハラール（*halal*）」規範を重要な指標として取り上げ，産業ガイドラインに沿った旅行商品・サービスの流通を促そうとしてきた。その際，既に食品や化粧品，ファッションにおいて一定の経験の蓄積があったハラール認証機関による認証制度を活用する市場制度が構築され

---

*　Shin Yasuda　高崎経済大学　地域政策学部　観光政策学科　准教授

てきた。

一連の産業の発展を踏まえたうえで観光研究の文脈では，ムスリム旅行者向けのこれらの観光活動を「ハラール・ツーリズム」と称し，需要サイドと供給サイドの双方から分析がなされてきた。需要サイドに着目した研究では，その主要なプレイヤーであるムスリム旅行者の消費選好や需要を，消費者行動論やマーケティング分析を通じて明らかにしてきた[5)]。そこでは特に，ムスリム旅行者の旅行時における個々の宗教的需要を明らかにすることを通じて，市場が形成されてきた点が強調されてきた。他方で供給サイドに着目した研究では，ハラール・ツーリズム市場を構築するための観光産業や観光行政の戦略に注目が集まってきた[6)]。これらの研究では，観光産業や観光行政が産業ガイドラインの策定を通じてムスリム旅行者の需要を産業化していくプロセスを描き出してきた。それゆえ，ムスリム旅行者の選好や需要が決して画一的で静態的なものではなく，観光産業や観光行政によって構築された社会的産物である点が強調されてきた。

双方の研究潮流が描き出す市場構築のプロセスは異なるものの，ハラール・ツーリズムがムスリム旅行者をはじめとする市場のステークホルダーたちのさまざまな障壁や不確実性を軽減することに注視してきたと言える。この動きを，「情報の非対称性」の議論から読み解くことが可能であろう。具体的には，ホストとゲストの双方に存在する私的情報によるコミュニケーションの阻害や，その結果としてのステークホルダーたちの不完全なコミットメントや非効率な資源分配をいかに解消していくのかを議論していると捉えることである。

以上の議論を踏まえたうえで本稿は，ハラール・ツーリズムの発展と限界をめぐる議論について，ホストとゲストの間に横たわる「情報の非対称性」の解消という観点から迫っていきたい。その際，ムスリム旅行者を取り巻く情報の非対称性と，それを解消するための取り組みを取り上げていく。一連の議論を通じて，これまでのハラール・ツーリズムの特性と限界を指摘するとともに，その限界を超克する新たな試みの一端について取り上げる。

1.2 ムスリム旅行者をめぐる情報の非対称性

ムスリム旅行者に限らず，観光活動一般や観光産業がサービスという無形財を基盤にして商品が生産・消費されるがゆえに，「情報の非対称性」が発生する点は，従来の観光研究のなかでも強調されてきた[7)]。無形財としての観光商品やサービスの特徴として，消費するまでのその内容が自分の選好を満たすものであるのか否かに確証を持つことが困難で，不確実性が有形財よりも高い点があげられる[8)]。この状況下で，ゲストとしての観光者は自分の消費したい観光サービスに関わる情報や知識を収集するものの，ホストである観光地や観光産業との間に依然として対象に対する情報や知識の格差が存在する。

この観光市場において構造的に生み出される「情報の非対称性」によって，逆選択やモラル・ハザードといった問題が引き起こされる点が指摘されてきた[9)]。具体的には，サービスの提供者・受給者の間に横たわる，当事者にしか知り得ない情報としての「私的情報」の存在によって，両者の間の不適切な資源分配や不完全なコミットメントを生み出していく問題である。サービス提供者の観光産業や観光地は，観光者が対象に関する情報や知識を十分に得ていないことを逆手に取り，価格に見合わない低い質のサービスを提供することで，より多くの利益を享受することにインセンティブが働いていく。その結果，市場に提供されるサービスが劣悪なものとなっていく点があげられる。逆に，サービスの消費者がどの程度の質のサービスを求めているのか，サービス提供者が充分に把握できないことを逆手に取り，消費者が価格以上の対応を求める動きが生まれ，サービス提供者を疲弊させていく環境が生み出されていく。いずれの動きも，市場における不完全なコミットメントや，適正な資源の流通や分配を妨げる主たる要因となってきた。

これらの問題を解消するため，情報優位者が情報劣位者に対して私的情報を開示する「シグナリング」と，情報劣位者が情報優位者に対して私的情報を開示する「スクリーニング」という2つの手法を用いて情報の非対称性を軽減していくことが指摘されている[10]。観光の文脈では，前者のシグナリングでは温泉地における成分表示や，ユネスコ世界遺産や各種ランキングといった内容表示や権威・格付を通じて，提供する内容の価値を示そうとしてきた[11]。後者のスクリーニングでは，旅行会社における旅行プランや，観光地におけるモデル・コースの提示と取捨選択といったものがあげられる。これらの内容を組み合わせることによって，ホスト・ゲスト間に横たわる情報の非対称性を解消し，健全な市場の構築を目指そうとしてきた。

1.3　シャリーア・コンプライアンスからハラールへ

ハラール・ツーリズムの発展を「情報の非対称性」という観点から捉えた場合，ホスト・ゲスト間の私的情報によって生み出される不完全なコミットメントや不均衡な資源分配をいかに解消するのかという点に焦点が当たってきたと捉えられる。

イスラームの場合，マス・ツーリズム（大衆観光）によって生み出されてきた，ホスト・ゲスト間の情報の非対称性を，イスラーム的価値観の浸透を通じて解消しようとする試みが展開されてきた。しかし，その試みは当初からムスリム旅行者のハラール規範やハラール認証制度に立脚したハラール・ツーリズムという形で表れてきた訳ではなく，紆余曲折を経ている[12]。それを示すように，2000年代までのイスラミック・ツーリズムの議論を追っていると，ホストであるイスラーム社会における適切な観光経営を通じて，欧米人観光客優位の市場構造を解消する試みが主たる議論の的であった[13]。その際，マス・ツーリズムによって引き起こされるさまざまな社会的弊害を解消するために，観光経営に「イスラーム法適合性」を示す「シャリーア・コンプライアンス」の概念を導入しようとしてきた[14]。

他方で，消費者たるムスリム旅行者優位の観光市場を構築することを通じて，イスラーム的価値観を市場に構築しようとする動きも存在する。その際，彼らの日常生活に根付いてきた「ハラール」規範の活用が議論されるようになってきた[15]。マレーシアのJAKIMや，シンガポールのMUIS，インドネシアのMUIに代表される各国のハラール認証機関が，既に飲食業や化粧品業，運輸業において一定の成果をあげてきたハラール認証制度を活用することで，観光に関連する産業ガイドラインの策定と普及を行ってきた。その代表例として，マレーシアのMS2610:

2015（Muslim-friendly Hospitality Services Standard）をあげることができる[16)]。

認証制度に立脚した市場構築の動きは，派生する観光諸活動も生み出してきた。特に，認証基準の達成度合に応じた観光活動の監査業務や格付システム，コンサルタント業，専門人材の育成といったものをあげることができる[17)]。ハラール認証機関による各種プログラムの整備に加え，産業ガイドラインを活用した産学官連携の認証機関やシンクタンクが隆盛するなかで，ハラール・ツーリズムの諸実践もムスリム旅行者を中心にステークホルダーたちに認知されるようになっていった。

一連の動きは，ムスリム旅行者が直面してきた観光活動における情報の非対称性にともなう不確実性を解消する試みとして捉えることができる。特に，観光地や観光産業がムスリム旅行者に対してハラール認証制度に立脚して積極的に情報を開示していくことを通じて，観光活動における不確実性を減じ，ムスリムたちの市場への積極的な参画を促してきた。さらに，市場の消費者の拡大を通じて，さらなるステークホルダーたちの市場への参画と，新たな市場の構築を促進しようとしてきた。

1.4 ハラール・ツーリズムの限界と超克

上述の動きは，情報優位者の観光産業や観光地が積極的に私的情報を情報劣位者の観光者に提示する，シグナリングの動きと捉えることができる。しかし，このシグナリングの動きに関して，その限界も指摘されている。その背後には，ハラール意識や規範が，その対象となるムスリムの住む地域の文化や社会的環境，経済的・社会的ステータスによって大きく異なる点で，必ずしも画一的ではないという問題が横たわる[18)]。その結果，消費者行動論やマーケティング分析を通じて導き出された「ペルソナ（典型的な消費者像）」としての「ムスリム旅行者」が，極めて恣意的で，必ずしも大多数のムスリム旅行者を代表するものではないという問題が横たわる[19)]。ゆえに，ホストが個々のムスリム旅行者の私的情報を取り出そうとする際，産業ガイドラインを有効活用できないという事例が発生し，新たな対応のためのコストを発生させることになっている[20)]。さらに，ハラール認証制度に立脚したハラール・ツーリズムの諸活動が，最低限の認証基準を満たすための設備投資的な意味合いが強くなり，市場内での価格競争によってサービスの質の劣化を招くという「逆選択」が働き，市場の劣化を招く要因となっている点も指摘されている[21)]。その結果，産業の一部ではハラール認証制度や産業ガイドラインの有用性に対して疑念や異議が提示されてきた[22)]。

しかし，上述の批判に対して，それを乗り越えようとする動きもまた同時に出てきている。近年ハラール・ツーリズムに携わるステークホルダーたちの間で盛んに議論されている点として，適切な観光サービスをムスリム旅行者に提供するための，専門的知識や経験を持った観光メディアの育成を促進する動きが見て取れる。具体的には，観光ガイドや旅行会社の育成，旅行ガイドブックや旅行サイトの構築と，その活用のための啓蒙・教育プログラムの隆盛を見て取ることができる。旅行ガイドの育成についてはマレーシアのITC（Islamic Tourism Centre）における

Muslim-friendly Tour Guide Trainingのプログラムを通じた専門ガイドの育成・普及や[23]，その他の関連プログラムを見て取ることができる。その他にも，巡礼・参詣ツアーを中心に，イスラーム的価値観に基づいた団体パッケージ・ツアーや余暇活動を提供する「イスラーム旅行会社」と命名できる旅行会社の隆盛や育成もあげられる[24]。旅行ガイドブックや旅行サイトの構築では，*Halal Travel*誌をはじめとする専門旅行雑誌や，halatripやirhalをはじめとする旅行サイト，旅行番組の充実や，フェイスブックやInstagramといった既存のSNSといったデジタル空間上での口コミも取り上げることができる。

ムスリム旅行者向けの観光メディアの育成によって，ムスリム旅行者のさまざまな旅のスタイルが公共空間のなかで提示されるようになっている点があげられる。特に，ムスリム旅行者向けの観光モデル・コースの発信や，旅行体験記の出版や消費を通じて，「イスラーム的価値観に立脚した旅行スタイル」が社会のなかで認知されていくようになっている点を強調することができる。さらに，モデルとなる旅行経験の模倣や参照を通じて，個々のムスリム旅行者が自らの私的情報を観光メディアに開示していくという，スクリーニングの機能が強まっていると捉えられる。このスクリーニング機能を通じて，ゲストはモデルをアレンジすることで，より自分の選好に近いサービスを取捨選択することが可能となる一方で，ホスト側もゲストが提示するコンテクストに沿ったサービスを提示することで，保持する資源を効率よく活用することが可能となっていく。結果として，市場における効率性を改善することによって，両者のコミュニケーションが円滑になっていくと捉えることができる。

さらに，このスクリーニング機能は，私的情報の宗教的な公共性と固有性をも担保する役割を担っている点で，ステークホルダーに強いインセンティブを提供してきた。すなわち，ゲストの私的情報を観光メディアという社会的な場に開示することを通じて，他者に参照されるようになる。その結果，宗教的選好や旅行経験といった私的情報が公共性を帯びると同時に，他者の旅行経験と比較されることで，自らの私的情報が更なる個別性を帯びていくと捉えられる。ハラール・ツーリズムの場合，私的情報がイスラーム的価値観に沿った公共性を帯びていくと同時に，旅行経験の固有性によって個人の信仰の確証・深化にも繋がる点で，宗教的にも強いインセンティブが働くものと考えられる。この私的情報をめぐる両義的な機能こそが，ハラール・ツーリズムに関係するステークホルダーたちの強いインセンティブとしてムスリムの間でコンセンサスを得ると同時に，市場への不完全なコミットメントを解消するものとしても機能してきた。

1.5　おわりに

本稿では，ハラール・ツーリズムの発展と限界をめぐる議論について，ホスト・ゲスト間の「情報の非対称性」という観点から論じてきた。最後にこれまでの議論をまとめていきたい。

ムスリム旅行者を取り巻く情報の非対称性をめぐっては，ホスト・ゲスト間のさまざまな私的情報の存在によって，コミュニケーションの停滞や，結果として市場におけるステークホルダーたちの不完全なコミットメントや不均衡な資源分配をもたらしてしまう点を指摘した。それゆえ，ハラール・ツーリズムをはじめとするイスラーム的価値観に基づいた観光活動は，ホスト・ゲスト間に横たわる私的情報を積極的に開示させるインセンティブをいかに構築するのかに焦点が当たってきた。ハラール認証制度に基づいたハラール・ツーリズムの試みも，数あるイスラーム的価値観に基づいたインセンティブを構築する動きとして捉えることができる。

これらのホスト・ゲスト間の情報の非対称性を解消するインセンティブの試みのなかで，ハラール・ツーリズムはハラール認証制度に立脚することで，シグナリングの動きを積極的に展開してきた。しかし，このシグナリングの動きは，ゲストの私的情報が市場に開示されないがゆえに，逆選択やモラル・ハザードといった非効率的な資源分配や不完全なコミットメントが発生する点を明らかにした。

この問題を解消するためにステークホルダーたちは，市場における観光メディアの育成を通じて，スクリーニング機能を強化する動きを見せるようになっている。観光メディア育成によるスクリーニング機能の強化を通じて，資源の効率的な配分を実現すると同時に，ゲストの私的情報を市場に開示する強い宗教的インセンティブが働くシステムを提供してきた。

以上の議論を踏まえると，ハラール・ツーリズムの発展と限界をめぐる議論は，ホスト・ゲスト間の私的情報を市場に提供するためのインセンティブの試みとして捉えることができる。従来の事例や研究がシグナリング機能の強化に特化してきた点に対して，ゲストが効率よく私的情報を提示できるスクリーニング機能の構築と強化が，ホストの情報の開示というシグナリング機能以上に重要な役割を果たしていると結論づけることができる。

今後のハラール・ツーリズム，あるいはムスリム旅行者市場の更なる発展の基盤を考えるに際して本稿が提示できる点として，このスクリーニング機能を持つプラットフォームをいかに構築していくのかが重要であると考える。

文　献

1) Crescentrating & Mastercard, "Global Muslim Travel Index 2018", https://www.crescentrating.com/reports/mastercard-crescentrating-global-muslim-travel-index-gmti-2018.html (2018 年 12 月 31 日閲覧)
2) Crescentrating & Mastercard, "Global Muslim Travel Index 2018", p.5, https://www.crescentrating.com/reports/mastercard-crescentrating-global-muslim-travel-index-gmti-2018.html (2018 年 12 月 31 日閲覧)
3) J. Jafari, & N. Scott., "Muslim world and its tourisms", *Annals of Tourism Research*, **44**, 1-19 (2014)
4) J. C. Henderson, *Tourism Management Perspectives*, **19**, 160-164 (2016)
5) J. Pink ed., *Muslim Societies in the Age of Mass Consumption: Politics, Culture and*

Identity between the Local and the Global, Cambridge Scholars Publishing (2009); M. L. Stephenson *et al.*, *Journal of Islamic Marketing*, **1** (1), 9-24 (2010); B. A. Alserhan, *The Principles of Islamic Marketing*, Farnham: Gower Publishing Limited (2011); P. Temporal, *Islamic Branding and Marketing: Creating a Global Islamic Business*, John Wiley & Sons (2011); M. L. Stephenson, *Tourism Management*, **40**, 155-164 (2014); B. A. Alserhan, *The Principles of Islamic Marketing 2nd Edition*, Gower (2015); M. Battour *et al.*, *Tourism Management Perspectives*, **19**, 150-154 (2016)

6) 安田慎，観光学評論，**1** (1)，51-67 (2013)；安田慎，中東研究，**520**，49-55 (2014)；安田慎，中東研究，**523**，53-61 (2015)；J. Fischer, *Islam, Standards, and Technoscience: In Global Halal Zones*, Routledge (2015); J. C. Henderson, *Tourism Management Perspectives*, **19**, 160-164 (2016); S. Yasuda, *Asian Journal of Tourism Research*, **2** (2), 65-83 (2017)

7) 中村哲，経済文化研究所紀要，**12**，125-151 (2007)；土居英二，産業連関，**17** (1-2), 66-77 (2009)；山本真嗣，観光研究，**23** (1)，31-37 (2011)；薮田雅弘，經濟學論纂，**55** (3/4)，29-47 (2015)

8) P. コトラー *et al.*，コトラーのホスピタリティ&ツーリズム・マーケティング，ピアソン・エデュケーション (2003)

9) 中村哲，経済文化研究所紀要，**12**，125-151 (2007)；土居英二，産業連関，**17** (1-2), 66-77 (2009)；山本真嗣，観光研究，**23** (1)，31-37 (2011)；薮田雅弘，經濟學論纂，**55** (3/4)，29-47 (2015)

10) P. ミルグロム *et al.*，組織の経済学，pp.133-179，NTT 出版 (1997)

11) 中村哲，経済文化研究所紀要，**12**，125-151 (2007)

12) 安田慎，観光学評論，**1** (1)，51-67 (2013)

13) A. al-Hamarneh *et al.*, *Comparative Studies of South Asia, Africa and the Middle East*, **24** (1), 173-182 (2004)

14) 安田慎，観光学評論，**1** (1)，51-67 (2013)

15) A. Alserhan, *The Principles of Islamic Marketing*, Farnham: Gower Publishing Limited (2011); P. Temporal, *Islamic Branding and Marketing: Creating a Global Islamic Business*, John Wiley & Sons (2011); B. A. Alserhan, *The Principles of Islamic Marketing 2nd Edition*, Gower (2015); J. C. Henderson, *Tourism Management Perspectives*, **19**, 160-164 (2016)

16) ITC (Islamic Tourism Centre), http://www.itc.gov.my/ (2018)

17) 安田慎，中東研究，**523**, 53-61 (2015); J. Fischer, *Islam, Standards, and Technoscience: In Global Halal Zones*, Routledge (2015); S. Yasuda, *Asian Journal of Tourism Research*, **2** (2), 65-83 (2017)

18) 安田慎，中東研究，**520**, 49-55 (2014)；安田慎，中東研究，**523**, 53-61 (2015)；F. Bergeaud-Blackler *et al. eds.*, *Halal Matters: Islam, Politics and Markets in Global Perspective*, Routledge (2015); J. Fischer, *Islam, Standards, and Technoscience: In Global Halal Zones*, Routledge (2015); S. Yasuda, *Asian Journal of Tourism Research*, **2** (2), 65-83 (2017)

19) S. Yasuda, *Asian Journal of Tourism Research*, **2** (2), 65-83 (2017)
20) 安田慎, 中東研究, **520**, 49-55 (2014); S. Yasuda *Asian Journal of Tourism Research*, **2** (2), 65-83 (2017)
21) H. el-Gohary, *Tourism Management Perspectives*, **19**, 124-130 (2016)
22) 安田慎, 中東研究, **523**, 53-61 (2015); H. el-Gohary, *Tourism Management Perspectives*, **19**, 124-130 (2016)
23) ITC (Islamic Tourism Centre), http://www.itc.gov.my/ (2018)
24) 安田慎, イスラミック・ツーリズムの勃興　宗教の観光資源化, ナカニシヤ出版 (2016)

2　ハラールツーリズムの実際

松井秀司*

2.1　ハラールツーリズムにおける当社の取り組み

当社は1979年に創業し，2003年から中国からの訪日外国人旅行（インバウンドツアー）の取り扱いを開始した。そして2011年からマレーシアを中心とした，イスラーム教徒（以下ムスリムと称す）の団体ツアーの受入れを「ハラールツアー」という名称で開始した。

我々の実践してきたハラールツアーはムスリムの宗教的な食事の戒律への配慮やツアー中の礼拝場所への案内，さらにムスリムツアーガイドによる接遇などムスリムに特化したホスピタリーサービスなどの特徴があり，ムスリムインバウンドの草分けとして，これまでも数々のテレビや新聞の取材をうけてきた。

当社の接遇サービスの基礎となっているものはマレーシア政府機関（Department of Standards Malaysia）の設けているハラール認証基準（MALAYSIAN STANDARD）の一つである「Muslim Friendly Hospitality Services-Requirements（ムスリム接遇要求事項）MS2610:2015（以下，MFHSと略す）」である。現在，NPO法人日本ハラール協会：Japan Halal Association（以下，JHAと略す）が，東京と大阪で毎月主催している「ムスリム接遇主任講習」においてMFHSを含めた講習会を開催しており，筆者もJHAの講師の一人として講義を行っている。

本項ではムスリムの訪日観光客をさらに増大させていく為の今日的な問題点や課題について食の提供を中心に検証していく。

2.2　JHAの国内のムスリムインバウンド環境整備

当社がムスリムインバウンドを開始する前年2010年に，私は現理事長のレモン氏と同志数人とでJHAを設立した。設立の目的は，日本在住のムスリム及び訪日ムスリムが，非イスラーム国である日本において，Islamic requirement（イスラームの要求事項）を満たした生活ができるよう環境整備，インフラ構築を行っていく為である。現在，JHAの事業は大きく分けて下記の3つの分野がある。

① 輸出の為の国際基準でのハラール認証の監査の実施
② 「ハラール管理者講習」「ムスリム接遇主任講習」の実施。学校，大学，一般企業，認証取得企業などでの講習会の実施
③ ムスリムが日本で生活する為の環境整備

①については，アジアや中東のイスラーム諸国へ日本の企業が食品などを輸出する際，相手国から求められる要求事項を満たした基準によるハラール認証の監査を実施している。

②の「ムスリム接遇主任講習」ではホテル関係者や接客業などムスリムに食事やサービスを提

---

* Hideshi Matsui　㈱ミヤコ国際ツーリスト　代表取締役

供する職種に従事する人向けに，MFHS を満たしたムスリムに適した接遇方法などについて講習を実施している。また，「ハラール管理者講習」ではハラール製品を製造している，あるいは将来的に製造しようとしている企業に従事している方やハラール食を提供する業務に関係する方々などを対象に，これまで3千人以上の方々に受講していただいてきた。これらの受講者の中には実際の実務に従事している方だけでなく，ホームステイでムスリムの学生を受け入れている方や学生なども含まれている。学生も様々で，食品企業への就職を目指す就活生や卒論のテーマにハラール関連を取り上げている学生，留学生の多い大学で学んでいる学生，アラビア語やインドネシア語を専攻する外国語大学の学生など様々である。また，いくつかの高校では JHA から講師を招聘して特別授業として全員にムスリム接遇主任講習を受講させていただいている。これらの活動により，ムスリムを正しく理解して彼らによりよく接していただける方が増えていくことが日本のインバウンドの発展だけでなく，ダイバーシティーとしての日本の発展につながっていると確信している。

③について一例をあげると，新関西国際空港，難波，大阪駅などへ礼拝所の設置を JHA の指導と監修で行ってきた。特に新関西国際空港に男女別3か所の礼拝所が設置されたニュースは広くイスラーム圏へ報道され，ムスリムに対してウェルカムな姿勢が高評価され，来日ムスリムの増加に一役かっている。

2.3 国の取り組みと市場の変化

近年，政府のビザ発給条件の緩和や LCC の就航，アジア諸国の国民所得の向上などを主な理由として，訪日外国人が増加の一途をたどっている。現在，当社はムスリムインバウンドの旅行業務と並行して日本政府観光局（JNTO）の行う外国人観光客誘致施策の一環として実行された旅番組やプロモーションビデオ製作事業，海外の有名ブロガーや旅行会社の経営陣を招聘して日本の最新観光情報と魅力の発信を依頼するといった積極的な PR 活動の実務を行っている。例えばマレーシアの国民的人気タレントのジザーン氏やコメディアンのジハーン女史に出演していただいた旅番組は，日本への渡航意欲を大いに高めた。番組のなかで，彼らが北海道・東北から九州・沖縄まで自由気ままに観光やショッピング，食事を満喫している姿がとても魅力的であった為，番組でロケを行った地域や店舗などの知名度が高まり，訪問者が大幅に増加した。これらの積極的なプロモーション活動によってアジアのムスリム訪日旅行は増加しただけでなく，団体旅行から個人旅行に大きくシフトしていった。LCC の就航，宿泊予約サイトや旅行情報サイトの出現，民泊（違法民泊も含む）の増大などのインフラの拡充に加え，当社が JNTO の広報活動の一翼を担ってきたこれらの活動は，訪日ムスリムの増加におおいに役立ってきたとの自負を持っているが，一方で訪日旅行客の旅行業者離れに拍車をかけたことは，自社だけではなくインバウンド業界全体にとって手放しで喜べない皮肉な状況となっている。もちろん，日本の旅行業者だけではなく，現地（マレーシア）の旅行会社も「日本へ渡航する観光客は増加しているが，我々旅行代理店へ申込に来るものは激減している。」などと嘆いている。インターネットで LCC に予約を入れ，宿泊サイトでホテルを手配し，日本に来てから情報サイトを見ながら旅をするといった個人旅行のスタイルがスタンダードになりつつある。しかし，一方でこれらの個人旅行で旅行を実施した人は，旅行会社のサービス（団体旅行など）を受けた人たちに比べ，平均的に満足度が低い場合が多い。実際に自分で調べて観光地から観光地へ公共交通機関で移動して右往左往して予定通りいかなかったとか，自分で予約サイトを見て選んだ宿泊所が劣悪だったといった声もよく聞く。また，ムスリムフレンドリーとWebサイトに書かれていたレストランに行ってみたら実際は期待していた内容ではなかったといったムスリム特有の不満も聞かれる。また，認識不足や不理解が原因で避けている観光資源なども見受けられる。

例えば，ムスリム観光客に対して神社仏閣などへの観光を案内するのであれば，当社では「この建物は釘を全く使わない建築方法で建てられ1300年前に建てられました。現在は国宝に指定されています。世界的にも珍しい，価値のある建物ですので是非見ましょう。」などとご案内している。イスラーム的には，アッラー以外の神を礼拝の対象とはしないが，歴史的建造物として教会や神社，寺院を見学することは問題ないからだ。もちろん行きたくない人へ強制することはよくない。しかし，それらを見に行くことも宗教的によくないと考えている方には，見識を深める意味でも，日本を深く知る意味でも一見の価値はあるのだとお伝えしている。これらは非ムスリムが言うよりも同胞ムスリムが伝えるほうが理解してもらえるということは言うまでもない。

日本の旅行業界としても，日本の文化や歴史を理解したムスリムが随行し，宿泊や食事，観光内容などムスリムにとって安心できる良いものを提供し，効率よく苦労なしに日本を満喫していただくことが望ましいのではないだろうか。LCCと宿泊を自分自身で手配し，準備なしに気楽に来日したのはいいけれど，食事，宿泊，観光内容など満足できない旅に終わってしまい帰国後，「日本はそれほど楽しい国ではないよ・・・」といった話を吹聴されることは長期的に見ても決してプラスとは言えない。諸般の状況により，コスト面，情報面で訪日外国人旅行客のハードルは大きく下がり，来日ムスリム旅行客が増加していることは素晴らしいことであるが，一方で日本での旅行客の満足度を高めリピーターを増やす対策を旅行業界だけではなく，国を挙げて真剣に考えなければならない状況に直面している。インバウンド業界にとっては団体旅行から個人旅行へシフトしていることへの対応が求められているが，それ以上にどうやって価値あるものを彼らに満喫してもらえるかを考えて，その具体的な旅の具材や情報の提供方法などを検討し実行していくことが現下の急務であると言えよう。

2.4　ハラールかムスリムフレンドリーか

「ハラール」とはイスラームにおいて食事に限ったことではなく，生活全てにかかわることであるので，現実的に非イスラームの日本において包括的にハラール（な）ツアーを実践することはとても困難である。その意味においては「ムスリムフレンドリーツアー」という名称の方が適切と言えよう。イスラーム国家で設けられたMFHSを日本でそのまま実施することは不可能であるが，できる限りこれらに設けられているIslamic requirementの重要な点を満たしたサービスの提供を当社では重視している。ここで注意していただきたいことは，「ムスリムフレンドリー」という言葉が単なる「ムスリムに友好的な・・・」という抽象的な意味だけでなく，マレーシアというイスラーム国家が定めた認証基準にその名称が使われているということである。昨今，日本においてムスリムフレンドリーという言葉を独自の解釈で「準ハラール」「だいたいハラール」という意味で食の提供の際に使われる例が多く見られるが，ムスリムが不在のキッチンで，自分たちの解釈や基準で食を提供し，ムスリムフレンドリーを名乗ることはムスリムの利用者に誤解を招きかねないので注意が必要である。もちろん本来の意味である「ムスリムに対して友好的な」という抽象的な意味でこの名称がつかわれることもあるが，こと食に関してムスリムフレンドリーという言葉を使う場合，多くのムスリムはハラールと同義語として解釈する。前述のマレーシア政府のハラール基準としてMFHSが具体的な条件として示されているのであるから，あいまいな自分勝手な解釈，例えば「これだけムスリムに配慮した料理だからムスリムフレンドリーと言ってもいいだろう」などの判断でムスリムフレンドリーという名称を使うべきではない。「ハラールレストラン」と「ムスリムフレンドリーレストラン」の違いを次の様にJHAでは区分している。

〈ムスリムフレンドリーレストラン〉

- 提供される食事はすべてハラールである。
- アルコール類の提供は問わない（ないほうが望ましい）。
- シェフがムスリムか否かは問わない（ムスリムが望ましい）。
- 店の営業，運営がハラール（従業員の服装，店内のインテリア，BGM）。

〈ハラールレストラン〉

- 提供される食事はすべてハラール。
- アルコール類の提供はない。
- シェフ，オーナーはムスリム。
- 店の営業，運営がハラール（従業員の服装，店内のインテリア，BGM）。

概していえば，日本国内ではトルコ料理店などはムスリムフレンドリーレストランが多いがハラールレストランはほとんどない（お酒の提供店が多い）。パキスタンレストランではハラールレストランもかなり存在する。日本は非ムスリムがほとんどであるから，飲食店でアルコールを販売しないで経営を成り立たせるのはとても困難であるが，頑張ってハラールレストランを続けている店舗も件数は少ないが存在する。日本国内で我々ムスリム消費者がハラールレストラン，ムスリムフレンドリーレストランと認識しているものはほとんどがムスリムのシェフがキッチンで勤務している店舗である。これらのほとんどの店は国内のハラール認証を取得していないし取得する必要もない。ムスリム消費者にとっては，同胞ムスリムが料理人であるということは国内の（ローカルな）ハラール認証よりも信頼性が高いからだ。

2.5　ムスリム目線があるか否か

現在，日本国内では相当数のハラール認証団体を自認する組織が存在し，残念ながらその多くが認証発行を生業として行っていると思われる団体である。それらの認証基準はあいまいである。イスラーム法学者の監査員と食品技術などの監査員の 2 名が国際的な基準に基づいて監査を行うのが本来のハラール認証であるが，多く場合は 1 人の監査員で行われ，イスラーム法学者でも食品技術の専門家でもないごく普通のムスリムが監査員という場合もある。また，現場にコンサルテーション・指導として入り，ある程度の改善ができれば，合格といった具合で，いわば，予備校や家庭教師が入試合格を判定しているようなもので，とても本来のハラール認証の体をなしていないものである。日本の飲食店で，パキスタン料理，トルコ料理，エジプト料理，マレー料理などのイスラーム諸国の料理，言い換えればムスリムシェフが当たり前の店舗以外では大抵キッチン内にハラーム（イスラム法において非合法）な食材，調味料，料理酒などが存在する。それらの店舗では，現実的にムスリムフレンドリーレストランを運営することは不可能に近い。しかし，国内にはハードルの低い「ハラール認証」や「ムスリムフレンドリー認証」を取得し，それを大いに宣伝に活用し，WEB に掲載している店舗が数多くある為，多くのムスリム消費者がこれらのキーワードで検索して店舗に足を運んでいることはとても問題である。イスラーム国家ではありえないことだが，日本ではムスリムフレンドリー認証を取得しているレストランで，堂々とトンカツを売っている店舗などもあり，このような店舗があるようでは日本の飲食店におけるハラールやムスリムフレンドリーが信頼されるはずはない。ムスリム調理人が勤務するレストランではムスリムの食べなれた味覚の食が提供されるという安心感と同時に，料理のハラール性に関して非ムスリムの作る料理よりも信頼性が高いといえる。

2.6　日本のハラールレストランについての事件が発生

訪日ムスリムに人気のあった，大阪市内の人気スポット難波にあるゲストハウスとレストランを運営している店のマレーシア人調理師 4 人が帰国後，自分たちの務めていた店舗で使用していた食肉のハラール性について疑義があったことを 2018 年 12 月 7 日，クアラルンプールにて記者会見で発表し，ムスリム消費者団体である PPIM（マレーシア・ムスリム消費者協会，英語名：Malaysian Muslim Consumers Association）に告発したと，NST（New straits Times）が報じ，テレビ（NST-TV）で放映された。記事のタイトルは，「'Halal' restaurant in Japan found not to be halal after all: PPIM［NSTTV］」となっていて，日本でハラールを標榜している飲食店すべての信頼を損ねるような事態を引き起こした。この件で，PPIM 会長のナジム氏は「2020 年東京オリンピックには多くのムスリム旅行者が訪れることが予想されるが意図せずにハラールではない食べ物を口にするのではないかとの懸念している」と表明している。章末にこの記事の全文と和訳を掲載しておく。

写真1　記者会見をする4人の元シェフ（2018年12月7日クアラルンプールにて）

2.7　旅行業界誌で指摘したことが的中

今回の事件に類似したような事件の発生を過去に筆者が予見し，警告の意味で発表した文章がある。参考までに下記に紹介したい。この文章は筆者が旅行業界の週刊誌『トラベルジャーナル』に1年間連載させて頂いた「ムスリム受入れのイロハ」に掲載されたものである。

〈Vol.9　表示のメリットとリスク〉

2013年11月，日本を代表する多くの高級ホテルが食品偽装，メニュー偽装をしていたことが次々と明らかになった。これらの問題は訪日ムスリムにとって日本の食の安心についてどのようにとらえられているだろうか。

2020年X年X日…。問題は，ある有名ホテルの調理人のSNSから始まった。「今日もランチタイムはムスリムのお客さんがたくさん来ている。うちのホテルでは、『ムスリムフレンドリーランチ』というセットメニューを出して好評だけど，ランチタイムのクソ忙しい時にいちいち調理器具を区別して豚肉やハラールビーフを処理出来ないよ！腹痛になるわけじゃないし」とつぶやいたのだ。

これに対して良識ある日本人や在日ムスリムたちから抗議や批難が殺到した。そして，このレストランを利用した多くのムスリムたちが帰国後，自分の国の裁判所に訴え，このレストランと管理出来なかった日本政府を相手に国際裁判を起こした。これをきっかけに，「ムスリムフレンドリー」や「ハラール」と表記したメニューを持つレストランやホテルが次々に食品偽装，メニュー偽装を公表した。中には，私的認証機関や認証会社から「ハラール認証」を取得しているホテルも含まれていた。従業員による内部告発や納入者の発表なども次々に行われた。豚肉を調理しているキッチンではハラール認証を取得できないが，この事件を機に日本独自のルールに基づくゆるいハラール基準での認証なども存在することが発覚。さらに海外からの批難を浴びることになる。

しかし，日本での裁判は結局ホテルの景品表示法違反（優良誤認）にとどまった。イスラーム国家なら経営者や調理責任者は，禁固刑以上に罰せられるが，日本では，これらの宗教的な問題は，刑事事件として問われることはない。この事件でホテルの損害は軽微だった。ただ，この事件を境にして，順調に伸びていた訪日ムスリムの渡航者は急減した。

問題を深刻にしたのは，自称ハラールメニューや自己流ムスリムフレンドリーメニューの店舗やホテルが横行したことだ。そして，それらの「言ったもの勝ち」の状況を許した国や行政，さらにそれらの店舗に何の調査や確認もないままに送客した旅行会社や案内サイトである。この事件が東京オリンピックの数カ月前に発生したことが大きな理由となって，イスラーム諸国から次々と参加をボイコットする動きが広まってきたことは日本の最大のマイナスとなった・・・。

根の深い偽装問題

これは悪夢のようなフィクションであるが，ありえない話でもない。牛脂注入加工肉を「ビーフステーキ」，ブロイラー肉を「京地鶏」，冷凍保存魚を「鮮魚」，市販ジュースを「フレッシュジュース」，普通のねぎを「九条ねぎ」などと称していた問題。状況から考えても「優良誤認」というより会社ぐるみの詐欺と言われても仕方がない。しかし，ハラールでないものをハラールと称して販売した場合，その程度の問題では済まない可能性がある。一歩間違えれば国際紛争になる可能性すら考えられる。「自分のけがれた身体をどうやって償ってくれるのだ」という訴えである。

ムスリムにとっては，ハラール食を食べることは，当たり前の日常である。同じく同胞ムスリムに食を振る舞い提供する際には，ハラール食とすることは当然である。しかし，非ムスリムにとっては大変なことと考えられ，店舗においては，手間とコストがかかること多く，売上至上主義からすれば「無駄」に思えることも多い。

今回の日本での食品偽装，メニュー偽装問題は根が深く，体制・体質的な問題と言える。この国でムスリム不在の厨房内で常にハラールな食が調理されていくことは，実際に可能なのか。現実的に考えれば，極めて困難と言わざるを得ない。〈以下略〉

（2013年12月9日発刊トラベルジャーナル誌より抜粋）

2.8 国際的なハラール認証とローカルハラール

日本国内で認証活動を行っているハラール認証団体やハラール認証団体と称する団体の多くが日本国内のみに通用するハラール認証を行っており，イスラーム諸国へ輸出する際に相手国から要求される国際的なハラール認証基準よりもハードルを下げた基準で食品への認証やレストラン認証を行っている。ハラール肉といわれるものも，ハラール屠畜が正しく行われ，さらにそれらが物流，保管などもハラールな方法で行われて消費者の食卓に届けられていることで成立する。ハラール屠畜そのものも，牛と豚を同じ屠場敷地内で処理されていれば成立しないし，ムスリムの屠畜人（スローターマン）が常駐していなければハラール屠畜とは国際的に認められない。日本が非イスラーム国であることと，屠場の歴史的・現実的諸事情を考えれば，正式なハラール屠畜そのものも日本では非常に困難であることは容易に推測される。これまでは日本国内の在住ムスリムの多くは輸入されたハラール肉を消費してきたが，和牛などの上質な日本国産ハラール肉は潜在需要も高く，輸出においてもインバウンド需要においてもビジネスとして大いに期待されており，近年多くの企業や団体がこれに参入している。しかし国産のハラール肉の生産には前述のようなハードルがあり，ともすればそのハードルをイスラーム法において違法に回避してハラールとはいい難いハラール認証を発行している例が多くみられている。我々も含め，日本国内在住のムスリムの多くはその疑いがあるにも関わらず，国産ハラール肉に関して寛容であったかもしれない。いや寛容というよりは，この国で完全なハラール肉を生産することは困難で，本来あるべきハラールの基準を満たしていなくてもやむを得ないとして，半ばあきらめの気持ちから「ローカルハラール」を多くの在日ムスリムたちが黙認してきたのかもしれない。少なからず同胞ムスリムが屠畜や認証，流通や販売に関わっている以上，徹底的に調べて本当にハラールかどうかを究明することは「藪蛇」にもなりかねないし，そうなれば誰のプラスにもならないのではとの思いがあったのではと考えられる。ムスリムにとっては，ハラールではないと白黒がはっきりと出てしまえば，もう食することはできないからである。

問題となった大阪市内の難波にある店舗は，カザフスタンのハラール認証団体から相互認証された日本国内の自称ハラール認証団体の法人からハラール認証を取得していた。問題の根が深いと思われるのは，ハラールについての認識のない非ムスリムが中心となった事件でなく，認証制度を理解しペーパー上の体裁を整えた上で，自分たちが自由にハラール認証を発行し，ビジネスに活用しようとしていたと思われる点である。実際に筆者はこのレストランのハラール認証を行ったとされる認証団体の住所に足を運んでみたが，そこはこのゲストハウス兼レストラン（1階はレストラン）と同じであった。一方的な元レストラン従業員のプレス発表のみを信用することは事実誤認となる可能性もあるが，このレストランオーナーにも，「日本国内での流通ならばこの程度でハラールとしておけばいい」といった認識が事件をもたらした主な原因ではないかと考えられる。日本国内のハラール認証におけるダブルスタンダード（厳格な輸出要件としての認証と国内の外食や食品に対する認証）の問題は，今後増え続ける訪日ムスリム観光客と日本在住ムスリムのリスクを考えた場合，早急に解決する必要がある。差し当たっては，ハラール認証団体として活動する為の必要条件を設定し，ペーパーカンパニーのような実体のない任意団体や技量や体制の整っていない団体が認証書を発行できないようにすることが必要である。

2.9　国際基準への取り組みの必要性

日本におけるムスリムインバウンドを今後大いに発展させていく為には，国や行政も，いつまでも政教分離という立場でハラール認証・監査について放任・無関与を続けていくことはもうできない。何らかの指導・監督を行っていく必要があるといえよう。その為にも，JHAや㈪日本ムスリム協会など日本人ムスリムが中心となている団体で海外の権威ある認証団体から承認され国内で十分な認証実績を持つ団体と連携し，日本国内の統一基準を策定することが望まれる。それによって，ムスリムにとって安心・安全な食のインフラ整備を早急に行っていくことが肝要である。これは単にムスリムインバウンドの発展や在住ムスリムの生活の便宜の向上だけに資するわけではない。日本の更なる国際化の進展のために必要不可欠であり，それは対ムスリムだけの問題ではない。例えばハラール屠畜の基本的な思想はアニマルウェルフェアであるが，これはグローバルGAPのポリシーにも共通する。また，イスラームの要求事項である「タイイブ」(人間の身体にとって良い，安全で健康的）はHACCPの監査をクリアすることで満たされると考えられる。その意味でも東京オリンピックを目下の目標として，これらの食の国際基準への取り組みを行う中で国際基準でのハラール認証監査を同時に実行していくことが，日本のダイバーシティ実現に寄与することとなるはずである。現状では，ロンドンオリンピックやリオオリンピックで実行された食の国際基準ですら実行できないと言われている。いよいよ東京オリンピックが近づいてきている。筆者が5年前に旅行業界誌に寄稿した前述のフィクションのような悪夢が現実にならないためにも，国を挙げての早急な取り組みが求められている。

参考資料

「'Halal' restaurant in Japan found not to be halal after all: PPIM [NSTTV]」
By NST - December 7, 2018 @ 2:51pm

KUALA LUMPUR: The revelation that a restaurant in Japan with halal certification was storing non-halal meat at its factory has shocked many Malaysian Muslims. The discovery was made by four Malaysian chefs working at the restaurant who have since resigned from their posts and returned home. As such, Malaysian Muslim Consumers Association (PPIM) president Datuk Nadzim Johan has urged Muslims travelling abroad to be extra careful when choosing places to dine. "Even though the restaurant (in Japan) has halal certification, (it did not) observe halal food practices," he said during a press conference to address the issue here, today. Nadzim added that he is worried over the surge of Muslim travelers expected to visit

Tokyo for the 2020 Olympics, as they may unwittingly consume non-halal food. He said Japan and other countries should be more sensitive to the needs of Muslim visitors to their nations. "We will monitor this issue closely to ensure the welfare of Muslims" he added. Nadzim also said the PPIM will raise the issue with the authorities in order to find a solution to the worrying problem. "The Malaysian Islamic Development Department (JAKIM) should perhaps offer facilities such as a mobile app that allows users to determine an eatery's halal status," he added.

日本語訳

クアラルンプール：日本のハラール認証レストランでハラールではない肉を調理場（作業場）で保管されていたということが曝露された件で，多くのマレーシア人ムスリムがショックを受けている。この事実の発見は，当レストランで働いていた4人の料理人によってなされ，彼らはすでに職を辞してマレーシアに帰国している。これを受け，マレーシアのムスリム消費者協会（PPIM）のダトック・ナジム・ジョハン氏は，海外へ渡航するムスリム旅行者は厳重に注意して食事場所を選んでくださいと強く呼びかけた。「たとえ（日本の）レストランがハラール認証を取得していたとしても（実際はそうでなかった）ハラール食が実践されているかを注意して確認してほしい。」ナジム氏は，この記者会見の途中でこの問題について消費者に呼び掛けるためここで発言を行った。彼はさらに，「2020年のオリンピックにはかなりのムスリムが東京に怒涛の如く訪れると予想されるが，彼らが意図せずにハラールではない食事を摂取するのではないかと懸念している」と付け加えた。彼は，日本および他の国は自国を訪れるムスリム旅行者のニーズに対して，もっと注意深くあるべきだと発言した。「我々はムスリムの福利の保護の為，この問題をさらに注意深く見守っていく」と付け加えた。ナジム氏はさらに，（マレーシア）ムスリム消費者協会はこの悩ましい問題を解決する為，政府機関と共にこれに取り組むと発言している。マレーシアイスラム 開発庁（JAKIM）がモバイルのアプリなどの，利用者が食事場所のハラール性の確かさを確認できるような便宜を提供するでしょうと付け加えた。

第20章　ハラールサプライチェーン管理の研究動向

藤原達也*

1　はじめに

ムスリムの市場が企業の関心を集めている。世界的にムスリムの人口が増加しており，その関連市場も拡大を続けているからである[1)]。さらに，グローバルな取引が促進されていることも，ムスリムの市場が注目される所以である。しかし，その市場で事業を展開するには，企業は，イスラームの戒律に適った管理を行わなければならない。ムスリムは，「禁止された物事」（ハラーム）を避け，「許された物事」（ハラール）を選ばなければならないからである。それゆえ，製造業者であれば，サプライチェーンを通じて，製品のハラール性を管理することが求められる。特に，ハラール認証を持つ場合，より厳格な管理が必要とされる。だが，グローバル化に伴い，サプライチェーンが複雑になる中，その管理は容易でないと考えられる。ムスリム市場での事業展開において，サプライチェーン管理が1つの課題となるのである。

これを踏まえ，本稿では，次の2つの問いに答え，「ハラールサプライチェーン管理」(Halal Supply Chain Management; HSCM）に関する研究の動向を探っていく。第1は，「どのような研究が蓄積されてきたのか」，第2は，「今後，どのような研究が必要となるのか」である。ハラールの研究は，2010年代に入ってから積極的に行われるようになったため[2)]，HSCMに関する研究も，未だ発展途上の研究領域である。それゆえ，今後の研究に向けて，本稿では，HSCMの研究動向を整理していく。

なお，本稿では，ハラール認証を取得した飲食料品のサプライチェーンを前提に，議論を進めることにしたい。

2　サプライチェーン管理におけるハラールの概念

イスラームでは，「ハラーム以外はハラール」というのが基本的な考え方である[3)]。これを踏まえ，まずは，食品産業のHSCMに関して，ハラームとなる3つの行為を確認したい。

第1は，「ハラームの取引」である。飲食料品に関わる主なハラームは，豚肉，イスラーム方式の屠畜処理をしていない肉，酒が挙げられる。イスラームでは，これらの取引は，ハラームな行為となる[4)]。

第2は，「ハラームに繋がる行為」である。当事者でなくても，ハラームに繋がる行為をした

---

*　Tatsuya Fujiwara　麗澤大学大学院　経済研究科　経済学・経営学専攻

者は，それを引き起こした責任を負う。例えば，飲酒が行われた場合，飲酒者だけではなく，その生産者，給仕者，貯蔵者，売買者も責任を負うことになる[5]。

第3は，「ハラームを偽りハラールと称する行為」である。名称や形式を変更したとしても，ハラームである本質は変わらない。不正な意図がなかったとしても，その行為が正当化されることはないのである[6]。

HSCMでは，特に「ハラームの取引」の発生を防がなければいけない。なぜなら，ハラール認証を持つ場合，サプライチェーン上で「ハラームの取引」があったと判断されれば，「ハラームに繋がる行為」「ハラームを偽りハラールと称する行為」の責任を負う可能性があるからである。

ハラール認証において，「ハラームの取引」の対象範囲は広く，製品がハラームによって汚染されていないことが条件となる。それゆえ，製品にハラームなものだけでなく，それ由来の物質・成分が含まれることも認められない。さらに，ハラームとなるかの判断は，その物質・成分が含まれるか否かだけではない。例えば，マレーシアのハラール規格では，サプライチェーン全体で，ハラームを扱った設備および備品の使用，ハラームとの接触も禁止されている[7]。もし不備があったのにもかかわらず，ハラール認証製品として提供されれば，それは，「ハラームの取引」と判断されてしまう。

「ハラームの取引」と判断された場合，問題を引き起こした主体だけでなく，「ハラームに繋がる行為」として，他の主体が責任を負うこともある。加えて，消費者であるムスリムは，ハラール認証マークが表示されているため，「ハラームを偽りハラールと称する行為」と見なすことにもなるだろう。たとえ当事者でなかったとしても，また故意でなかったとしても，ハラールと称して問題のある製品を提供すれば，その企業は，市場からの信頼を失うのである。

後述するが，過去には，上記のような問題が発生し，ムスリムから信頼を失った企業もあった。したがって，HSCMには，そのような問題の発生を防ぐため，製品のハラール性を確保することが求められている。

3 サプライチェーン全体を対象とする研究

先の議論では，ハラームを理解することで，HSCMにおけるハラールの概念を確認した。HSCMの研究では，それに基づき，サプライチェーン全体を通じて，ハラール性をどのように確保するのかが議論の中心となる。そこで，以下では，サプライチェーン全体を対象とするHSCMの研究から整理していく。

サプライチェーン全体を対象とする研究では，HSCMの達成要因を明示する研究がある。複数の研究があるが，共通の要因として，「ハラール認証」「ハラールトレーサビリティ」「ハラール専用設備」「主体間の協調関係」「政府の支援」が挙げられている[8]。

しかし，要因だけでは，HSCMの具体的な方法はわからない。そこで，HSCMの方法を示す

Tieman (2011) を見てみたい。同研究では，HSCMにおける3つの管理水準を提示している。最低水準は，「ハラームの直接的接触」。中間の管理水準は，製品特性でハラール性に疑義が生じる「リスク」。最高水準は，各法学派の見解に対応する「認識」である。例えば,「リスク」では，食肉など，その成分が液体として漏れる可能性のあるものを高リスクと捉え，貯蔵，輸送，取扱時に隔離することが求められている。また，「認識」では，宗教洗浄の実施などが具体例として挙げられている[9]。なお，その後のTieman (2017) では，問題の防止だけでなく，問題発生後の対応や復旧の取り組みも示されている[10]。

「危害分析重要管理点」(Hazard Analysis and Critical Control Point; HACCP) をHSCMに応用する研究もある。HACCPとは，健康への危害要因を防止，排除，低減するための「重要管理点」(Critical Control Point; CCP) を定め，それらを管理する仕組みである[11]。HSCMでは，ハラームの混入・接触を防止するため，その可能性がある管理点を特定するという意味で，HACCPは有効な枠組みとなる。

Riaz *et al.* (2004) は，屠蓄工程において，HACCPをハラールに初めて応用した研究である[12]。同研究では，ハラールのCCPは，「ハラールコントロールポイント」(Halal Control Point; HCP) と呼ばれている[13]。そのアプローチは，食肉だけでなく，他の製品や原材料にも応用されている。だが，それらは加工工程に限定されているため，サプライチェーン全体のHCPを特定するまでには至っていない。

一方，Bonne *et al.* (2008) は，図1のように，食肉サプライチェーン全体のHCPを特定している。また，Lodhi (2013) では，食肉だけでなく食品全般を対象として，サプライチェーン全体のHCPを示している。例えば，農場の段階では，天然資源の持続可能性や「動物福祉」(animal welfare) への配慮が求められている[14]。このように，HSCMのHCPを特定することで，効率的な管理が可能となるわけである。この考え方は，例えば，マレーシアの「ハラール保証システム」(Halal Assurance System; HAS) に適用されている[15]。

実証研究を通じて，HSCMの方法を検討する研究もある。Ali *et al.* による一連の研究は，「サプライチェーン統合」に着目し，実証研究を行っている。例えば，Ali *et al.* (2014) は，マレーシア企業の事例研究によって，サプライチェーン上のリスクを特定している。そして，リスクの緩和措置として，組織内の部門間による「内部統合」，サプライヤーなどの組織外の主体との「外部統合」を提案している[16]。また，Ali *et al.* (2016) も，マレーシア企業の事例研究に基づき,「外部統合」となる「サプライヤー統合」「顧客統合」の必要性を述べている[17]。

Ali *et al.* (2017b) では，「内部統合」「サプライヤー統合」「顧客統合」「HSCMの完全性」「企業業績」の関係性をマレーシア企業に対するアンケート調査から明らかにしている[18]。なお,「HSCMの完全性」は，Ali *et al.* (2017a) で明示された「原材料の完全性」「製造の完全性」「サービスの完全性」「情報の完全性」という概念で構成されている[19]。調査の結果，Ali *et al.* (2017b) は，全ての概念が正の相関関係にあると結論付けている。だが，各概念の調査項目が不明確であり，それが調査対象者の主観的な認識から導かれているため，分析結果の客観性に欠けてい

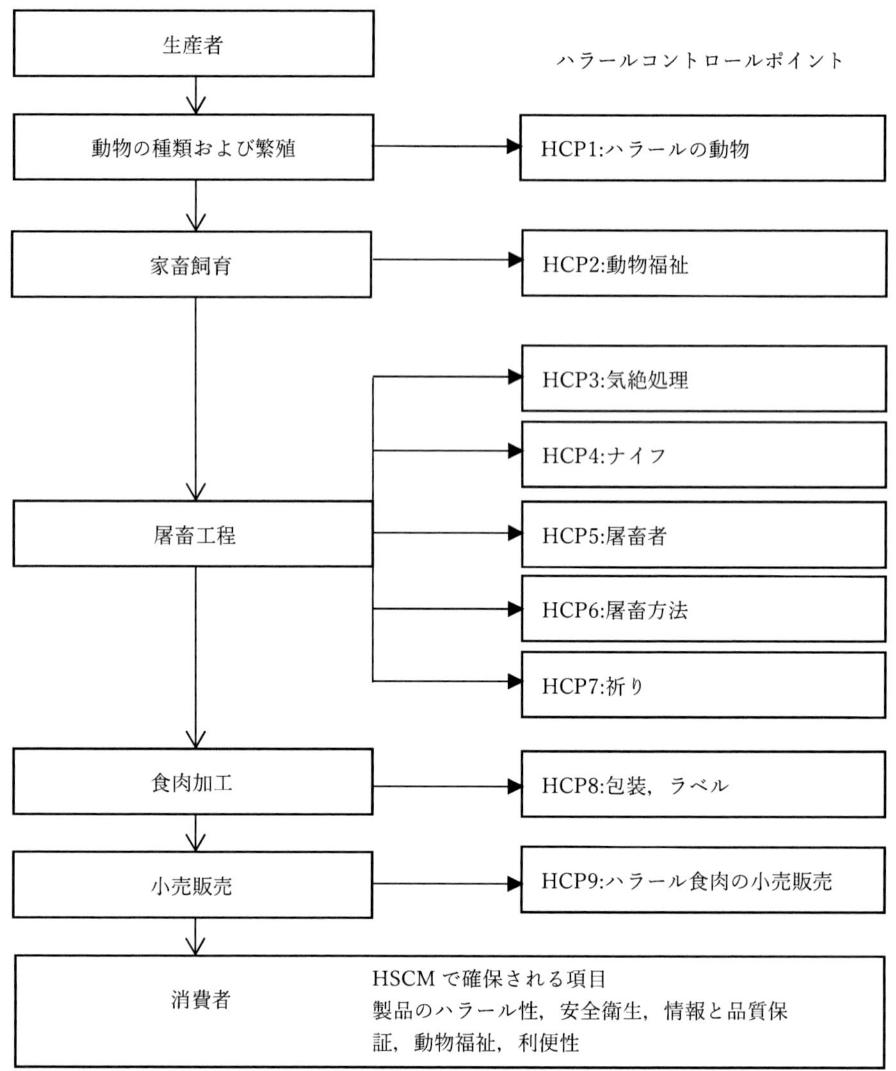

図 1　ハラール食肉サプライチェーンのハラールコントロールポイント
出所：K. Bonne *et al.*, *Agriculture and Human Values*, **25**, 40 (2008) より一部加筆。

る[20)]。Tan *et al.* (2017) も，マレーシア企業に対するアンケート調査を実施し，「サプライヤー統合」「顧客統合」「HAS」と製品の「品質」「コスト」の関係を明らかにしている。同研究は，「顧客統合」「HAS」と「品質」「コスト」に正の相関関係があると結論付けたが，結果が個人の認識から導かれているため，上記の研究と同じ限界を抱えている[21)]。

以上がサプライチェーン全体を対象としたHSCMの研究である。これらは，サプライチェーン全体を対象としているため，その特定段階の議論が不足しているという問題を抱えている。例えば，HSCMの達成要因を包括的に捉えようとすれば，各段階の検討が不十分となる。また，HACCPを応用する研究では，HCPを特定したとしても，サプライチェーン上の各主体に関する議論は希薄であり，それらがHCPを適切に管理できるかが問題となる。実証研究では，分析結果が調査対象者の認識から導かれていたが，個人が持つ認識の基準は異なるため，得られたデータは，詳細を正確に映し出せていない可能性がある。これは，サプライチェーン全体という広範な範囲が対象であったたため，データの収集しやすい個人の認識に依拠したことが問題であったと指摘できる。したがって，サプライチェーン全体を対象とする研究は，HSCMの全体像を捉える上では有用であるが，具体性を考慮するならば，各段階に焦点を絞った研究が必要となるのである。

4　サプライチェーンの特定段階を対象とする研究

過去には，ハラームな行為と判断され，不買運動や製品回収などの事態に陥った企業があった。これらの事例は，HSCMの問題として捉えられるが，サプライチェーン全体に問題があったわけではない。以下の事例を見てみると，問題の原因は，サプライチェーンの特定段階にあったことがわかる。

例えば，2001年にインドネシアで発生した味の素の事件では，既に市場に流通していた製品がハラームと判断され回収命令が出された。だが，その原因は，サプライヤーの製造工程で豚の酵素が使用されていたからであった。味の素の製造工程では，豚由来の成分は使用されていなかったのである[22)]。この事例では，問題の原因は，原材料調達段階にあった。

2011年にマレーシアで発生したBallantyne Foodsの事件では，バターから豚のDNAが検出され，製品の回収命令が出された[23)]。この原因として，工場の食堂で豚肉を使用したメニューが提供されていたため，従業員を介して，製造工程に豚の成分が混入した可能性が挙げられている[24)]。つまり，問題の原因は，製造段階にあったのである。

2014年にマレーシアで発生したCadburyの事件でも，チョコレート菓子から豚のDNAが検出され，製品回収が行われた[25)]。しかし，その後の検査では，Cadburyの製造工程から，豚のDNAは検出されなかった。マレーシアの首相府相によれば，店舗に陳列してあった製品を検査する過程で，豚の成分が付着した可能性があったという[26)]。つまり，問題の原因は，流通段階にあった。

いずれの事例も豚由来の成分に起因したものであるが，その原因は，サプライチェーン上の異なる段階に存在していた。これを踏まえれば，HSCMの研究において，サプライチェーン全体だけでなく，その特定段階を対象とした研究も重要だと考えられる。そこで，以下では，「原材料調達段階」「製造段階」「流通段階」に関する研究を整理していく。

「原材料調達段階」では，Tieman *et al.* (2013) がサプライヤー管理の方法を提案している。例えば，同研究では，ハラール購買チームの設置が推奨されており，サプライヤーに対して，イスラーム金融の使用を促すことや，動物由来から植物由来の原材料への変更を求めることが，その活動例として挙げられている[27]。

「製造段階」では，先述の通り，HACCP を応用した Riaz *et al.*（2004）があるが，同研究では，製品・原材料別の検討が行われていた。一方，Kohilavani *et al.*（2013）では，特定の製品・原材料に限定せず，HACCP をハラールに応用する手順が示されている[28]。Kohilavani *et al.*（2015）では，Kohilavani *et al.*（2013）の手順に基づき，鶏肉産業の HCP が特定されている[29]。

製造業者を対象に，ハラールの知識や理解度を調査した研究もある。例えば，Lau *et al.*（2016）は，マレーシアの製造業者を調査し，従業員のハラールへの理解度および特定された HCP を明らかにしている。調査結果では，約 8 割の従業員がハラールを正しく理解していることが確認された[30]。Othman *et al.*（2016）では，マレーシアの製造業者を多国籍企業と中小企業に分類し，「ハラールの知識」「HAS の実践」「ハラールへのコミットメント」について，アンケート調査を実施している。その結果，企業規模で大きな差は見られず，8 割以上の企業が「HAS の実践」「コミットメント」で高水準にあることがわかった[31]。

「流通段階」では，「ハラールロジスティックス」（Halal Logistics; HL）の研究が中心に行われている。同分野では，主にハラール製品の輸送や倉庫での貯蔵が扱われている。なお，ロジスティックスは，サプライチェーン全体に関わるが，マレーシアのハラール規格を踏まえれば，その力点は，製品製造後の川下側に置かれている[32]。HL の研究は，以下の 3 つに分類される。

第 1 は，HL の問題点を明示する研究である。Ab Talib *et al.*（2013）と Ab Talib *et al.*（2014a）は，ハラール製品を扱う輸送業者の問題点を挙げている。例えば，サプライチェーン上には，複数の輸送業者がいるため，業者間で手順が異なれば，製品のハラール性を侵害される可能性がある[33]。また，輸送業者間の協調性が欠けていることも，問題点として挙げられている[34]。Zailani *et al.*（2017）は，HL に対する輸送業者側の問題点を指摘しており，例えば，HL の利用が任意であるため，十分な需要が得られないという[35]。Ab Talib *et al.*（2014b）は，市場側の問題点を指摘しており，地域に応じて，ムスリムの HL への理解が異なることを指摘している[36]。Ngah *et al.*（2014）は，輸送業者だけでなく，倉庫業者も含めて調査を実施している。同研究によれば，マレーシアでは，ハラール専用の輸送手段や倉庫を使用している食品製造業者が 10～15％ しかいないという[37]。一方，Ngah *et al.*（2017）では，マレーシアの製造業者がハラールの倉庫サービスを利用しない理由として，その費用が障壁になっていることを明らかにしている[38]。

第 2 は，HL に影響を及ぼす要因を特定している研究である。その一部を紹介すると，例えば，Tarmizi, *et al.*（2014）は，マレーシアの輸送業者を調査し，HL の構築に影響を及ぼす要因として，「変化へのビジョン」「HAS」「環境」「従業員の認識」「経営層からの支援」を挙げている[39]。Tan *et al.*（2012）も，マレーシアの輸送業者を調査し，HL に情報通信技術の適用を促す要因として，「ハラールの要求事項と情報通信技術の互換性」を挙げている[40]。その他には，Hamid *et al.*（2014）では「教育訓練」，Ab Talib *et al.*（2016）では「ハラール認証」「政府の支援」という要因が挙げられている[41]。Haleem *et al.*（2017）では，15 の成功要因を特定し，その関係性が検討されている[42]。

第3は，HLの管理方法を示す研究である。Tieman *et al.* (2012) では，輸送，倉庫，ターミナル（港や空港）で，ハラール性を確保するための活動を示している。特に注目すべきは，ムスリムが多数派の国家と他の国家との管理水準を変えている点である。先述の Tieman (2011) の管理水準を用いて，HL の実践は，ムスリムが多数派の国家では，全ての管理水準を満たす必要がある一方で，他の国家では，「認識」の水準を必ずしも満たす必要はないとしている[43]。

以上の研究は，表1のように整理できる。これを見てみると，「流通段階」の研究が多いことがわかる。反対に，「原材料調達段階」の研究は，ほとんど行われていない。さらに言えば，同段階では，「製造段階」「流通段階」の研究とは異なり，企業調査など，実態を把握するための研究方法も採用されていなかった。

この結果は，多くの研究がマレーシアを対象としているからである。マレーシアでは，輸送や倉庫のハラール認証が発行されており，同分野のハラール認証制度の整備が積極的に推し進められている。さらに，日本の物流大手がHLの取り組みを進めているという動きもあり[44]，実態としてもHLへの関心は高まっている。一方，マレーシアでは，「原材料調達段階」「製造段階」については，ハラール認証制度の整備が進んでいるため，同領域には大きな懸念がないのかもしれない。このため，多くの研究者たちは，発展が期待されるHLの領域を扱っていると考えられる。結果，「流通段階」の研究が多くなったのである。

だが，グローバル化が進み，イスラーム圏と非イスラーム圏との取引が進む中，原材料調達に関する研究が不十分のままで良いのだろうか。ハラール認証を持つ企業には，ハラール認証機関による監査があるが，原材料の調達先までも，ハラール認証機関が監査を行うことは難しい。ハラール認証を取得した原材料を使用する方法もあるが，認証済みの原材料となると，その選択肢は限定されてしまう。また，各国家・各地域によって，ハラール認証機関の基準や監査能力が異なるという問題もある。これらは，グローバル化が進むほど，HSCMの大きな課題となり得るだろう。したがって，HSCMの研究において，今後，「原材料調達段階」の研究が重要になると考えられる。特に，実証研究の方法論などを用い，同分野の実態を把握することから始めていく必要がある。また，HSCMの研究では，多くがマレーシアを対象としているが，グローバル化

表1　サプライチェーンの特定段階を対象とする研究

サプライチェーンの段階	先行研究
原材料調達段階	Tieman *et al.* (2013)
製造段階	Kohilavani *et al.* (2013) ; Kohilavani *et al.* (2015) ; Lau *et al.* (2016) ; Othman *et al.* (2016) ; Riaz *et al.* (2004)
流通段階	Ab Talib *et al.* (2013) ; Ab Talib *et al.* (2014a) ; Ab Talib *et al.* (2014b) ; Ab Talib *et al.* (2016) ; Ngah *et al.* (2014) ; Ngah *et al.* (2017) ; Haleem *et al.* (2017) ; Hamid *et al.* (2014) ;Tan *et al.* (2012) ; Tarmizi, *et al.* (2014) ; Tieman *et al.* (2012) ; Zailani *et al.* (2017)

出所：筆者作成。

を踏まえれば，それ以外の国家も射程に入れた研究が必要となる。

5 おわりに

本稿では，次の問いを立て，HSCM の研究を整理してきた。第１の問いは，「どのような研究が蓄積されてきたのか」，第２の問いは，「今後，どのような研究が必要となるのか」であった。

第１の問いに対する答えは，本稿で既に見てきた通りである。しかし，個々の詳細を割愛したため，その内容が不十分であったと言わざるを得ない。関心があるものについては，各文献を確認してもらえれば幸いである。

第２の問いには，次の手順で答えた。まず「サプライチェーン全体を対象とする研究」を概観し，その特定段階を扱う研究が必要であることを確認した。そして，「サプライチェーンの特定段階を対象とする研究」を「原材料調達段階」「製造段階」「流通段階」に分類した。その結果，「流通段階」の研究が多く，「原材料調達段階」と「製造段階」の研究が少ないことがわかった。特に，「原材料調達段階」の研究は，ほとんど行われていない状況であった。だが，本稿では，グローバル化でサプライチェーンが複雑になる中，「原材料調達段階」が，これから研究が必要となる領域であると結論付けた。そして，今後，同領域では，実証研究の方法論などを活用し実態を把握すること，また，グローバル化という観点から，マレーシア以外の国家も研究の射程に入れることが必要とされている。これが，第２の問いへの答えである。

サプライチェーン管理は，現在，企業の重要課題として捉えられており，HSCM の取り組みも日々進歩している。HSCM の研究も，その変化に追い付いていかなければならない。今後も，同領域の研究動向を追っていくことにしたい。

文　　献

1) Thomson Reuters, *State of the global Islamic economy report 2018/19*, 6-7 (2018)
2) 藤原達也，麗澤大学企業倫理研究センターWorking Paper，**14**，11 (2015)
3) アルカラダーウィー（遠藤利夫訳），シャリーア研究，**2**，161 (2005)
4) アルカラダーウィー（遠藤利夫訳），シャリーア研究，**2**，168-176 (2005)；アルカラダーウィー（遠藤利夫訳），シャリーア研究，**3**，120 (2006)
5) アルカラダーウィー（遠藤利夫訳），シャリーア研究，**2**，164 (2005)
6) アルカラダーウィー（遠藤利夫訳），シャリーア研究，**2**，164-165 (2005)；アルカラダーウィー（遠藤利夫訳），シャリーア研究，**3**，121-122 (2006)
7) Department of Standards Malaysia, *MS 1500:2009 halal food-production, preparation, handling and storage-general guidelines* (*second revision*), 1-2 (2009)

8) A. M. Saifudin *et al.*, *International Review of Management and Marketing*, **7** (1), 97-101 (2017); M. H. Zulfakar *et al.*, *Procidia-Social and Behavioral Sciences*, **121**, 61-64 (2014); M. S. Ab Talib *et al.*, *Journal of Islamic Marketing*, **6** (1), 51-59 (2015)
9) M. Tieman, *Journal of Islamic Marketing*, **2** (2), 191-193 (2011)
10) M. Tieman, *Journal of Islamic Marketing*, **8** (3), 466-472 (2017)
11) 小久保彌太郎ほか，改訂　食品の安全を創るHACCP，p.12，日本食品衛生協会（2008）
12) K. Bonne *et al.*, *Agriculture and Human Values*, **25**, 39 (2008)
13) M. N. Riaz *et al.*, *Halal food production*, p.3, CRC Press (2004)
14) A. Lodhi, *Understanding halal food supply chain, third edition*, Chapter4, HFRC UK Ltd. (2013) Kindle edition
15) Department of Islamic Development Malaysia, *Guidelines for halal assurance management system of Malaysia halal certification*, 7 (2011)
16) M. H. Ali *et al.*, *Industrial Engineering & Management Systems*, **13** (2), 159-160 (2014)
17) M. H. Ali *et al.*, *Jurnal Pengrusan*, **48**, 27-28 (2016)
18) M. H. Ali *et al.*, *Industrial Management & Data Systems*, **117** (8), 1594 (2017b)
19) M. H. Ali *et al.*, *British Food Journal*, **119** (1), 28-30 (2017a)
20) M. H. Ali *et al.*, *Industrial Management & Data Systems*, **117** (8), 1596-1601 (2017b)
21) K. H. Tan *et al.*, *Supply Chain Management: An International Journal*, **22** (2), 191, 194 (2017)
22) 伊藤文雄，青山マネジメントレビュー，**2**，68 (2002)；小林寧子，イスラム世界，**57**，64-66 (2001)
23) "Malaysia: Golden Churn butter confirmed to contain pig DNA", Halal Focus (August 4, 2011), https://halalfocus.net/malaysia-golden-churn-butter-confirmed-to-contain-pig-dna/; "Golden Churn butter not for Muslims", The Star Online (August 16, 2011), https://www.thestar.com.my/news/nation/2011/08/16/golden-churn-butter-not-for-muslims/
24) 2016年2月11日，筆者によるサラワク州のイスラーム宗教局（Jabatan Agama Islam Sarawak）に対するインタビュー。
25) 畑中美樹，中東協力センターニュース，**39** (2)，24-25 (2014)
26) "New test shows no sign of pig DNA", New Straits Times (June 3, 2014)
27) M. Tieman *et al.*, *Journal of Islamic Marketing*, **4** (3), 285 (2013)
28) Kohilavani *et al.*, *Food Control*, **34**, 608-611 (2013)
29) Kohilavani *et al.*, *International Food Research Journal*, **22** (6), 2685-2689 (2015)
30) A. N. Lau *et al.*, *Nutrition & Food Science*, **46** (4), 561-562, 569-570 (2016)
31) B. Othman *et al.*, *British Food Journal*, **118** (8), 2045 (2016)
32) Department of Standards Malaysia, *MS 2400-1:2010 halalan-toyyiban assurance pipeline-part 1: Management system requirement for transportation of goods and/or cargo chain services*, 2 (2010)
33) M. S. Ab Talib *et al.*, *Journal of Emerging Economies and Islamic Research*, **1** (2), 12 (2013)

34) M. S. Ab Talib *et al., Journal of Islamic Marketing,* **5** (3), 329 (2014a)
35) S. Zailani *et al., Journal of Islamic Marketing,* **8** (1), 134-135 (2017)
36) M. S. Ab Talib *et al., Asian Social Science,* **10** (14), 123 (2014b)
37) A. H. Ngah *et al., Procidia-Social and Behavioral Sciences,* **129**, 393 (2014)
38) A. H. Ngah *et al., Journal of Islamic Accounting and Business Research,* **8** (2), 174 (2017)
39) H. A. Tarmizi *et al., UMK Procedia,* **1**, 45 (2014)
40) M. I. I. Tan *et al., International Journal of Computer Science Issues,* **9** (1), 69 (2012)
41) A. B. A. Hamid *et al., Intellectual Discourse,* **22** (2), 203 (2014); M. S. Ab Talib *et al., Journal of Islamic Marketing,* **7** (4), 469 (2016)
42) A. Haleem *et al., British Food Journal,* **119** (7), 1596-1598 (2017)
43) M. Tieman *et al., Journal of Islamic Marketing,* **3** (3), 229, 232-234 (2012)
44) 「物流，東南アでハラル認証」，日本経済新聞（2018 年 8 月 21 日）

ハラール食品市場と
ハラール制度の展望 編

第 21 章　東南アジアのハラール食品市場とハラール制度の本質

並河良一*

1　海外市場への関心

かつて，日本の食品企業は海外市場への進出にあまり関心を示してこなかった。背景として，国内市場の競争が激しく，経営資源を国内に集中せざるを得なかったことがある。日本の食品の味が特殊で，その味を海外市場で浸透させることが難しかったこともある。

しかし，近年，日本の食品企業は海外市場に強い関心を示しており，進出意欲は強いものがある。日本の人口は減少に転じ，生活水準は十分に高く食料費支出が伸びる余地がないため，国内市場が飽和状態になっており，市場規模の拡大を期待できないからである。また，国内市場の競争が激しく，値上げによる付加価値の増加も望むべくもないこともある。このような背景から，日本政府も，食料品・農林水産物の輸出を促進しており，その輸出額を 2012 年の 4500 億円から 2020 年には 1 兆円に増加させることを目標としている。

中国経済・中国市場の将来への不安がある中，日本の食品企業が有望視する海外市場として，東南アジア市場とイスラム市場がある。以下，両市場の魅力と市場開発の課題を整理する。さらに，両市場の交点である，東南アジアのイスラム市場の開発戦略について述べる。

2　イスラム市場

イスラム市場とは，消費者がイスラム教徒である市場である。企業の市場参入という意味では，イスラム諸国（イスラム協力機構，OIC：Organization of Islamic Cooperation 加盟 57 か国）の市場である。イスラム諸国とは，国教がイスラム教である国および国民の多数がイスラム教徒である国である。その市場開発のために，企業は組織的にハラール（ハラル）対策を講じる必要がある。

イスラム市場が注目される理由，つまり，イスラム市場の魅力は次のとおりである。

第 1 に，人口が多く，かつ，その伸び率が高いことである。人口が増えれば，食料品の市場規模は増加する。表 1 に，イスラム諸国の人口の推移を，人口（2017 年）が多い順に示してある。イスラム諸国の人口は，2017 年には 17.4 億人であり，中国（約 14 億人），インド（約 13 億人）を超えている。今後も増加傾向は続き，2030 年には 22.2 億人に達すると見込まれている。世界

＊　Ryoichi Namikawa　マクロ産業動態研究会　代表

表1　主要イスラム諸国の人口

国	2017年	2022年	2030年	2017-22年 増加率	2017-30年 増加
単位	百万人	百万人	百万人	%／年	百万人
インドネシア	262.0	279.0	308.7	1.3	46.7
パキスタン	197.3	217.3	253.4	1.9	56.1
ナイジェリア	188.7	216.1	268.5	2.7	79.8
バングラデシュ	163.2	171.8	186.6	1.0	23.4
エジプト	92.3	103.4	124.0	2.3	31.7
イラン	81.4	85.8	93.3	1.1	11.9
トルコ	80.8	84.6	91.1	0.9	10.3
ウガンダ	42.3	49.1	62.1	3.0	19.8
アルジェリア	41.5	45.3	52.1	1.8	10.6
スーダン	40.8	46.7	57.9	2.7	17.2
イラク	37.0	42.0	51.5	2.6	14.5
アフガニスタン	36.8	38.0	40.1	0.7	3.3
モロッコ	34.2	35.7	38.4	0.9	4.3
サウジアラビア	32.4	35.7	41.9	2.0	9.5
マレーシア	32.2	35.0	40.1	1.7	7.9
ウズベキスタン	31.7	33.7	37.0	1.2	5.3
イエメン	30.0	34.1	41.9	2.6	11.9
モザンビーク	29.5	33.7	41.7	2.7	12.1
コートジボアール	25.0	28.4	34.8	2.6	9.9
カメルーン	24.3	27.5	33.5	2.5	9.2
54国計	1,742.0	1,909.2	2,216.7	1.8	474.7

（出典）IMF統計から筆者作成。
（注記）2017年の数値にはIMFの推定値を含む。2022年の数値はIMFの推定値。2030年の数値は，2017年から2022年までの伸び率が継続するという条件で試算した値。
54国とは，OIC加盟57国からソマリア，パレスチナ，シリアを除く国である。これらの諸国は，政治的な諸事情から，信頼できる統計値を採ることが困難である。

最大のイスラム教国であるインドネシアの人口は，2017年からの13年間で4700万人増えるとされている。そして2030年には，人口が5000万人を超えるイスラム諸国は11か国に達する見込みである。

第2に，経済成長率が高いことである。経済規模（国内総生産：GDP）が増大すれば，国民が豊かになり，その可処分所得，家計の購買力も大きくなり，食料品の需要も増加する。表2に，イスラム諸国の1人あたりGDP（GDP/人）を，人口（2017年）の多い国の順に示している。多くのイスラム諸国が，生活を便利にする財（食料品では，加工食品，外食）の需要が急増する帯域（GDP/人＝1,000〜3,000［US$］），生活を豊かにする財（同，輸入食品，ブランド食品，健康食品，機能性食品）の需要が急増する帯域（GDP/人＝3,000〜12,000［US$］）に入っており，しかも年率数％という高い伸びを示している。

第3に，未開発の市場であることである。イスラム諸国の食品市場に参入するためには，食品がハラールであることが求められる。しかし，非イスラム諸国において食品のハラールを確保することは難しく，市場開発が進まなかった。たとえば，表3に示すように，日本から主なイスラム諸国への加工食品の輸出額は極めて少ない。輸出額の上位4か国，UAE（59億円），マレーシア（45億円），インドネシア（25億円），サウジアラビア（21億円）を採ってみても，とても商業ベースとは言えない水準である。他のイスラム諸国への輸出は，ほぼゼロという状態である。全品目に占める加工食品の比率が低いことも特徴的である。ハラールに関係のない機械・自動車・素材などの品目の輸出規模は小さくないが，ハラールを求められる加工食品の輸出額が小さいのである。

しかし未開発の市場ということは，いったん市場参入に成功すれば，大きな先行者利益を獲得できるチャンスがあるということである。これも，イスラム食品市場の魅力である。

表2　主要イスラム諸国の1人あたりGDP

国	2006年	2016年	2022年	2006-16年増加率
単位	US$	US$	US$	%／年
インドネシア	1,765	3,604	5,662	7.4
パキスタン	875	1,441	n/a	5.1
ナイジェリア	1,591	2,208	2,930	3.3
バングラデシュ	523	1,414	2,263	10.5
エジプト	1,563	3,685	n/a	9.0
イラン	3,733	5,027	6,071	3.0
トルコ	7,899	10,817	13,409	3.2
ウガンダ	407	692	918	5.5
アルジェリア	3,509	3,902	4,574	1.1
スーダン	989	2,304	5,924	8.8
イラク	2,321	4,533	5,806	6.9
アフガニスタン	270	582	779	8.0
モロッコ	2,243	3,004	4,101	3.0
サウジアラビア	15,604	20,365	22,764	2.7
マレーシア	6,264	9,374	14,622	4.1
ウズベキスタン	639	2,133	2,566	12.8
イエメン	882	938	944	0.6
モザンビーク	382	392	649	0.3
コートジボアール	947	1,466	2,229	4.5
カメルーン	980	1,238	1,579	2.4

（出典）IMF統計から筆者作成。

表3　日本から主なイスラム諸国への加工食品輸出

地域		日本からの輸出額		
		加工食品	全品目	比率
	年	2017	2017	2017
	単位	億円	億円	%
アジア	インドネシア	24.73	15,022	0.16
アジア	マレーシア	44.88	14,313	0.31
アジア	ブルネイ	0.62	95	0.65
アジア	パキスタン	0.40	2,606	0.02
アジア	バングラデシュ	1.82	1,953	0.09
欧州	トルコ	0.38	3,547	0.01
中東	サウジアラビア	20.60	4,189	0.49
中東	イラン	1.00	985	0.10
中東	イラク	0.00	320	0.00
中東	UAE	59.45	8,096	0.73
中東	クウェート	1.81	1,600	0.11
アフリカ	エジプト	0.02	939	0.00
アフリカ	ナイジェリア	0.04	360	0.01
中央アジア	ウズベキスタン	0.00	136	0.00
中央アジア	カザフスタン	0.72	308	0.24

（出典）IMF 統計，貿易統計から筆者作成。
（注記）比率とは，全品目の輸出額に占める加工食品の輸出額の割合である。

3　東南アジア市場

ASEAN（東南アジア諸国連合）は，1999 年にカンボジアが加盟して 10 カ国体制になってから 20 年目を迎える。同地域は，地理的に日本に近く，歴史的・経済的に日本との関係が深いことから，多くの産業にとって重要な市場となっている。2015 年末には，自由貿易協定・ASEAN 経済共同体（AEC）が発足し，市場としての魅力が高まっている。近年，次に示すような背景から，食品産業にとっても魅力ある市場となっている。

第 1 は，人口規模の大きさとその伸び率の高さである。ASEAN の人口は，表 4 に示すように 6.4 億人（2016 年）で，2001 年以降，年平均で 1.3〜1.4% という高い伸び率を示している。この間の中国の年平均人口伸び率 0.5〜0.6% を大きく上回っている，5 年後の 2021 年には，さらに 4000 万人増加して，6.8 億人に達すると見込まれている。

ただし ASEAN の人口の 82% は，インドネシア，フィリピン，ベトナム，タイの 4 か国で占められている。ブルネイ（41 万人），シンガポール（560 万人），ラオス（720 万人）は，食品市場としては人口が少なすぎる。ASEAN では，このような市場構造のアンバランスの故に，現実に進出できる国は限られる。

第 2 は，経済規模（GDP）の大きさと高い経済成長率である。ASEAN の GDP（名目）は，表 5 に示すように，2.6 兆［US$］（2016 年）で，日本（4.7 兆［US$］）の半分を超える規模である。

表4　東南アジアの人口の推移

単位：100万人

国	1996年	2001年	2006年	2011年	2016年	2021年
ブルネイ	0.3	0.3	0.4	0.4	0.4	0.5
カンボジア	11.1	12.5	13.6	14.6	15.8	17.0
インドネシア	197.0	209.2	224.6	242.0	258.8	276.2
ラオス	5.0	5.5	5.9	6.5	7.2	7.9
マレーシア	21.2	24.1	26.8	29.1	31.7	34.5
ミャンマー	＊1	46.8	48.3	50.1	52.3	54.1
フィリピン	71.9	78.6	87.0	94.8	104.2	115.0
シンガポール	3.7	4.1	4.4	5.2	5.6	5.9
タイ	60.1	62.9	65.6	67.6	69.0	69.3
ベトナム	73.2	78.7	83.3	87.8	92.6	97.3
ASEAN計	＊2	522.7	559.9	598.2	637.5	677.5
〈参考〉						
中国	1,223.9	1,276.3	1,314.5	1,347.4	1,379.0	1,402.7
インド	955.1	1,048.0	1,130.0	1,217.4	1,309.7	1,398.2
日本	125.7	127.1	127.7	127.8	126.8	124.2
世界	5,604.3	6,070.5	6,484.7	6,870.6	7,292.5	7,712.0

（出典）IMF統計から筆者作成（拙稿[1]を一部修正して転記）。
（注記）2016年はIMFの推定値，2021年はIMFの予測値。
＊1は，統計値なし。＊2は，合計値が無意味。

GDP（名目）は，この15年間で4倍（6,100億→2.6兆［US$］）になっている。5年後の2021年には3.8兆［US$］に達すると見込まれており，10年後には現在の日本と同じ経済規模に達すると，筆者は予測している。

ただし，GDP（名目）は，人口と同様に，ASEANの域内格差が大きく，ブルネイ（190億［US$］），カンボジア（290億［US$］），ラオス（200億［US$］）は極端に小さく，今の段階では市場として対象にするには適していない。

第3に，経済成長の結果，ASEANの消費者は豊かになっている。ASEAN全体の1人当たりGDP（GDP/人）は，2001年には1,171［US$］であり，やっと中進国の水準にたどり着いた段階であったが，現在は，4,000［US$］を超えている。まさに，生活を豊かにする財，食品では輸入食品，機能性食品などの需要が爆発的に伸びる段階に達している。日本をはじめ非イスラム諸国の企業が参入するチャンスの時期を迎えている。

また，経済成長の結果，食料品の小売価格も上昇しており，日本企業が進出しても十分に採算の取れる水準に達している。筆者の調査[1]によれば，ASEAN各国の大都市部のスーパーマーケットにおける食料品の小売価格は，品目により差異があるが，ほとんど日本と変わらない（注：コメと牛肉については，日本の小売り価格は異常に高い）。

第4に，食品市場の規模（2015年）も，筆者の試算[1]によれば，インドネシアは1,610億［US$］

表5　東南アジアの名目 GDP の推移

単位：10 億［US$］

国	1996 年	2001 年	2006 年	2011 年	2016 年	2021 年
ブルネイ	6	6	13	19	10	19
カンボジア	4	4	7	13	19	29
インドネシア	275	175	396	893	941	1,408
ラオス	2	2	4	8	14	20
マレーシア	108	100	168	298	303	527
ミャンマー	＊1	7	17	60	68	113
フィリピン	92	76	122	224	312	543
シンガポール	96	89	148	275	297	357
タイ	183	120	222	371	391	482
ベトナム	25	33	66	135	200	299
ASEAN 計	＊2	612	1,163	2,295	2,555	3,798
〈参考〉						
中国	867	1,344	2,774	7,522	11,392	18,033
インド	400	494	949	1,823	2,251	3,651
日本	4,706	4,161	4,357	5,909	4,730	5,604
世界	31,711	33,418	51,256	72,769	75,213	98,632

（出典）IMF 統計から筆者作成（拙稿[1)]を一部修正して転記）。
（注記）2016 年は IMF の推定値，2021 年は IMF の予測値。
＊1は，統計値なし。＊2は，合計値が無意味。

（19.5 兆円），フィリピンが 913 億［US$］（11 兆円）となっており，主要 6 か国の合計は，47.9 兆円となっている。中国の 125 兆円には程遠いが，日本（40.4 兆円）を大きく上回る規模となっている。市場規模は，GDP/人が 10,000［US$］を超えるまで，このペースで伸びていくものと筆者は予想している。

4　東南アジアのイスラム市場開発

東南アジアのイスラム市場は，東南アジア市場の魅力とイスラム市場の魅力が交差する市場である。表6に示すように，ASEAN 各国にイスラム教徒が居住しており，スンニ派シャフィイー（学派）が圧倒的な支配力を有している。イスラム協力機構に加盟するイスラム諸国はインドネシア，マレーシア，ブルネイの3カ国であり，マレーシアとブルネイではイスラム教が国教である。この3カ国には，国内で統一されたハラール制度があり，それが機能しており，国内のイスラム教徒の消費者を保護する役割を担っている。シンガポール，タイ，ベトナム，フィリピンにもハラール制度があるが，輸出対策，観光客対策の色彩が強い制度である。ブルネイは人口規模（40 万人）が小さく，日本企業にとっての現実の市場は，インドネシアとマレーシアだけである。

イスラム市場に参入するためには，食品のハラールを確保するか，現地で通用するハラール認

表6　東南アジアの宗教

国	人口（百万人）	主な宗教
ブルネイ	0.40	イスラム教（67%），仏教（13%），キリスト教（10%）
カンボジア	13.94	仏教（95%），イスラム教（4%）
インドネシア	231.55	イスラム教（89%），プロテスタント（6%），カトリック（3%），ヒンドゥー教（2%），仏教（1%）
ラオス	6.38	仏教（90%）
マレーシア	27.76	イスラム教（60%），仏教（19%），キリスト教（9%），ヒンドゥー教（6%），儒教／道教（3%）
ミャンマー	59.98	仏教（89%）
フィリピン	92.23	カトリック（82%），プロテスタント（5.4%），イスラム教（4.6%）
シンガポール	4.75	仏教／道教（42.5%），イスラム教（14.9%），キリスト教（4.8%），ヒンドゥー教（4%）
タイ	66.98	仏教（95%），イスラム教（4%）
ベトナム	87.21	仏教（80%），カトリック（7%）

（出典）国際機関日本アセアンセンター（2011）のHPから，筆者作成。

表7　日本からASEANへの加工食品の輸出金額の推移

単位：100万円

国	2007年	2010年	2013年	2016年	年伸率（%）
ブルネイ	11	29	45	62	21.1
カンボジア	89	15	88	394	17.9
インドネシア	1,837	1,126	2,046	2,090	1.4
ラオス	66	0	1	125	7.3
マレーシア	2,309	2,818	3,664	4,251	7.0
ミャンマー	3	10	26	181	59.5
フィリピン	1,757	1,773	2,097	3,498	7.9
シンガポール	7,615	9,440	10,656	14,730	7.6
タイ	4,090	4,686	5,958	8,566	8.6
ベトナム	1,486	2,946	3,162	10,474	24.2
ASEAN計	19,264	22,842	27,744	44,370	9.7
〈参考〉					
中国	14,089	15,317	10,803	26,432	7.2
インド	246	268	379	288	1.8

（出典）財務省，貿易統計から，筆者作成（拙稿[2]を一部修正して転記）。

（注記）加工食品とは，輸出統計品目標の16類から24類までの品目。
年伸率は2007年から2016年の間の，年間平均伸び率。

証を得る必要がある。しかし日本国内でこのような対応をすることは極めて困難である。国内にハラールを前提とする社会的・経済的基盤がほとんどないからである。このため，国産の食品をイスラム市場に輸出することは難しい。表7に示すように，日本からインドネシア，マレーシアへの加工食品輸出額（2016年）は，それぞれ43億円，21億円にとどまっている。

直接投資を行い現地で生産をすれば，食品のハラールの確保，ハラール認証の取得は容易である。しかし，設備投資金額が大きく，投資リスクが高くなるため，中小企業は直接投資という方法を採ることは容易ではない。大企業でも，当初は輸出により市場動向を把握し，ある程度の需要見通しが立たなければ，リスクが高く，直接投資することには躊躇する。したがって，表8に示すように，インドネシア，マレーシアにおいて直接投資をしている日本の食品企業の数は限られている。やはり，事実上輸出を制限するハラール／ハラール制度は，市場参入の障壁になっているのである。

ハラール制度をクリアし，かつ，投資リスクを回避する方法として，生産委託，技術提携という方法もあるが，カウンターパート企業を通じて技術流失の恐れがある。食品技術の多くは，高度技術ではなく，単なるノウハウの集積にすぎない。このため，その商品が現地市場で売れるとわかれば，カウンターパートに類似の競合品を作られる可能性がある。ハラールを確保するために，技術・ノウハウを失う可能性があるという意味でも，ハラール／ハラール制度は，市場参入

表8　東南アジアに直接投資した主な食品企業

品目	インドネシア	マレーシア
清涼飲料	大塚製薬　サントリー食品 アサヒG.HD　伊藤園 ポッカ（サッポロG）	大正製薬　ポッカ（サッポロG）
乳酸飲料	カルピス（アサヒG）　ヤクルト	ヤクルト
菓子 菓子材料	ロッテ　明治HD 森永製菓　江崎グリコ カルビー　たらみ 不二製油	
パン パン具材	敷島製パン　山崎製パン カネカ　ソントンHD	山崎製パン
乳製品	森永乳業　雪印メグミルク	
即席麺	日清食品HD	
食肉加工		林兼産業
水産加工	一正蒲鉾	
調味料	味の素　宮坂醸造 MCフードスペシャリティーズ　キューピー アリアケジャパン　ケンコーマヨネーズ	味の素　キユーピー カゴメ　オタフクソース
製粉	豊田通商	
油脂		不二製油　日清オイリオG
香料	小川香料	長谷川香料

（出典）各種資料から筆者作成（拙稿[2]を転記）。

の障壁になっているのである。

5　イスラム食品市場開発の本質

このように，ハラール／ハラール制度を技術的にクリアするためには，直接投資が最も有力な方法である。ただし，直接投資に伴う投資リスクをいかに小さくするかという問題が残る。この問題は，一定の売り上げを確保すれば解決するという経済問題である。その解決のためには，便利なバイパスはなく，発展途上国の食品市場開発に共通する諸課題に1つ1つ対応していく以外の方法はない。そのような課題は4つに大別される。この条件は，日本だけの問題ではなく，すべての非イスラム諸国に共通の問題である。

第1は，流通チャネルの構築である。日本のような便利な問屋制度のない海外で，単価の安い多数の最終消費財を津々浦々の小売店舗まで流すことは容易ではない。第2は，売上金の回収システムの構築である。海外とくに発展途上国で単価の安い最終消費財の少額の売上金を，多数の小売店舗から確実に回収することは神業といっても過言ではない。第3は，商品名の浸透である。最終消費財であるので，多くの消費者に商品名を知ってもらう必要があるが，単価が安い食品に，巨額の広告宣伝費を投じることは現実的ではない。第4に，味覚・嗜好の違いを乗り越えることである。味覚・嗜好は，子供のころからの生活の中で形成されるので，現地に腰を据えて長期にわたり徐々に対応していくことになる。表7が示すように，加工食品の輸出額は，ASEAN向けだけでなく，中国向けも低い水準（2016年：264億円）にとどまっている。このことは，加工食品の輸出がいかに難しいかを示している。食品の市場開発にとって重要なことは，ハラールの問題ではなく，単価の安い最終消費財の抱える本質的な問題の解決である。

日本では，ハラール／ハラール制度は通常の市場開発の延長線上にある経済問題ということを敢えて無視して，何か特殊な社会的な問題であると解される傾向がある。ハラール／ハラール制度の存在を必要以上に強調して，この特殊な問題を解決すればイスラム市場を開発できるという短絡的な論理を流布することにより，ビジネスが成立するからである。イスラム市場開発は単なる経済問題であるというフレーズでは，特殊なビジネスは成立しないのである。

6　おわりに

東南アジアのイスラム食品市場は，魅力のある市場である。その市場開発のためには，ハラールの確保が必須であるが，最も重要なことは，食品という単価の安い最終消費財の市場開発モデルの確立である。このようなモデルの確立は，直接投資のリスクを減らし，結果として，ハラール／ハラール制度対策にもなる。

文　　献

1)　並河良一,「日本企業の進出先としての東南アジアの食品市場（1）－経済動向から見た食品市場」，食品と科学，**59**（6），p.55-p.65（2017）
2)　並河良一,「日本企業の進出先としての東南アジアの食品市場（2）－企業動向から見た食品市場」，食品と科学，**59**（7），p.58-p.68（2017）

第22章　ハラール制度の将来展望
―制度拡大の動きをふまえて―

並河良一[*]

1　ハラール（ハラル）制度の拡大とは

イスラム諸国においてハラール（ハラル）制度が拡大している。一般に，制度の新設・改正は，関係産業にとっては，市場，利益・売上げをめぐるチャンスでもありピンチでもある。ハラール制度の拡大について，関係産業は，これをどのように理解し，どのような戦略を採るべきであろうか。本稿では，ハラール制度の拡大の動向を概観し，さらに制度の将来を展望し，関係産業はどのように対応すべきかを考えてみる。

ハラール制度の拡大には3つの意味がある。第1は，ハラール制度の地理的拡大である。これまでハラール制度のなかった国でハラール制度が制定されるという意味である。第2は，ハラール制度の対象品目の拡大である。これまで制度の対象でなかった品目やサービスのハラール認証が行われるという意味である。第3は，ハラール制度の強化である。ハラール認証の義務化，通関手続きの強化などである。以下のこの順番で述べる。

2　ハラール制度の地理的拡大

2.1　地理的拡大の外形

現在のような形で，一国内で統一された，現実に機能するハラール制度が制定されたのは，マレーシア標準法（Standard of Malaysia Act 1996）を根拠とする，2004年の「ハラール食品の製造，調整，取扱い及び貯蔵に関する一般ガイドライン（Malaysian Standard（MS）1500:2004）」（以下「ハラール規格」）が最初である。それより以前に，ハラールの国際規格として，CODEXの一般ガイドライン General Guideline for Use of the Term "Halal"（CAC/GL 24-1997）が制定されている。その内容は，マレーシアのMS1500とほぼ同じであるが，実務では全く利用されていない。その後，同じく東南アジアのイスラム諸国であるブルネイ（BCG Halal 1: Guideline for Halal Certification 2007他），インドネシア（Halal Assurance System（HAS）23000: Requirements of Halal Certification）が追随している。さらに，同じく東南アジアの非イスラム諸国，シンガポール（MUIS Halal Certification Terms and Conditions），タイ，フィリピン（PNS 2067-2008: Halal Food -General Guidelines），ベトナムなどで制度化され，運用されている。また，ASEAN

---

* Ryoichi Namikawa　マクロ産業動態研究会　代表

全体では，ASEAN General Guideline on the Preparation and Handling of Halal Food が制定されているが，これは機能していない。

中東地域をはじめ，ほとんどのイスラム諸国では，一国内で統一された，現実に機能する，明文化されたハラール制度は存在しない。理由の第1は，イスラム教では，何がハラールかを決めるのは神のみとされており，ハラール制度を明文化することはもちろんハラールを制度化することも，本来は許されないからである。ハラール制度は，神でも預言者でもない現世の人間が，何がハラールかを判断する制度である。第2は，東南アジア諸国など異教徒と接する機会の多い地域では，制度でハラールを確保する必要があるが，周囲をイスラム教徒に囲まれた中東では，そのような必要性もないからである。しかし，中東地域においても，国際的な交流が進み，非イスラム諸国から多種多様な物やサービスが流入する湾岸諸国では，ハラール制度が見られる。たとえば，アラブ首長国連邦では，2014年にハラール制度が導入された（Cabinet Resolution No.10/2014: UAE Regulations for Control on Halal Products 他）。

2.2　地理的拡大の現実

このようにハラール制度は地理的に拡大しているが，国により制度の実態には差異がある。制度が現実に国内取引を律する機能を有している国は，マレーシアとインドネシアである。国内に流通する加工食品のうちハラール認証マークを貼付された製品の割合は，（筆者の市場調査を通じた感覚的な数値であるが），マレーシアで70％程度，インドネシアで30％程度である。非イスラム諸国の制度は，イスラム諸国への輸出あるいは観光客を想定した制度である。流通する認証製品の比率は，シンガポールでは数パーセントであり，その他の国ではほぼゼロである。中東の多くのイスラム諸国では，企業が自己責任でハラールを確保しており，疑義がある場合はその旨自ら表示している。したがって市場では，加工肉製品を除けば，ハラール認証マークを付けた製品を見ることはほとんどない。

消費者のハラール制度に対する意識にも差異がある。マレーシアでは，ハラール製品と非ハラール製品の売り場が区分されているので，消費者は購入場所でハラールか否かを判断している。ただし，認証マークの普及率が高いこともあり，最近では認証マークの有無で判断する消費者も増えている。インドネシアでは，認証マークを付けた製品の比率が低いこともあり，消費者は，ハラール認証マークではなく，生活や交友関係の中で得られた情報やノウハウに従って，どの製品がハラールかを判断して購入している。中東では，消費者は，すべての製品がハラールであるとの前提で商品を購入している。

日本には，一般規制法令のような外形を呈しているマレーシアの制度が流入し，わかりやすいが故に流布しており，この特殊な制度が標準的なハラール制度であるとの誤解が生じた。そして，これが日本国内のハラールブームの端緒となった。さらに，ハラール認証を取れば，世界のイスラム市場に進出できるという，飛躍した根拠のないキャッチフレーズが横行してきた。このようなバイアスのかかった目で，その他の国のハラール制度を見るので，ハラール制度が拡大していると認識してしまうのである。

ハラール制度の普及という視点で見れば，マレーシアが他国を大きく引き離して独走状態にあり，インドネシアがこれに追随しているのが現状である。多くのイスラム諸国ではハラール制度は存在していないか，存在していても機能していない。（地理的に）ハラール制度が拡大しているという言葉は，実態を正確に反映しているとは言えない。

3　ハラール制度の対象品目の拡大

3. 1　対象品目の拡大の外形

マレーシアが，2004年に本格的にハラール制度（MS1500:2014）を導入した時点では，制度の対象は，食品・飲料，屠畜・食肉処理だけであった。同制度は，ハラールの要件についての一般法の性格を有しており，ハラール食品の原則（「農場から食卓まで」＝食品は，フードチェーンのすべての段階でハラールが確保されて，はじめてハラールになる）に基づき，経営者の責任，食品等の流通・保管・提供，包装についても短く規定している。その後，これらの規定を詳細にする形で，経営システム，運送・保管・小売り，包装の各ハラール規格が新たに設けられた。また，食品のハラール制度が，人が口にする物，人の肌に触れる物にも応用され，医薬品，化粧品等のハラール規格も設けられている。さらに，宿泊施設・旅行業などのサービス業の規格も設けられた。マレーシアでは，現在，表1に示すようなハラール規格がある（最新のバージョンの規格名を記載してある）。

シンガポールでは，観光立国という特性を反映し，食品を想定した製造業のハラール規格と相前後してレストラン，セントラル・キッチンの規格，保管の規格が制定されている。また，貿易立国という特性も反映し，輸出入に際してのハラール認証の確認に関する規格も制定されている。牧畜業が事実上ないため，大型家畜ではなく家禽に関する規格があることも特徴的である。表2に，シンガポールのハラール規格の対象品目を示す。

インドネシアでは，まず，食材，屠畜に関するHAS（Halal Assurance System）が制定され，以降，食品以外のハラール認証も行われてきた。そして2014年に公布されたハラール製品保障法には，食品，飲料，医薬品，化粧品，化学品，生物製品，遺伝子工学製品に関する物品およびサービスが，ハラール制度の対象となる旨記載されている（同法Article 1）。アラブ首長国連邦（UAE）でも，食品以外に繊維，化粧品も対象とされている。

しかし，ほとんどのイスラム諸国では，食品のハラール制度もないので，非食品のハラール制度も設けられていない。自社の責任でハラールを確保した，認証マークのない化粧品などが製造・流通・販売されている。

このように，ハラール制度の対象品目は，限られた国において拡大している。

表１　マレーシアのハラール制度の規格

対象品目	規格名
食品（健康食品を含む） 食肉処理 一般則	ハラール食品の製造，調整，取扱い及び保管の一般ガイドライン MS1500-2009: Halal Food - Production, Preparation, Handling and Storage - General Guideline (GD) (2nd Revision)
品質管理	品質管理制度－イスラム的視点からの要件 MS1900-2005: Quality Management Systems - Requirements from Islamic Perspectives
化粧品 パーソナルケア	イスラム消費製品－化粧品及びパーソナルケア品の一般ガイドライン MS2200-Part1-2008: Islamic Consumer Goods - Cosmetic and Personal Care - GD
獣骨 獣皮 獣毛	イスラム消費製品－獣骨，獣皮，獣毛の使用の一般ガイドライン MS2200-Part2-2008: Islamic Consumer Goods - Use of Animal Bone, Skin and Hair - GD
経営システム	価値創造型の経営システム－イスラム的視点からの要件 MS2300-2009: Value-Based Management System - Requirements from an Islamic Perspective
運送経営	ハラール・トイバン輸送の確保－運送業の経営システムの要件 MS2400-Part1-2010: Halalan - Toyyiban Assurance Pipeline - Part 1- Management System Requirements for Transportation of Goods and/or Cargo Chain Service
倉庫経営 保管事業	ハラール・トイバン輸送の確保－倉庫業の経営システムの要件 MS2400-Part2-2010: Halalan - Toyyiban Assurance Pipeline: Management System Requirements for Warehousing and Related Activities
小売経営	ハラール・トイバン輸送の確保－小売り業の経営システムの要件 MS2400-Part3-2010: Halalan - Toyyiban Assurance Pipeline - Management System Requirements for Retailing
医薬品	ハラール医薬品の一般ガイドライン（修正版を含む） MS2424-2012: Halal Pharmaceuticals - GD
飲料水処理用化学品	飲料水処理用ハラール化学品の一般ガイドライン MS2594-2015: Halal Chemicals for Use in Potable Water Treatment - GD
包装	ハラール包装の一般ガイドライン MS2565-2014: Halal Packaging - GD
宿泊施設 旅行業 旅行ガイド	イスラム教徒に適した接客サービスの要件 MS2610-2015: Muslim Friendly Hospitality Services - Requirements
用語解説	イスラムとハラールの原則－用語の定義と説明 MS2393-2010: Islamic and Halal Principles - Definition and Interpretations on Terminology

（注）番号はマレーシア規格（Malaysia Standard）

表2　シンガポールのハラール制度の規格

対象品目・施設・サービス	規格名
レストラン，学校の食堂，社員食堂，軽食堂，ケーキ屋・パン屋，フードコート，キオスク，屋台村，仮設フード店など	MUISハラール認証条件：食事施設用 Majlis Ugama Islam Singapura（MUIS）Halal Certification Conditions（HCC）for Eating Establishment Scheme, June 2016
出前（仕出し）会社，ハラール認証食品施設向け自社調理工場，病院・養老院・ホテル・空港向け調理工場，幼稚園の厨房	MUISハラール認証条件：調理施設用 MUIS HCC for Food Preparation Area Scheme, June 2016
鶏屠畜・鶏肉処理（飼料，輸送・保管，表示等も含む）	MUISハラール認証条件：鶏肉用 MUIS HCC for Poultry Scheme, June 2016
倉庫	MUISハラール認証条件：保管施設用 MUIS HCC for Storage Facility Scheme, June 2016
輸入最終財（消費製品），輸出最終財	MUISハラール認証条件：貿易手続き用 MUIS HCC for Endorsement Scheme, October 2017
工業製品，半製品，製造工場（原料，輸送・保管，包装・表示等も含む）	MUISハラール認証条件：製品，工場用 MUIS HCC for Product / Whole Plant Scheme, November 2017

3. 2　対象品目拡大の影響

日本国内で，規制法の拡大がなされると，産業界は大騒動になる。新規制の細則・運用に関する多種多様な説明会の開催，業界内の各種会合の開催，各企業の対応方針の立案などが必要となる。現実には，法改正の前から，政府との折衝・ロビー活動も行われる。大騒動になるのは，規制をクリアできないとビジネスに影響が生じるからである。規制に対応するために，製造プロセスの変更，販売システムの変更，これらに伴う諸費用の負担などが必要となる。

ハラール制度の対象品目の拡大は，これとは事情が異なる。ハラール制度の拡大は，社会的な事象として耳目を集めるが，現地企業の中では，それほど大きな問題とは受け取られてこなかった。直接投資の形で現地に進出した日本企業の中でも同様である。いくつかの理由がある。

第1に，ハラール制度は規制ではないからである。ハラール制度は，民間（宗教機関）ベースの任意規格にすぎない。したがって，ハラール制度をクリアできなくても，従来と変わらず当該製品の製造・流通・販売を続けることができる。

第2に，製品がハラールであることとハラール認証の有無とは別問題であるからである。10数年前までは，国内で統一されたハラール制度が機能しているイスラム諸国はなかった。しかし，製造・流通・販売される製品のほとんどはハラールであった。現在でも，マレーシアやインドネシアのようにハラール制度が機能している国においても，ハラール認証を得ていないハラール製品は，多数，製造・流通・販売されている。製品は，ハラール認証を得て初めてハラールになるのではない。今も昔も，企業は（ハラール制度とは無関係に）自らの責任でハラールを確保しているのである。

第3に，ハラールの製品を供給することは難しくないからである。イスラム諸国では，ハラールを前提として経済・社会基盤が機能しているため，普通に製造をすると，製品はハラールになっている。極端な言い方をすれば，ハラールでない製品を作るほうが難しいのである。したがって，ハラール制度の有無にかかわらず，イスラム諸国の企業は実質的にハラールの製品を製造・流通・販売をしており，消費者もハラールの商品であると信じて購入している。つまり，ハラール制度は，イスラム諸国における現実の企業活動・消費活動を追認したものにすぎないのである。

第4に，ハラール認証を取得することは難しくないからである。企業は，基本的にハラールの製品を供給しており，そのハラール認証を取得することは，技術的にはそれほど難しいことではない。また，ハラール認証の費用も極めて安いため，認証を取得することは経済的にも難しいことではない。マレーシアやインドネシアでは，多くの中小企業がハラール認証を得ていることが，それを示している。

このように，イスラム諸国では，ハラール制度の対象品目の拡大が産業界に及ぼす影響はそれほど大きくないのである。ハラール制度の（対象品目の）拡大という言葉は，実態を正確に反映しているとは言えない。

4 ハラール認証の義務化

4.1 義務化の外形

インドネシアでは，2014年10月にハラール製品保証法（Halal Products Assurance Law）が公布され，国内において輸入・流通・取引される物品・サービスはハラール認証を得る義務があると規定された（同法 Article 4）。この義務化は，公布後2年以内（2016年）に実施細則などを定めた後，公布5年後（2019年）の法律施行により実施される（同法 Article 67(1)）。同法に基づき設立された認証機関であるハラール製品保証実施機関（BPJPH）は，当初，食品・飲料類は2019年から3年間で，その他の物品類は5年間で義務化がなされるとしていた。

この義務化は，日本だけでなくEUや米国などの非イスラム諸国において，大きな問題と捉えられた。理由は3つある。第1に，民間（宗教機関の）任意規格であれば，ハラール制度違反のペナルティーは，厳しくても認証の取り消しであったが，法律による規制となれば罰則の適用を受ける可能性があるからである。第2に，法律上の規制となれば，輸入品の通関時に，食肉と同様に，ハラール証明を求められる可能性があるからである。ハラール認証の国際的な互換性がなければ，食肉貿易の実態[1)]が示唆するように，極めて複雑な手続きが必要となる。第3に，認証機関の実務処理能力から見て，多様な物品・サービスのすべてのハラール認証を審査することは，時間的に困難であるからである。上述のとおり，インドネシアではハラール認証品の比率が小さいこと，市場規模が大きく（2.5億人）かつ市場が7000もの有人島嶼を含む広大な国土（日本の5倍）に広がっていることを考えれば，物理的に不可能と言っても過言ではない。

4.2　義務化の影響

インドネシアに見られる認証の義務化（という形でのハラール制度の拡大）は，大きなトラブルを伴うような形の施行はなされないと，筆者は考えている。

同法 Article 26 の規定（ハラームの材料を用いた製品はハラール認証の申請ができない，そのような製品は，ハラールでない旨の情報を表示しなければならない）が，この法律の本質である。義務化の規定（同法 Article 4）は，総則（Part 1 General Provision）の中に位置しており，一種の宣言的な性格を有しているにすぎない。つまり，義務化の構図は，すべてのものは実質的にハラールを確保すべきということが原則であり，ハラールでないものは，その旨明記すべきであるということである。端的に言えば，ハラールでないものはハラールでないと表示するということである。中東などのほとんどのイスラム諸国では，ハラール制度はないが，社会的な現実としてこのような構図になっている。つまり，市場において，ハラールについて何も注記されていないものはハラールであり，ごく一部のハラールでないものにはハラールでない旨の注記がなされている。インドネシアにおいては，ハラールの物はハラール認証を取るように努力すべきという点が，中東の方式との違いになるであろう。

現実に，法律公布後4年以上たっても，実施方法の全体像が見えないことからも，インドネシア政府がハラール認証の義務化を文字どおりに実施する意図がないことがうかがえる。JETRO[2]も，新認証発行機関 BPJPH の担当者から，このような趣旨のコメントを得ている。ハラール制度の（義務化という形での）拡大という言葉は，実態を正確に反映しているとはいえないと筆者は考えるが，今後のインドネシア政府の動向に注目していきたい。

5　日本の特殊性

以上見てきたように，ハラール制度は拡大しつつあるように見えるが，それが産業やビジネスに大きなインパクトを与えることはない。日本国内の企業の中には，ハラール制度の拡大に対する期待があるが，その期待は，実態からみても，諸外国に比べても，あまりにも大きすぎるように思う。期待と現実のギャップが生じる背景には，いくつかの要因がある。

第1に，海外市場に対する期待である。国内の食品等の消費製品市場の飽和を背景に，産業界は海外市場に目を向けており，その市場の1つが巨大なイスラム市場である。10数年間からのハラールブームの中で，多くの企業は，イスラム市場の開発のためには，直接投資の方法しかないとの結論に達している。直接投資すれば，ハラール制度は技術的には大きな問題ではなくなり，後は，通常のマーケティングだけの話である。しかし，食品以外の業種などでは，まだ，このような常識に到達していない企業が少なくなく，これらの企業のハラール制度に対する誤解および過度の期待と実態とのギャップが表面化しているのである。

政府の農林水産物・食品の輸出促進政策に対する期待もあるが，イスラム市場に限って言えば，施策は（食肉を除けば）情報収集・提供が中心であり，その直接的な効果はほとんどないであろう。

第2に，国内市場に対する過剰な期待である。多数の観光客を見ると，国内にも巨大なイスラム教徒の市場があるように錯覚するが，現実の市場は小さいものである。筆者の試算[3]によれば，在日イスラム教徒（留学，技能実習，駐在，定住・永住等）は19.6万人（2017年），訪日イスラム教徒（観光，商用，文化学術活動，親族訪問等，トランジットを除く）は94.8万人（2017年）で，その食品市場の規模は約500億円である。また，東京オリンピック・パラリンピックによる市場拡大は，一時的なものにすぎない。

第3に，宗教ビジネスの横行である。ハラール市場の拡大について，夢を語ったり不安を煽ったりして稼ぐビジネスの存在がある。ハラールブームは，小さな実態を大きく見せかけることにより作り上げられたブームである。このような動きも，現実と期待のギャップを作り出している。

6　ハラール制度の将来展望

ハラール制度はどうなっていくのであろうか。

マレーシアは，今後も，認証対象を増やし，精緻な制度を作り上げていくであろう。インドネシアもこれに追随していくであろう。その他のイスラム諸国においても，ハラール制度が拡大していく可能性がある。しかし，ハラール制度そのものは，「直接投資」による限り，技術的には，イスラム諸国の市場開発の制約要因ではない。「輸出」による場合には，ハラール制度がどう変わろうと，イスラム諸国の市場開発は難しい。ただし，イスラム諸国との互換性のある，宗教的に厳密なハラール制度が普及することは，輸出による市場開発の一助となるであろう。

国内のイスラム市場は小さい規模ではあるが，今後も拡大を続けるであろう。しかし，国内でハラールを確保することは極めて難しいため，ハラール制度がどのように変わっても，制度の意味は大きくないであろう。むしろ，ハラールでないものにハラール認証を付与することによるトラブルが懸念される。国内市場対策という意味においても，宗教的に厳密なハラール認証の普及が望まれる。

国内では，ハラールの確保が難しいので，食材等の情報を詳しく開示し，イスラム教徒自身の判断にゆだねる方向が望ましい，と筆者は考えている。

文　献

1）並河良一，改訂版・ハラール食品マーケットの手引き，食糧新聞社，p128-130 (2015)
2）JETRO 日本貿易振興機構 HP，地域分析レポート（2018年6月22日）
3）並河良一，「日本国内のハラール食品の市場」，食品と科学，**61** (2)，2019 (*In Press*)

ハラールサイエンスの展望

2019年2月28日　第1刷発行

監　　修　　民谷栄一，富沢寿勇　　(T1103)
発 行 者　　辻　賢司
発 行 所　　株式会社シーエムシー出版
東京都千代田区神田錦町1－17－1
電話 03(3293)7066
大阪市中央区内平野町1－3－12
電話 06(4794)8234
http://www.cmcbooks.co.jp/
編集担当　　深澤郁恵／町田　博

〔印刷　倉敷印刷株式会社〕

ISBN978-4-7813-1403-7 C3058 ¥76000E